技術士 **第二次試験**

「総合技術監理部門」

難関突破のための受験万全対策

森 浩光・土屋 和──著 **第2版**

日刊工業新聞社

は じ め に

　本書は、技術士第二次試験　総合技術監理部門（以下、「総監部門」または「総監」といいます。）に初めて挑戦される方、また何度か挑戦するも、なかなか合格にたどりつけない方が、この1冊をしっかり学ぶことによって、総監を体系的に理解し、着実に合格することを目指し執筆しました。

　技術士第二次試験（総監部門）の合格率は10％以下という難関試験です。その難関突破のための対策として、試験制度や出題傾向、そして何よりも総監そのものを正確に理解することが重要です。それらの理解ができていなければ正確なアウトプットもできません。しかし、実際には総監を正確に理解するための教材が十分に揃っていないといえます。

　2016年度をもって、技術士第二次試験（総監部門）対策のバイブルと称された「技術士制度における総合技術監理部門の技術体系（第2版）」（通称：青本）が廃版となり、2019年度に「総合技術監理　キーワード集」（以降、「キーワード集」という。）が公表されたところですが、このキーワード集を一読しても、総監の理解が困難と思っている受験生が多い状況といえます。

　なぜなら、

　・説明が、体系的でないため理解しづらい

　・キーワードの用語をどのように勉強したらいいのかよくわからない

　・キーワード集だけでは、試験範囲を網羅できていない

ためです。

　そこで本書では、

　・総監について、俯瞰的かつ体系的な理解ができるように解説しています。

　・筆記試験・記述式問題の添削解答例なども豊富に記載し、試験に対応でき

i

る考え方を伝えています。

・今までの指導経験から勉強すべきポイントを絞って、階段を一段ずつ着実に上がり合格に近づくように構成しています。

　著者の森はこれまでの8年間、150名を超える総監受験者への受験指導を、著者の土屋はさまざまな総監受験対策のコンテンツ開発を行ってまいりました。

　最短で合格するためには、正しい勉強法を知る必要があります。私たちは、多くの受験指導の経験で得た学習法の工夫も併せてお伝えすることで、皆様の総監合格にお役に立てればと願っています。

2023年1月

森　　浩　光

土　屋　　和

本書の3大特長

①総監の本質的・体系的な理解が進む

②筆記試験・記述式問題の丁寧な解答工程ステップ、豊富な添削例

③出願から口頭試験まで、すべてを網羅した内容と、読者サポートページでのキーワード集解説

本書の使い方

まずは、「第1章　技術士（総合技術監理部門）に着実に合格するために」を読んで、「総監とは何か？」を正しく把握してください。

そのうえで、「第2章　出願の留意点　―一般部門とは異なる「総監部門」受験申込書の作成―」を読んで、総監技術士としての必要要件を把握し、出願に臨んでください。出願は、筆記試験と口頭試験にも直結しますので、時間をじっくりかけましょう。

出願が終わったら、筆記試験に向けてのスタートです。択一式問題については、「第3章　択一試験過去問題の解き方〈重要な問題だけを整理した必要問題集〉」において普遍的かつ重要と考えられる問題を厳選しました。わからない問題であっても、選択肢を絞り込むプロセスを丹念に行ってください。単なる正解、不正解を確認するだけでなく、選択肢の1つ1つを丁寧に確認していきます。少なくとも本番までに3回は繰り返すようにしてください。

記述式問題については、「第4章　筆記試験（記述式）対策　―解答工程5ステップ―」を読んで、問題の分析方法や解答のプロセスを掴んでください。また、「第5章　論文解答例〈添削セミナー方式〉」も参考にしてください。実例をもとに添削前と添削後を比較することで、A評価（60％以上）を得るためのポイントを理解できることでしょう。

筆記試験が終わりましたら、「第6章　口頭試験対策　―さまざまな方法で総監リテラシーを確認される最終関門―」を読み、早めかつ十分な口頭試験対

策を進めてください。

　1年間におよぶ受験対策と時期ごとの本書の活用について、「図表　総監受験スケジュールと本書の使い方の手順例」も確認してください。

　本書を読み進めながら第1章に時折立ち戻って総監の本質を再確認することをお勧めします。また、読者サポートページの「付録　キーワード集解説」にも適宜目を通し、総監の管理技術体系について理解を深めてください。

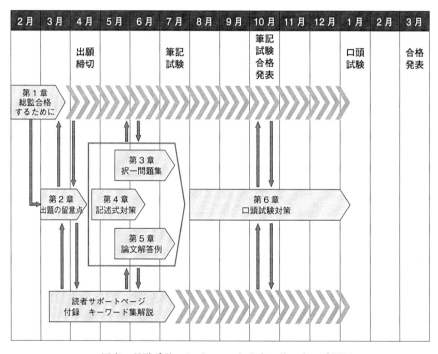

図表　総監受験スケジュールと本書の使い方の手順例

目　　次

第6章　口頭試験対策 ‥‥‥‥‥‥‥‥‥‥ *331*
―さまざまな方法で総監リテラシーを確認される最終関門―

第 1 章

技術士試験（総合技術監理部門）に着実に合格するために

1.1　総監の試験概要

1.1.1　試験方法及び合格基準

2019年度（平成31年度・令和元年度）に総監以外の20部門（以下、「一般部門」といいます。）の第二次試験においては試験方法が変更されましたが、総監部門の変更はなく、総監「必須科目」の試験内容は、

・安全管理に関する事項

・社会環境との調和に関する事項

・経済性（品質、コスト及び生産性）に関する事項

・情報管理に関する事項

・人的資源管理に関する事項

となっています。

また、試験方法及び合格基準は図表1.1のとおりです。

図表1.1　総監の試験方法及び合格基準

問題の種類		確認される資質能力	解答／試問時間等	配点	合格基準
筆記試験	択一式	課題解決能力及び応用能力	2時間40問	50点満点	60%以上の得点
	記述式		3時間30分3,000字	50点満点	
口頭試験		専門知識及び応用能力①経歴及び応用能力②体系的専門知識	20分（10分程度の延長有）	①60点満点②40点満点	60%以上の得点

出典：令和4年度　技術士第二次試験受験申込み案内
（日本技術士会技術士試験センター）

　確認される資質能力として、課題解決能力、応用能力、専門知識とあります
が、それぞれの概念は明文化されていません。ちなみに、一般部門においては
（受験申込み案内の補足等で）図表1.2のとおり明文化されていますので、こち
らを準用することで良いと考えます。

【A】総合技術監理部門を除く技術部門

Ⅰ　必須科目

　「技術部門」全般にわたる<u>専門知識、応用能力、問題解決能力及び課題遂行能力</u>に
関するもの

概　念	**専門知識** 専門の技術分野の業務に必要で幅広く適用される原理等に関わる汎用的な専門知識
	応用能力 これまでに習得した知識や経験に基づき、与えられた条件に合わせて、問題や課題を正しく認識し、必要な分析を行い、業務遂行手順や業務上留意すべき点、工夫を要する点等について説明できる能力
	問題解決能力及び課題遂行能力　≒課題解決能力 社会的なニーズや技術の進歩に伴い、社会や技術における様々な状況から、複合的な問題や課題を把握し、社会的利益や技術的優位性などの多様な視点からの調査・分析を経て、問題解決のための課題とその遂行について論理的かつ合理的に説明できる能力

出典：令和4年度　技術士第二次試験受験申込み案内
（日本技術士会技術士試験センター）

図表1.2　一般部門で求められる資質能力の概念

1.1.2　スケジュール

　受験申込書提出から合格者発表までのスケジュールを次ページ図表1.3に
示します。

　一般部門との主な違いは、

　・筆記試験の実施日が一般部門より1日早いこと（一般部門との併願が可能）
です。

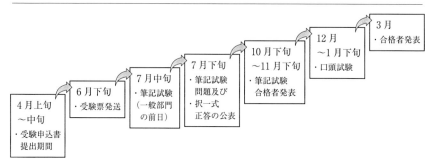

図表1.3　技術士第二次試験　総監部門　想定スケジュール（従来のものより予想）

1.1.3　受験資格

　技術士第二次試験　総監部門の受験資格は、図表1.4にある（1）技術士補となる資格、及び（2）下記経路①～③のうち、いずれかの業務経歴を有していることです。

　（1）及び（2）の具体的な内容は下記のとおりです。

　（1）技術士補となる資格　技術士第一次試験合格者、または指定された教育課程（技術士第一次試験の合格と同等であると文部科学大臣が指定したもの）の修了者。

　（2）下記経路①～③のうち、いずれかの業務経歴を有していること

　　経路①　技術士補の登録日以降、技術士補として7年を超える期間指導技術士を補助。

　　経路②　技術士補となる資格を有した日[※1]以降、監督者[※3]の下で、②科学技術に関する業務[※2]について、7年を超え期間従事している（技術士補登録は不要）。

　　経路③　科学技術に関する業務[※2]について、10年を超える期間従事している〔技術士補登録は不要〕。また、技術士補となる資格を有した日[※1]以前の期間も算入できる。また技術士第二次試験合格者は7年を超える期間となる。

　　④　経路①～③のすべての期間に学校教育法による大学院における研究経歴の期間（上限2年）を減じることができる。

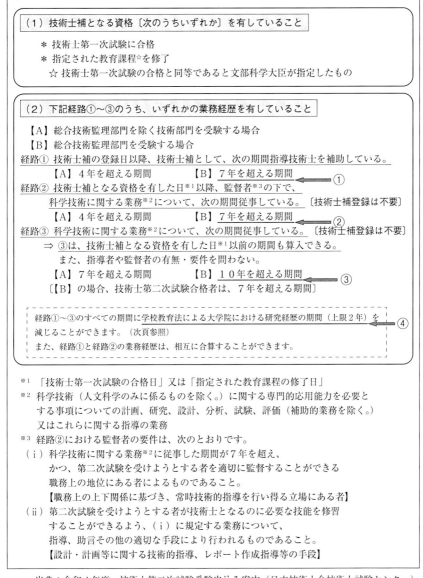

（1）技術士補となる資格〔次のうちいずれか〕を有していること

　＊　技術士第一次試験に合格
　＊　指定された教育課程☆を修了
　　　☆　技術士第一次試験の合格と同等であると文部科学大臣が指定したもの

（2）下記経路①～③のうち、いずれかの業務経歴を有していること

　【A】　総合技術監理部門を除く技術部門を受験する場合
　【B】　総合技術監理部門を受験する場合
経路①　技術士補の登録日以降、技術士補として、次の期間指導技術士を補助している。
　　　　【A】４年を超える期間　　　【B】７年を超える期間　　　　　　①
経路②　技術士補となる資格を有した日*1以降、監督者*3の下で、
　　　　科学技術に関する業務*2について、次の期間従事している。〔技術士補登録は不要〕
　　　　【A】４年を超える期間　　　【B】７年を超える期間　　　　　　②
経路③　科学技術に関する業務*2について、次の期間従事している。〔技術士補登録は不要〕
　　　　⇒　③は、技術士補となる資格を有した日*1以前の期間も算入できる。
　　　　また、指導者や監督者の有無・要件を問わない。
　　　　【A】７年を超える期間　　　【B】１０年を超える期間　　　　　③
　　　　〔【B】の場合、技術士第二次試験合格者は、７年を超える期間〕

　　経路①～③のすべての期間に学校教育法による大学院における研究経歴の期間（上限２年）を
　　減じることができます。（次頁参照）　　　　　　　　　　　　　　　　　　　　　④
　　また、経路①と経路②の業務経歴は、相互に合算することができます。

*1　「技術士第一次試験の合格日」又は「指定された教育課程の修了日」
*2　科学技術（人文科学のみに係るものを除く。）に関する専門的応用能力を必要と
　　する事項についての計画、研究、設計、分析、試験、評価（補助的業務を除く。）
　　又はこれらに関する指導の業務
*3　経路②における監督者の要件は、次のとおりです。
（ⅰ）科学技術に関する業務*2に従事した期間が７年を超え、
　　　かつ、第二次試験を受けようとする者を適切に監督することができる
　　　職務上の地位にある者によるものであること。
　　　【職務上の上下関係に基づき、常時技術的指導を行い得る立場にある者】
（ⅱ）第二次試験を受けようとする者が技術士となるのに必要な技能を修習
　　　することができるよう、（ⅰ）に規定する業務について、
　　　指導、助言その他の適切な手段により行われるものであること。
　　　【設計・計画等に関する技術的指導、レポート作成指導等の手段】

出典：令和４年度　技術士第二次試験受験申込み案内（日本技術士会技術士試験センター）

図表1.4　技術士第二次試験の受験資格要件

1.2　総監の全体像を掴もう

　総監に合格するには、まず「総監とは何か？」をしっかり理解する必要があります。

　総監が必要とされる背景、総監の目標、課題及び解決策を、**図表1.5**に示します。

背景
・科学技術の巨大化・総合化・複雑化の
　進展
・個別の技術開発改善のみでの推進が困
　難な状況

目標
・業務全体を俯瞰し、5つの管理に関する
　総合的な分析・評価に基づいて、最適な
　企画、実施、対応等を行う
・5つの管理を互いに有機的に関連づける

課題
・個別の管理から提示される選択肢が
　互いに相反し、トレードオフが発生
　する

解決策
・業務全般を見渡した俯瞰的な把握・分析
　に基づき、複数の要求事項を総合的に判
　断すること（トレードオフの改善）によ
　って全体的に監理

図表1.5　総監の背景、目標、課題及び解決策

これはキーワード集の「1. 総合技術監理」を要約したものです。科学技術の巨大化・総合化・複雑化を背景として、一般部門における個別技術だけでは対応できない、総合的な課題解決のために、総監が必要であるということです。目標に掲げられた「5つの管理に関する総合的な分析・評価」と、解決策にある「トレードオフの改善」が特徴的かつ重要なポイントといえます。

5つの管理は、経済性管理、人的資源管理、情報管理、安全管理、社会環境管理から成ります。各管理の特性（目指す方向性）や管理技術の範囲を図表1.6に示します。

経済性管理は品質・納期・コストの調和（生産性の向上）、人的資源管理は人の活用（能力向上、能力発揮）、情報管理は情報の活用、安全管理は安全性の確保、社会環境管理は外部環境負荷低減といった目指す方向性があります。

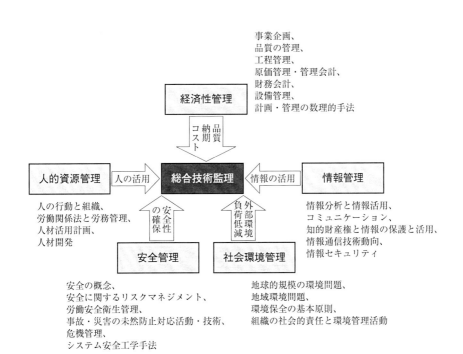

図表1.6 5つの管理の特性と管理技術の範囲

　トレードオフとは、複数の要求事項の両立ができない状態であり、「こちらを立てれば、あちらが立たない」という綱引きの状態をイメージするとわかりやすいかと思います。図表1.7にトレードオフのイメージ例、図表1.8に5つの管理とトレードオフの例を示します。

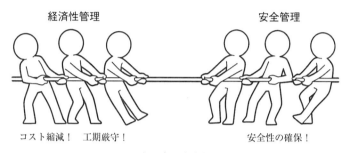

経済性管理　　　　　　　　　　　安全管理

コスト縮減！　工期厳守！　　　　　安全性の確保！

土木工事の安全仮設

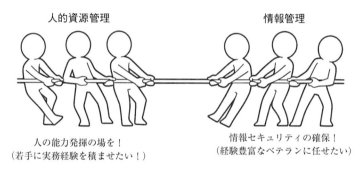

人的資源管理　　　　　　　　　　情報管理

人の能力発揮の場を！　　　　　　情報セキュリティの確保！
（若手に実務経験を積ませたい！）　（経験豊富なベテランに任せたい）

機密情報を取り扱う業務

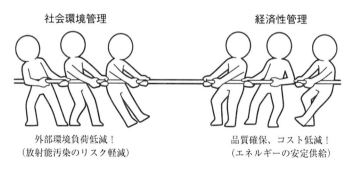

社会環境管理　　　　　　　　　　経済性管理

外部環境負荷低減！　　　　　　　品質確保、コスト低減！
（放射能汚染のリスク軽減）　　　　（エネルギーの安定供給）

原子力発電所の建設

図表1.7　トレードオフのイメージ例

図表1.8　5つの管理とトレードオフの例

	目指す方向性	人的資源管理	情報管理	安全管理	社会環境管理
経済性管理	品質、納期、コストのバランス（生産性の向上）	能力発揮の仕組みをつくるとコストアップ、納期遅延となる	情報を結集するための仕組みをつくるとコストアップ、納期遅延となる	安全確保しようとすると、コストアップ、納期遅延となる	環境負荷を抑えようとすると、コストアップ、納期遅延となる
人的資源管理	人の活用（能力発揮、能力向上）		情報の仕組みが多すぎると、技術者の能力を発揮しにくい（モチベーション低下）	安全確保に万全に行おうとすると、若手に経験を積ませる機会が失われる	環境負荷抑制を万全に行おうとすると、若手に経験を積ませる機会が失われる
情報管理	情報の活用、情報セキュリティ確保			安全確保に万全に行おうとすると、結集すべき情報が大量かつ煩雑	環境負荷抑制を万全に行おうとすると、結集すべき情報が大量かつ煩雑
安全管理	安全性の確保				環境負荷を抑えようとすると、安全確保が十分にできない
社会環境管理	外部環境負荷低減				

　総監における課題解決では、業務全般を見渡した俯瞰的な把握・分析に基づき、複数の要求事項を総合的に判断し、管理間のトレードオフの改善が求められます。この改善策として、5つの管理を互いに有機的に関連づけて行うことになります。

　例えば、経済性管理と安全管理のトレードオフの改善策として、経済性管理と安全管理以外の管理も用いて行います。具体的な例を示すと、現場のプロジェクトにおいて、コストの縮減（経済性管理）と安全の確保（安全管理）がトレードオフとなる場合、情報管理を活用して、現場の調査を行い、事故が発生しやすい箇所を特定したり、新技術等の情報を集めて、費用対効果の高い安全機器を採用したりします。

1.3　着実に総監合格するための5つのヒント

1.3.1　勉強を始める前に知っておきたい、一般部門との違い

　総監受験者の多くは、一般部門の合格実績を持っていますが、一般部門での受験対策と同じイメージで臨むとなかなか合格できないことが多いものです。そのため、総監部門と一般部門の違いを理解することが着実な合格のために必要です。図表1.9に、総監部門と一般部門について、学協会、白書、出願、筆記試験及び口頭試験の主な内容を比較しました。

　一般部門では対応する学会や協会等の団体が必ずあり、そこで発行される学会誌やハンドブック、学会発表等からの情報入手が容易です。またその分野における知見や標準的な技術、最新の研究成果や技術情報の源となります。

　一方、総監部門では対応する学会や団体は存在しないため、文部科学省や日本技術士会が発信する総監に係わる情報（キーワード集等）が唯一の公式な情報源となります。文部科学省は、技術や社会の進展に対応するため、キーワード集を適宜改定する予定としています。しかし、情報管理や社会環境管理の分野においては、技術の進展やそれに伴う法規制等の改正が見込まれるため、キーワード集の改定を待たず自ら情報収集に努める必要があります。その場合も5つの管理の各分野に対応する白書（製造基盤白書（ものづくり白書）、厚生労働白書、情報通信白書、国土交通白書、環境白書等）は有力な情報源となります。また関係省庁のホームページには、択一式問題の参考情報となるさまざまな施策やパンフレット等が公開されています。

　出願（業務内容の詳細）について、総監部門と一般部門とも書式は同じですが、総監部門では総監の視点や管理間のトレードオフに言及する必要があります。

　筆記試験について、一般部門では、必須科目、選択科目とも2〜4問から1問選択する形式で出題されますので、苦手な問題を避けることが可能ですが、総

監部門では択一式40問、記述式とも出題内容すべてに解答する必要があります。

　口頭試験について、一般部門では試問される資質能力が受験申込み案内の合格基準に、コミュニケーション、リーダーシップなどが示されています。総監部門では①経歴及び応用能力、②体系的専門知識となっており、総監を必要とする業務経歴があること、総監を使いこなせる能力があること、及び5つの管理に関する体系的専門知識があることなどが試問されます。

図表1.9　総監部門と一般部門の比較

	総監部門			一般部門		
学協会	無し			有り		
白書	無し			有り		
出願（業務内容の詳細）	①対象業務　技術士法1、2条を踏まえた、総監の視点を含む業務　②課題※　管理間のトレードオフ発生　③解決策　管理間のトレードオフの調整方策（5つの管理の活用等）			①対象業務　技術士法1、2条を踏まえた業務　②問題　一般技術者では対応困難な事象発生　③解決策　問題解決のための課題遂行策（実務経験や知見を生かして）		
筆記試験	Ⅰ－1 必須科目（択一式）	40問全問解答	2時間	Ⅰ必須科目（記述式）	2問中1問解答600字×3枚	2時間
				Ⅱ－1 選択科目（記述式）	4問中1問解答600字×1枚	3時間30分
	Ⅰ－2 必須科目（記述式）	1問中1問解答600字×5枚以内	3時間30分	Ⅱ－2 選択科目（記述式）	2問中1問解答600字×2枚	
				Ⅲ選択科目（記述式）	2問中1問解答600字×3枚	
口頭試験	Ⅰ総監技術士として必要な専門知識及び応用能力　①経歴及び応用能力　②体系的専門知識　　20分（10分程度延長の場合もあり）			Ⅰ技術士としての実務能力　①コミュニケーション、リーダーシップ　②評価、マネジメント　Ⅱ技術士としての適格性　①技術者倫理　②継続研さん　　20分（10分程度延長の場合もあり）		

※筆記試験において、総監部門では課題解決能力、一般部門では問題解決能力、課題遂行能力が試問されることとなっていることから、一般部門における「問題」＝総監部門における「課題」と表記しました。

1.3.2　合格者が念頭に置いている、筆記試験の択一式と記述式のバランス

　総監受験にあたり、筆記試験択一式と記述式の学習のバランスに悩む方が多くみられます。筆記試験に合格するには、択一式と記述式の合計で60％以上の得点が必要です。

　筆記試験の合格基準（図表1.1　総監の試験方法及び合格基準）を満たす択一式と記述式の得点については、図表1.10のようにさまざまな合格パターン（いずれも合格ボーダーラインを想定）があります。

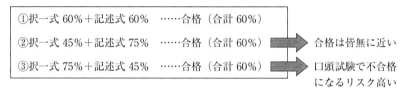

図表1.10　合格パターン例

　択一式が苦手な人は②を目指したり、記述式が苦手な人は③を目指したりする場合がありますが、②のように、択一式が60％を大きく下回って合格するパターンは耳目にしたことがなく、皆無に近いようです。

　また、③については、口頭試験時に記述式の解答内容について質問される可能性が高いです。口頭試験での挽回も可能ですが、筆記試験は合格できても口頭試験で不合格となるリスクが高いため、なるべく避けたいパターンといえます。

　多くの総監合格者は、択一式と記述式それぞれ60％を上回ることを目指してバランス良く勉強しています。

　①を念頭に、択一式と記述式をバランス良く学習しましょう。

1.3.3　合格するために、日常業務で実践すべきこととは

　試験対策として総監の学習を進めることはもちろんのこと、日常業務において、総監技術士として求められる能力を発揮することも大切です。特に5つの管理の視点と、管理間のトレードオフの発生に対する調整・改善方法、高い倫理観を意識・実践してください。これらを継続することで、総監技術士に必要な能力に磨きをかけることができるでしょう。さらにキーワード集にある用語

を日常業務の内容に当てはめてみること、記述式問題の練習でも反復して用いることで、着実に合格に近づくでしょう（図表1.11）。

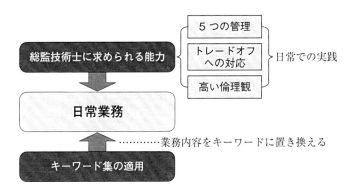

図表1.11　日常業務における総監の実践イメージ

1.3.4　合格者が実践した1年の過ごし方

総監部門の受験は一般部門と同様、受験申込書提出から合格発表まで約1年間にわたります。多くの総監合格者は、この1年間を漫然と過ごすのではなく、やるべきことを細分化して、メリハリをつけて臨んでいます。1年間トップスピードで勉強し続けることは困難なので、集中的に取り組む期間と少し休憩する期間をバランス良く取り入れていくことが重要です。

受験申込書提出から合格発表まで、複数のイベントとそれに対応したフェーズ（次ページ図表1.12）がありますので、各フェーズで行うべきことを確認・整理しておくことが重要です。

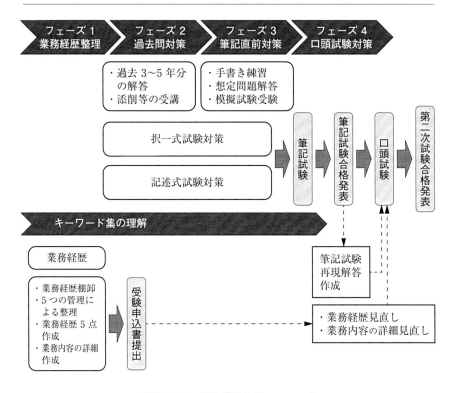

図表1.12　総監受験対策のフェーズ

　フェーズ1として、業務経歴の整理を行い、並行してキーワード集の理解を踏まえ、受験申込書を作成し提出します。次にフェーズ2として、過去問対策を進め、フェーズ3として、筆記試験直前対策を行い、筆記試験に臨みます。最後にフェーズ4として口頭試験対策を行います。筆記試験後の再現解答作成と、フェーズ1で提出した受験申込書の業務経歴や業務内容の詳細の見直しを行います。

　以上のフェーズごとの内容を改めて自分でフロー化することをお勧めします。そしてフローに基づいた具体的な学習計画を月単位などで作成することで、計画と進捗の確認・見直しが可能になります。

1.3.5 再受験対策について

総監試験の合格率は一般部門のそれに比べて低いことから再受験をする受験生も多く、再受験する場合は、前回の不合格要因を自己分析し課題抽出を行って改善することが重要です（図表1.13）。特に記述式に対する評価（B、C）について、本書第4章を参考に要因分析と課題抽出を行うこと、さらに対策を検討することで、次回受験時の合格の可能性を高められるでしょう。

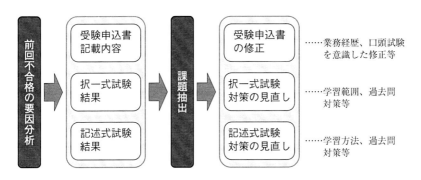

図表1.13 総監再受験における対策例

第2章

出 願 の 留 意 点

— 一般部門とは異なる
　「総監部門」受験申込書の作成 —

2.1　最重要！　出願の位置づけ
〜出願は筆記・口頭試験に直結〜

　出願を早く終わらせて、早めに筆記試験準備に入りたいと考える方も時折見受けられますが、出願は筆記試験・口頭試験に直結しますので、時間と労力をじっくりかけて取り組むことをお勧めします。具体的にどう直結するかを図表2.1に示します。

　まず、業務経歴の作成を通して、総監の理解を深めることができ、筆記試験（記述式問題）における事業・プロジェクトの概要（設問1）の材料を準備することができます。また、業務内容の詳細の作成を通して、筆記試験（記述式問題）の論文展開（骨子）のコツを身につけることができます。口頭試験においては受験申込書を基に試問・評価が行われますので、出願が重要であることはいうまでもありません。

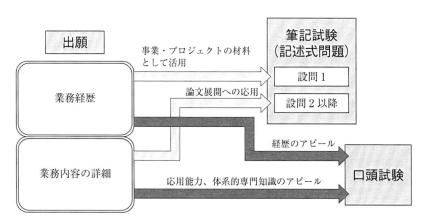

図表2.1　出願、筆記試験（記述式問題）及び口頭試験の関連性

　出願を通して、総監合格をより着実なものにしていきましょう。次の2.2節で業務経歴と業務内容の詳細の作成のポイントやステップを詳しく述べていきます。

2.2　業務経歴・業務内容の詳細

2.2.1　業務経歴作成のポイント

　業務経歴の書式は一般部門と同じです。5つの業務内容を挙げて、その従事期間を記載します。口頭試験では、試験官は主に業務経歴と業務内容の詳細についての質疑を行うため、下記の点に留意する必要があります。

　・1つ目→5つ目の業務内容に進むにつれて、自身がどのように5つの管理を
　　扱うようになったか？
　・管理間のトレードオフや各管理の課題として、どのようなものがあったか？
　・管理間のトレードオフをどのように調整・改善したか？　各管理の課題を
　　どのように解決してきたか？

　業務経歴において、技術者1年目から総監の視点で業務を行うことは稀であり、次第に総監の視点での業務を行うことが一般的です。そのため、5つの業務のうち、冒頭の1～3つは一般部門の視点で業務内容を記しても問題ありません。後半の2～3つは総監の視点で記載しましょう。

　いきなり総監の視点で業務経歴を作成するのは難しいと思いますので、図表2.2に示すとおり、手順を細分化してStep 1～Step 5の順に、まずは自身の経験業務を棚卸しして、5つの業務の絞り込みを行いましょう。

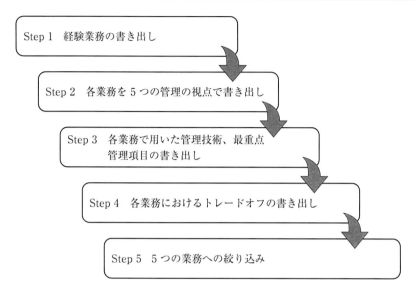

図表2.2　業務経歴作成のステップ

2.2.2　業務経歴作成のステップ

Step 1　経験業務の書き出し

まずは経験してきた業務を書き出してみましょう。この段階では5つに絞り込むことや詳細を気にしすぎず、経験してきた業務を時系列的にどんどん書き出してみましょう。どのような立場・役割を果たしたかも書き出しましょう。一般部門受験時の業務経歴表を基にしても良いでしょう。

年月	勤務先	担当した業務・プロジェクト	立場と役割

Step 2 5つの管理の視点での整理

次に、各業務において、5つの管理の視点で何を行ってきたかを書き出してみましょう。5つの管理の範囲や詳細については、キーワード集や本書の付録（読者サポートページ）を参照してください。まずは主なものから書き出し、5つの管理の視点で行ってきたことを埋めていきましょう。

年月	勤務先	担当した業務・プロジェクト	立場と役割	経済性管理	人的資源管理	情報管理	安全管理	社会環境管理

以下にサンプルを示します。サンプルは5つの業務に絞ったものになります。

サンプル1（建設―都市及び地方計画）

年月	勤務先	担当した業務・プロジェクト	経済性管理	人的資源管理	情報管理	安全管理	社会環境管理
○年○月～○年○月	○○○○○	●●地区土地区画整理事業の工事計画策定及び詳細設計	工期、コストの管理		情報収集	複数の工事の地区内安全確保	
○年○月～○年○月	○○○○○	土地区画整理事業の関連公共事業の計画策定及び指導	工期、コストの管理	社内研修講師	各地区事業の情報管理		
○年○月～○年○月	○○○○○	△△地区土地区画整理事業の道路・宅地整備	工程、コスト、品質の管理		道路管理者、下水道管理者との協議調整		近隣住民等の住環境配慮（騒音、振動、粉塵）
○年○月～○年○月	○○○○○	■■地区土地区画整理事業の事業計画変更、補助金執行管理、大街区戸建て住宅用地の整備計画策定	工程、コスト、品質の管理		行政との協議調整 民間事業者との協議調整		環境影響評価法手続き
○年○月～○年○月	○○○○○	●●震災復興事業の概略設計及び工事発注	工程、コスト、品質の管理		他事業との協議調整	地区内工事の安全確保	放射線量確認

サンプル2（建設─鉄道）

年月	勤務先	担当した業務・プロジェクト	経済性管理	人的資源管理	情報管理	安全管理	社会環境管理
○年○月～○年○月	○○○	○○新幹線○○延伸プロジェクトの工事計画策定及び実施設計	コスト、工期、品質（収入確保施策の早期実施）		情報収集（開業に向けた情報整理）	工事に伴う鉄道事故・輸送障害の発生防止対策	工事における発生品・副産物の適切処理に関する指導
○年○月～○年○月	○○○	○○新幹線○○延伸プロジェクトに関わる工事計画策定、経済性、安全管理及びこれらに関する指導	コスト、工期、品質（収入確保施策の早期実施）		情報収集（開業に向けた情報整理）	工事に伴う鉄道事故・輸送障害の発生防止対策	工事における発生品・副産物の適切処理に関する指導
○年○月～○年○月	○○○	○○○駅○○○交差計画に係る経済性管理と情報管理のトレードオフに配慮した全体管理	工程（早期開業）、コスト	OJT（運営を含めたノウハウ指導）	最適な配線計画策定のための情報整理		周辺の騒音・振動への配慮、地域・関係者との合意形成
○年○月～○年○月	○○○	○○駅改良線路切換に係る経済性管理と安全管理のトレードオフに配慮した全体管理	工程（当日まで、当日作業、クリティカルパスの管理）、コスト、品質の管理	OJT（担当技術者のスキル向上）	過去の類似工事の情報収集─施工時間・施工計画のデータ収集、関係者ヒアリングを通じた知識共有化	切換当日作業に係るリスクマネジメント	
○年○月～○年○月	○○○	○○○・○○駅改良工事に係る経済性管理と安全管理のトレードオフに配慮した全体管理	コスト、工期、品質（収入確保施策の早期実施）	OJT（コストダウンや工期短縮技術の向上）	周辺開発計画に関する情報収集	ホームドアの早期設置・工事に伴うホームドア取り外し期間の短縮	

Step 3　管理技術と最重点管理項目の抽出

　用いた管理技術、最重点管理項目を挙げてみましょう。キーワード集を参考にすると良いです。

　最重点管理項目の例としては、

　　経済性管理　……工程管理、品質管理、原価管理

　　人的資源管理……人材育成

　　情報管理　　……情報セキュリティの確保

　　安全管理　　……安全管理（事故、災害の防止）

　　社会環境管理……環境保全（公害発生防止）

が挙げられます。

　業務目的によりますが、経済性管理の工程管理を最重点管理項目とする業務

が多いようです。

年月	勤務先	担当した業務・プロジェクト	経済性管理	人的資源管理	情報管理	安全管理	社会環境管理	最重点管理項目

以下にサンプルを示します。サンプルは5つの業務に絞ったものになります。

サンプル1（建設―都市及び地方計画）

年月	勤務先	担当した業務・プロジェクト	経済性管理	人的資源管理	情報管理	安全管理	社会環境管理	最重点管理項目
○年○月～○年○月	○○○○	●●地区土地区画整理事業の工事計画策定及び詳細設計	工程計画バーチャート		工事展開ステップ図工程表設計・施工発注計画表	安全衛生教育		経済性管理（工程管理）
○年○月～○年○月	○○○○	土地区画整理事業の関連公共事業の計画策定及び指導	予算計画工程計画	フォロワーシップ	ナレッジマネジメント		環境報告書	経済性管理（工程管理）
○年○月～○年○月	○○○○	△△地区土地区画整理事業の道路・宅地整備	バーチャート		管理会計システム	現場安全管理	廃棄物処理法	経済性管理（工程管理）
○年○月～○年○月	○○○○	■■地区土地区画整理事業の事業計画変更、補助金執行管理、大街区戸建て住宅用地の整備計画策定	予算計画工程計画	リーダーシップ	住民参加情報開示		生物多様性土壌汚染対策法環境影響評価法	経済性管理（原価管理）
○年○月～○年○月	○○○○	●●震災復興事業の概略設計及び工事発注	施工計画工程計画CPM	インセンティブリーダーシップOFF-JT、OJT	集合知グループウェアテレビ会議	安全協議会現場安全管理	建設リサイクル法土壌汚染対策法放射性物質による環境問題	経済性管理（工程管理）

サンプル2（建設―鉄道）

年月	勤務先	担当した業務・プロジェクト	経済性管理	人的資源管理	情報管理	安全管理	社会環境管理	最重点管理項目
○年○月～○年○月	○○○	○○新幹線○○延伸プロジェクトの工事計画策定及び実施設計	予算計画工程計画バーチャート		ステップ図、工程表	安全衛生教育KY活動	建設リサイクル法土壌汚染対策法	経済性管理（工程管理）
○年○月～○年○月	○○○	○○新幹線○○延伸プロジェクトに関わる工事計画策定、経済性、安全管理及びこれらに関する指導	予算計画工程計画バーチャートCPM		ステップ図、工程表	安全衛生教育現場安全管理KY活動	建設リサイクル法土壌汚染対策法	経済性管理（工程管理）
○年○月～○年○月	○○○	○○○駅○○○交差計画に係る経済性管理と情報管理のトレードオフに配慮した全体管理	工程計画	フォロワーシップ、OJT	集合知ステップ図、工程表緊急時の情報管理		ライフサイクル・アセスメント	経済性管理（コスト管理）
○年○月～○年○月	○○○	○○駅改良線路切換に係る経済性管理と安全管理のトレードオフに配慮した全体管理	予算計画工程計画バーチャートCPM	インセンティブリーダーシップOFF-JT、OJT	ナレッジマネジメントナレッジシェアグループウェアテレビ会議	安全衛生教育現場安全管理KY活動リスク分析		経済性管理（工程管理）
○年○月～○年○月	○○○	○○○・○○駅改良工事に係る経済性管理と安全管理のトレードオフに配慮した全体管理	フロントローディング施工計画工程計画CPM	インセンティブリーダーシップOFF-JT、OJT	集合知グループウェアナレッジシェア	リスク分析		経済性管理（工程管理）

Step 4　管理間のトレードオフの抽出

　各業務において、管理間のトレードオフを挙げてみましょう。経済性管理と経済性管理のトレードオフなど、同じ管理同士は除外してください。

年月	勤務先	担当した業務・プロジェクト	管理間のトレードオフの概要	トレードオフの具体的内容

以下にサンプルを示します。

サンプル1（建設—都市及び地方計画）

年月	勤務先	担当した業務・プロジェクト	管理間のトレードオフの概要	トレードオフの具体的内容
○年○月～○年○月	○○○○○	●●地区土地区画整理事業の工事計画策定及び詳細設計		
○年○月～○年○月	○○○○○	土地区画整理事業の関連公共事業の計画策定及び指導		
○年○月～○年○月	○○○○○	△△地区土地区画理事業の道路・宅地整備	経済性管理と情報管理	宅地整備の工程遵守が強く求められる中、地権者の意向確認や個人情報の配慮をきめ細かく行う必要があった。
○年○月～○年○月	○○○○○	■■地区土地区画整理事業の事業計画変更、補助金執行管理、大街区戸建て住宅用地の整備計画策定	経済性管理と社会環境管理	周辺環境に配慮した住宅地整備が求められていたが、コスト増となり、区画整理事業の資金計画を圧迫する恐れがあった。
○年○月～○年○月	○○○○○	●●震災復興事業の概略設計及び工事発注	経済性管理と人的資源管理	区画整理に精通した技術員の能力向上が必要不可欠で、それには時間を要するが、工程を遵守する必要があった。

サンプル2（建設—鉄道）

年月	勤務先	担当した業務・プロジェクト	管理間のトレードオフの概要	トレードオフの具体的内容
○年○月～○年○月	○○○	○○新幹線○○延伸プロジェクトの工事計画策定及び実施設計		
○年○月～○年○月	○○○	○○新幹線○○延伸プロジェクトに関わる工事計画策定、経済性、安全管理及びこれらに関する指導		
○年○月～○年○月	○○○	○○○駅○○○交差計画に係る経済性管理と情報管理のトレードオフに配慮した全体管理	経済性管理と情報管理	早期開業ニーズに対し、鉄道との前例のない交差計画であることから様々な検討・整理を要し、情報管理と経済性管理がトレードオフとなっていた。
○年○月～○年○月	○○○	○○駅改良線路切換に係る経済性管理と安全管理のトレードオフに配慮した全体管理	経済性管理と安全管理	列車運休を伴う切換当日の計画について、運休時間の確保（経済性管理）と工事中の事故等への対策（安全管理）がトレードオフとなった。
○年○月～○年○月	○○	○○○・○○駅改良工事に係る経済性管理と安全管理のトレードオフに配慮した全体管理	経済性管理と安全管理	同じエリアにて安全対策と事業開発プロジェクトの双方が計画されており、どちらを早期に実施するかトレードオフとなっていた。

Step 5　業務経歴の確認→5つの業務への絞り込み

　経験業務の件数が6件以上となる場合は、これらを5つに集約します。その際、同じような業務を羅列するよりも、幅広い業務経験があることを試験官にうまくアピールできると良いです。以下に実務経験証明書の様式でのサンプルを示します。

サンプル1（建設—都市及び地方計画）

詳細	勤務先 (部課まで)	所在地 (市区町村まで)	地位・職名	業務内容	②従事期間		
					年・月〜年・月	_	年月数
	■■■■■	●●県 ▲▲市	■■	■■土地区画整理事業の工事計画策定及び業務設計	■■年■月 〜■年■月	3	0
	■■■■■	●●県 ▲▲市	■■	土地区画整理事業の関連公共施設立替施行（学校、道路等）の計画策定及びこれらに関する指導	■■年■月 〜■年■月	5	2
	■■■■■	●●県 ▲▲市	■■	■■土地区画整理事業の道路・宅地整備に係る経済性管理と安全管理のトレードオフに配慮した全体管理	■■年■月 〜■年■月	3	0
	■■■■■	●●県 ▲▲市	■■	■■土地区画整理事業の大街区戸建て住宅用地整備に係る経済性管理と情報管理のトレードオフに配慮した全体管理	■■年■月 〜■年■月	3	10
○	■■■■■	●●県 ▲▲市	■■	■■震災復興土地区画整理事業の概略設計業務及び工事発注に向けた経済性管理と人的資源管理のトレードオフに配慮した全体管理	■■年■月 〜■年■月	1	0

サンプル2（建設—鉄道）

詳細	大学院名	課程（専攻まで）		研究内容	①在学期間		
					年・月〜年・月		年月数
	■■大学大学院	工学研究科 ■■■■工学専攻		■■■■■■に関する研究	■年4月 〜■年3月	2	0

詳細	勤務先 (部課まで)	所在地 (市区町村まで)	地位・職名	業務内容	②従事期間		
					年・月〜年・月		年月数
■	■■■■■	■■県 ■■市	■■	■■■■■プロジェクトの工事計画策定及び実施設計	■■年■月 〜■■年■月	2	0
■	■■■■■	■■県 ■■市	■	■■■■■プロジェクトに係る工事計画策定、経済性、安全管理及びこれらに関する指導	■■年■月 〜■年■月	1	2
■	■■■■■	■■県 ■■市	■■	■■■■■交差計画に係る経済性管理と情報管理のトレードオフに配慮した全体管理	■■年■月 〜■年■月	0	10
○	■■■■■	■■県 ■■市	■	■■■■■工事に係る経済性管理と安全管理のトレードオフに配慮した全体管理	■■年■月 〜■年■月	3	0
	■■■■■	■■県 ■■市	■	■■■■■工事に係る経済性管理と安全管理のトレードオフに配慮した全体管理	■■年■月 〜■年■月	0	10

2.2.3 業務経歴の成長ストーリーの作成

　業務経歴がまとまったら、1つ目から5つ目の業務にかけて、図表2.3のように総監技術士としての成長ストーリーを組み立ててみましょう。また自分の業務経歴を各管理の視点や管理間のトレードオフを意識して、物語風に説明してみましょう。このプロセスを通して、加筆修正・推敲を繰り返すと良いです。これは、口頭試験でのプレゼンにも活用できます。

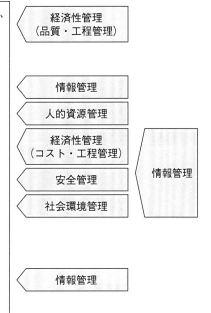

　駆け出しの数年間は上司の指導を受けながら、与えられた業務をミスなく期限内に仕上げることに注力していた。

　次第に主体的に業務に取り組むようになり、様々な情報を収集・整理して、社内の意思決定のための資料作成をしたり、新入社員の指導係を務めたりした。

　その後、大規模なプロジェクトの責任者となり、工期や予算の枠がある中、いかに環境負荷の低減や工事中の安全確保を図るか、情報を収集して複数の工法を比較検討して、これらのトレードオフの調整を行って、プロジェクトを遂行させた。

　これまで数々のプロジェクト実務経験を活かして、現在は社内のナレッジマネジメントの責任者を務めている。

経済性管理
（品質・工程管理）

情報管理

人的資源管理

経済性管理
（コスト・工程管理）

安全管理

社会環境管理

情報管理

情報管理

図表2.3　業務経歴の成長ストーリー（一例）

2.2.4 業務内容の詳細作成のポイント

　2.2.3項で取りまとめた業務経歴のうち、総監技術士として最も相応しい業務を1つ選んで、業務内容の詳細を作成します。1つに絞り込むことが難しい場合は、複数の業務について作成し、比較検討しても良いでしょう。

　業務内容の詳細において、当該業務での立場、役割、成果等を720字以内にまとめる必要があります。図表2.4に記載項目の一例を示します。口頭試験での2〜3分のプレゼン用資料のつもりで端的な内容にまとめてください。

当該業務での立場、役割、成果等
【業務概要、立場と役割】総監の背景を踏まえた業務、総監技術士として相応しい立場・役割 【課題】最重点管理項目、管理間のトレードオフ 【解決策】トレードオフの調整策（5つの管理の管理技術等を活用） 【成果】プロジェクトの完遂、プロジェクトの完遂により得られたもの等

図表2.4　業務内容の詳細の記載項目（一例）

以下にサンプルを示します。

サンプル1（建設―都市及び地方計画）

当該業務での立場、役割、成果等
【業務概要、立場と役割】本業務は、○○○○震災により被災した○○県○○市沿岸部地域の早期復興を目的とした震災復興土地区画整理事業を行うものであり、平成○年度末までに、概略設計の完了及び早期整備エリアの工事着工が強く求められていた。私は担当責任者という立場で、地権者との合意形成や関係機関協議等、業務全体の俯瞰的管理を行った。 　多くの協議事項を抱える中、限られた期間内に地権者との合意形成を図りつつ、設計実施・工事発注を行う必要があり、最重点管理項目は、工程管理（経済性管理）であった。 【課題】業務量に対してスキルの高い担当技術者が不足するため、工程管理（経済性管理）と担当技術者の教育訓練（人的資源管理）とがトレードオフになったことである。 【解決策】私は業務全体を俯瞰し、総合技術監理の視点から問題点を把握・分析し、総合的な判断を行うとともに、次に示す改善策を提案した。 ①経済性管理［QCDのバランス］：バックワードスケジューリングによる工程管理、CPMによる管理の重点化、②人的資源管理［人の活用］：OJTとOFF-JTによる教育訓練、ベテランと若手を組み合わせた人員配置、③情報管理［情報の活用］：地権者情報等の効率的な共有・伝達ルールの決定 【成果】以上の提案により事業を実施し、最重点管理項目を遵守でき、要求事項を達成することができた。また、他の管理項目については効果的な仕組みを構築し、地権者との合意形成や担当技術者のスキル向上を実現することができた。

サンプル2（建設―鉄道）

当該業務での立場、役割、成果等

　本業務は、着工から完了まで約15年に及ぶ○○駅周辺大規模開発事業において、○○線と各線の乗換アクセス改善を目的に、○○線ホームの移設（約○○m）を行うものである。移設に際し必要なスペース構築のため、○○年に第1回線路切換を行い、○○線を東側に移設した。私は現場の担当責任者という立場で、全体計画策定や工程管理、関係者機関との協議等、業務全体の俯瞰的管理を行った。

　課題は、当該現場の切換工事が○年以上未実施でノウハウが不足する中、多数の関係者（周辺事業者、道路管理者、営業・運転担当者）と合意形成を図り施工計画を策定すること、及び、スケジュールを綿密に管理することである。最重点管理項目は工程管理（経済性管理）であった。

　問題点は、列車運休を伴う切換当日の計画について、運休時間の確保（経済性管理）と工事中の事故等への対策（安全管理）がトレードオフになったことである。特に、会社経営及び社会的影響を考慮し、列車運休や道路通行止めの時間は最小限とするよう要求されていた。

　私は、業務全体を俯瞰し、総合技術監理の視点から問題点を把握・分析し、総合的な判断を行うと共に、次に示す改善策を提案した。

①経済性管理［工程管理］：各作業のサイクルタイム算出、クリティカルパスの明確化

②情報管理［情報と意思決定］：他工事事例調査や経験者ヒアリング等の実施を通じた知識共有化

③安全管理［リスクマネジメント］：事故事象リスクの分析、リスク・危機対応方針の確定

　以上の提案により事業を実施し、最重点管理項目を順守するとともに要求事項を達成した。他の管理項目では効果的な仕組を構築し、線路切換の安全性向上や担当技術者のスキル向上を実現した。

2.2.5　出願前のチェックリスト

実務経験証明書の内容が整理されたら、チェックを行いましょう。

1）業務経歴のチェックリスト

□　各業務において、5つの管理の視点が明確になっているか？

　　各業務において、課題抽出や解決策提案において、5つの管理のうち、どの管理が該当するのかを明確に説明できるようにしましょう。

□　用いた管理技術を明確に示せるか？

　　各業務における5つの管理で具体的にどんな管理技術を用いたか、用いた管理技術の特性等が口頭試験での試問の対象となります。出願時点においても、それらについて説明できるようにしましょう。

□　総監技術士としての成長プロセスが説明できるか？

　　業務経歴を通じて、総監技術士として各管理の視点を身につけ、どのような管理技術を使いこなして、どう成長してきたのかを確認しましょう。

　以下にサンプルを示します。ここでは各業務で用いた5つの管理について、主に用いたもの、トレードオフの調整に用いたもの、主ではないが用いたものに分類しています。

サンプル1（建設—都市及び地方計画）

詳細	勤務先 (部課まで)	所在地 (市区町村まで)	地位・ 職名	業務内容	②従事期間 年・月～年・月	年月数		成長プロセス	総監の視点	経	人	情	安	社
	██████	●●県 ▲▲市	███	■■土地区画整理事業の工事計画策定及び業務設計	■年■月 ～■年■月	3	0			○		△		
	██████	●●県 ▲▲市	███	土地区画整理事業の関連公共施設設置替施行（学校、道路等）の計画策定及びこれらに関する指導	■年■月 ～■年■月	5	2			○	△	○		
	██████	●●県 ▲▲市	███	■■土地区画整理事業の道路・宅地整備に係る経済性管理と安全管理のトレードオフに配慮した全体管理	■年■月 ～■年■月	3	0			○		□	○	△
	██████	●●県 ▲▲市	███	■■土地区画整理事業の大街区戸建て住宅用地整備に係る経済性管理と情報管理のトレードオフに配慮した全体管理	■年■月 ～■年■月	3	10			○	□	□		
○	██████	●●県 ▲▲市	███	■■震災復興土地区画整理事業の概略設計業務及び工事発注に向けた経済性管理と人的資源管理のトレードオフに配慮した全体管理	■年■月 ～■年■月	1	0			□	□			△

サンプル2（建設―鉄道）

	大学院名	課程（専攻まで）	研究内容	①在学期間 年・月～年・月	年月数							
	■■大学大学院	工学研究科 ■■■■工学専攻	■■■■■■に関する研究	■■年4月 ～■■年3月	2　0							

詳細	勤務先（部課まで）	所在地（市区町村まで）	地位・職名	業務内容	②従事期間 年・月～年・月	年月数		経	人	情	安	社
	■■■■■■	■■県 ■■市	■■	■■■■プロジェクトの工事計画策定及び実施設計	■■年■月 ～■■年■月	2　0		○		△		
	■■■■■■	■■県 ■■市	■■	■■■■プロジェクトに係る工事計画策定、経済性、安全管理及びこれらに関する指導	■■年■月 ～■■年■月	1　2		○		○	○	
	■■■■■■	■■県 ■■市	■■	■■■■交差計画に係る経済性管理と情報管理のトレードオフに配慮した全体管理	■■年■月 ～■■年■月	0　10				○ △	○	△
○	■■■■■■	■■県 ■■市	■■	■■■■工事に係る経済性管理と安全管理のトレードオフに配慮した全体管理	■■年■月 ～■■年■月	3　0		○	△	□ △	○	△
	■■■■■■	■■県 ■■市	■■	■■■■工事に係る経済性管理と安全管理のトレードオフに配慮した全体管理	■■年■月 ～■■年■月	0　10		□	△	□	○	△

※成長プロセス／総監の視点

右表の凡例　○：主に用いた管理、□：トレードオフの調整に用いた管理、
　　　　　　△：主ではないが用いた管理

2）業務内容の詳細のチェック

☐　総監の背景・目標を踏まえた業務内容となっているか？

　第1章の図表1.5で示した総監の背景・目標を踏まえ、業務内容の詳細が記述されているか再確認しましょう。

　背景
　　・科学技術の巨大化・総合化・複雑化の進展
　　・個別の技術開発改善のみでの推進が困難な状況
　目標
　　・業務全体を俯瞰し、5つの管理に関する総合的な分析・評価に基づいて、最適な企画、計画、実施、対応等を行う
　　・5つの管理を互いに有機的に関連づける

☐　総監技術士として相応しい立場・役割となっているか？

　必ずしも、立場が管理職であったり、役割が業務統括責任者であったりする必要はありません。上司の指導を受けていたり、部下がほとんどいなかったりしても問題ありません。総監の視点を持って業務遂行したかが

ポイントです。

□　課題として管理間のトレードオフが適切に挙げられているか？

　　経済性管理の中でのトレードオフ（例：品質管理と工程管理のトレードオフ、工程管理とコスト管理のトレードオフ）を挙げるのではなく、5つの管理のうち、2つの管理間のトレードオフ（例：経済性管理（工程管理）と人的資源管理（人の能力向上）のトレードオフ）を挙げましょう。

□　解決策として、管理間のトレードオフの調整・改善策が挙げられているか？

　　課題と解決策が整合しているか、各管理が単独の実施となっていないかをチェックしましょう。

□　管理と管理技術とが整合しているか？

　　例えば、業務の一部のアウトソーシングは経済性管理の負荷計画ですが、誤って人的資源管理とするケースが見受けられますので、管理と管理技術とが整合するよう、キーワード集で確認しましょう。

　　なお、メンタルヘルスは、人的資源管理、安全管理双方に含まれています。

□　業務の完遂が成果として明記されているか？

　　業務の完遂がなされていないと、総監の目標が達成されたことになりません。出願時に業務が現在進行形の場合は、その時点での到達点を明確にしてください。下記事例においても、震災復興事業自体のプロジェクト完遂はまだ先だったので、「概略設計の完了と早期整備エリアの工事発注」を到達点としています。

以下にサンプルを示します。

サンプル（建設―都市及び地方計画）

当該業務での立場、役割、成果等
本業務は、東日本大震災により被災した●●県■■市沿岸部地域の早期復興を目的とした震災復興土地区画整理事業を行うものであり、平成○年度末までに、概略設計の完了及び早期整備エリアの工事着工が強く求められていた。
私は担当責任者という立場で、地権者との合意形成や関係機関協議等、業務全体の俯瞰的管理を行った。
多くの協議事項を抱える中、限られた期間内に地権者との合意形成を図りつつ、設計業務・工事発注を行う必要があり、最重点管理項目は、工程管理（経済性管理）であった。
課題は、業務量に対してスキルの高い担当技術者が不足するため、工程管理（経済性管理）と担当技術者の教育訓練（人的資源管理）とがトレードオフになったことである。
私は業務全体を俯瞰し、総合技術管理の視点から課題を分析し、総合的な戦略を行うとともに、次に示す改善策を模索した。①経済性管理（QCDのバランス）：バックワードスケジューリングによる工程管理、CPMによる管理の重点化、②人的資源管理（人の活用）：OJTとOFF-JTによる教育訓練、ベテランと若手を組み合わせた人員配置、③情報管理（情報の活用）：地権者情報等の効率的な、共有・伝達ルールの決定
以上の提案により事業を実施し、最重点管理項目を遵守でき、要求事項を達成することができた。また、他の管理項目については効果的な仕組みを構築し、地権者との合意形成や担当技術者のスキル向上を実施することができた。

総監の背景を踏まえた業務

総監技術士として相応しい立場・役割

最重点管理項目

管理間のトレードオフ

論理的整合

トレードオフの調整策
（5つの管理の管理技術等を活用）
　　改善策①②③が個別に行われているのではなく、トレードオフの調整と矛盾せず連携していることが重要！

成果（メイン）＝プロジェクトの完遂
成果（サブ）＝プロジェクト完遂により得られたもの
（効果的な仕組み構築、担当技術者のスキル向上）

第 3 章

択一試験過去問題の解き方

〈重要な問題だけを整理した必要問題集〉

　過去問（平成30年度〜令和4年度）において、重要かつ普遍的と考えられる問題を厳選しました。各年度、各管理から2問ずつ掲載しています。出題傾向やキーワード集、近年の科学技術に関連する動向等を踏まえた学習を心がけてください。

　特に関連する法律が改正された翌年度や翌々年度には、改正内容に関する出題が多く見受けられますので、要チェックです。

　解答のヒント

　わかる問題が60％以上出題されれば良いのですが、なかなかそうはいきません。わかる問題が60％未満の状況でいかに60％以上の正答を得るかが重要です。

　1問当たり4分ほど時間をかけることができるので、わからない問題であっても、選択肢を丹念に絞り込むことで、正解確率を上げることができます。その問題に関する専門知識が足りなくても、一般常識や基礎知識等を手掛かりに正解を導ける問題も少なくありません。

　組合せ問題は1つでも確実にわかる選択肢が含まれていれば、5択から2〜3択に選択肢を絞り込むことができます。

　計算問題は簡易なものから難解なものまで出題されることがありますが、時間をとられることも多いので、最後にまとめて解いても良いでしょう。

　択一式問題は難しくしようと思えば、いくらでも難しくすることが可能です。出題者の立場は、「総監技術士であれば、60％以上は正答してほしい」という視点で作問すると考えられ、キーワード集を中心に俯瞰的かつ体系的に理解して臨めば良いでしょう。

　厳選した問題の多くは、今後も繰り返し出題される可能性が高いと考えられますので、入念に学習をしてください。

択一式高得点者（令和3年度：自己採点32問正解 / 40問）からの学習アド
バイス

キーワードだけの知識では正解にたどり着くことはできません。それは択一
試験の作問委員は総監キーワードの周辺知識や深掘知識を問題に盛り込んでい
るからです。そのため、解説付き問題集や過去問を解いてみて、それらを取り
込む必要があります。

また、本番では参考書や資料を見ることができません。あなたの脳だけが頼
りです。そのため、脳にキーワードの周辺知識や深掘知識に張り巡らせておく
必要があります。ただ、物理的に脳に書き込むことができないので、その代わ
りにノートに手書きすることになります。

○×式の練習問題はいくらやっても脳に定着しにくいです。試験の準備段階
で、正解・不正解で一喜一憂する必要はありません。それよりも採点した後に、
キーワード周辺知識や深掘知識をテキスト、ネット検索、書籍等で調べて、
自分のノートに書き込みましょう。

3.1　経済性管理

□　価値工学（VE）は、顧客の要求機能を分析し、組織的活動により製品・サービスの価値を高める技法である。VEに関する次の記述のうち、最も適切なものはどれか。　　　　　　　　　　　　　　　　　　（R4－2）

①　VEにおける価値は、「価値＝機能×コスト」というモデルで表現される。

②　VEにおける機能は一般に、動作を行う主体と動作の内容により「…が…する」という表現で定義する。

③　VEにおける機能は、使用者がその製品・サービスを使用しようとする目的にかかわる機能と、外観の美しさなど感覚的満足感にかかわる機能とに分類することができる。

④　VEにおける機能を目的と手段の観点から整理して表現する方法として、親和図が用いられる。

⑤　VEの実施手順における基本ステップは、機能定義→代替案作成→機能評価の順である。

解説

　日本バリュー・エンジニアリング協会によると、『価値工学（VE）とは、製品やサービスの「価値」を、それが果たすべき「機能」とそのためにかける「コスト」との関係で把握し、システム化された手順によって「価値」の向上をはかる手法である』と定義されている。

　徹底して価値（V）を追求し、総コスト（C）を最低限に抑えながら、顧客の要求する機能（F、品質も含む）が向上するようにするものである。機能を高めつつコストを下げることで、商品を購入する顧客が満足する価値を提供す

るという考えである。

$$V = \frac{F}{C}$$

V：価値（Value）
F：機能（Function）
C：総コスト（Cost）

①不適切。価値＝機能／コストである。

②不適切。名詞と動詞の二語を使って、「～を～する」という表現で定義する。「～を～する」の形でいくつもの機能を抽出し、それぞれの機能について機能系統図を用いて機能の掘り下げを行っていく。

③適切。

④不適切。系統図（下図イメージ）が用いられる。

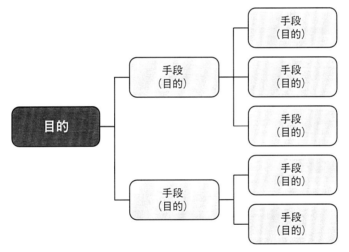

⑤不適切。機能定義→機能評価→代替案作成の順である。

機能定義
・VE 対象の情報収集
・機能の定義
・機能の整理

機能評価
・機能別コスト分析
・機能の評価
・対象分野の選定

代替案作成
・アイデア評価
・概略評価
・具体化
・詳細評価

解答③

39

□ 下図は、複数の作業で構成されている業務のPERT図から、1つの作業Eを抜き出して示した図である。現状の業務日程計画における作業Eの作業時間は3時間、作業Eの全余裕時間は4時間、作業Eの最早開始時刻は午前10時である。なお、結合点iから出ている作業も、結合点jに入ってくる作業も作業Eだけである。この図におけるPERT計算に関する次の記述のうち、最も不適切なものはどれか。 （R4－8）

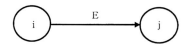

① 現状の業務日程計画における作業Eの最遅開始時刻は、13時である。
② 現状の業務日程計画における作業Eの最早完了時刻は、13時である。
③ 現状の業務日程計画における作業Eの最遅完了時刻は、17時である。
④ 作業実施条件の変更によって作業Eの作業時間だけが5時間に変更された場合、作業Eの全余裕時間は2時間になる。
⑤ 作業実施条件の変更によって作業Eの作業時間だけが7時間に変更された場合、作業Eはクリティカルパス上の作業になる。

解説

PERT（Program Evaluation and Review Technique）は、プロジェクトの計画に際して、作業と作業を矢印で結ぶことで、それらの関係性を明確に示すことができる。さらに各作業の作業時間を記入することで、経路ごとの作業時間や最短時間また最も長くなる経路すなわちボトルネックとなる経路を見つけることが可能となり、この経路をクリティカルパスと呼び、それを見つける方法がCPM（Critical Path Method）である。

問題文の条件を踏まえると、PERT図は下図のとおりとなる。

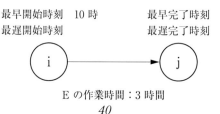

　全余裕時間（トータルフロート：TF）＝最早完了時刻－（最早開始時刻＋作業時間）

という関係があることを使って、問題を解く。

　問題文より、

　　　全余裕時間（トータルフロート：TF）＝4時間、

　　　最早開始時刻＝10時なので、

　　　全余裕時間＝最早完了時刻－（10時＋3時間）＝4時間

となる。

　上式より、最早完了時刻－10時＝4時間＋3時間＝7時間　となり、

　　　最早完了時刻＝17時

となる。

　なお問題文より、「結合点iから出ている作業も、結合点jに入ってくる作業も作業Eのみ」であることから、最早完了時刻＝最遅完了時刻＝17時となる。

　また、最遅開始時刻＝最遅完了時刻－作業時間であることから、

　　　最遅開始時刻＝17時－3時間＝14時

となる（※便宜上、時刻と時間が混在した算式としております。ご了承ください）。

　以上のことを反映させると、PERT図は下図のとおりとなる。

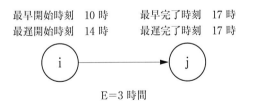

E＝3時間

　以上を踏まえ、各選択肢を確認すると、

①不適切。最遅開始時刻は14時である。

②適切。

③適切。

④適切。

⑤適切。

解答①

□　我が国における、いわゆるPFI（Private Finance Initiative）法（民間
資金等の活用による公共施設等の整備等の促進に関する法律）に基づく
事業（以下「PFI事業」という。）に関する次の記述のうち、最も適切な
ものはどれか。　　　　　　　　　　　　　　　　　　　　　（R3－2）

①　PFI事業におけるVFM（バリュー・フォー・マネー）とは、事業
期間全体を通じた公的財政負担の見込額の現在価値のことである。

②　BTO方式とは、民間事業者が施設を整備し、施設を所有したまま
サービスの提供を行い、そのサービスに対して公共主体が民間事業者
に対価を支払う方式のことである。

③　BOT方式では、施設完成直後に、施設の所有権が民間事業者から
公共主体に移転される。

④　コンセッション方式では、施設の所有権を公共主体が有したまま、
施設の運営権が民間事業者に設定される。

⑤　内閣府の調査によれば、実施方針が公表されたPFI事業の単年度ご
との件数は、ここ数年減少傾向にある。

解説

①不適切。VFMはPFI事業における最も重要な概念の一つで、支払い
（Money）に対して最も価値の高いサービス（Value）を供給するという
考え方のことである。

②不適切。BTO方式とは、Build Transfer Operateの略で、建設→（所有
権）移転→（施設等の）運営の順に行う方式という意味である。建設・資
金調達を民間が担って、完成後は所有権を公共に移転し、その後は一定期
間、運営を同一の民間に委ねる方式。

③不適切。BOT方式とは、Build Operate Transferの略で、建設→（施設等
の）運営→（所有権）移転の順に行う方式という意味である。民間が施設
を建設・維持管理・運営し、契約期間終了後に公共へ所有権を移転する方
式。

B→T→O 方式

Build	Transfer	Operate
(建てて)	(移転して)	(管理・運営する)

B→O→O 方式

Build	Own	Operate
(建てて)	(所有して)	(管理・運営する)

B→O→T 方式

Build	Operate	Transfer
(建てて)	(管理・運営して)	(移転する)

R→O 方式

Rehabilitate	Operate
(改修して)	(管理・運営する)

出典：内閣府ホームページ

④適切。コンセッション方式とは、「公共セクターに施設の所有権を残したまま、一定期間、施設整備や公共サービス提供などの事業運営権を付与された民間事業者が、自ら資金を調達し、利用者料金を主たる収入源にリスクを負いながら事業を運営していく手法」である。

⑤不適切。ここ数年増加傾向にある（下図参照）。

事業数の推移

（令和 2 年 3 月 31 日現在）

出典：内閣府ホームページ｜PFI 事業の実施状況（cao.go.jp）

PFI 事業の実施状況

解答④

□　あるメーカーの製品Xについて、次年度の利益計画の設定に関する次
の資料がある。

　［資料］

　a.　販売価格　　　　30,000円／個

　b.　販売量　　　　　800個

　c.　変動費　　　　　10,000円／個

　d.　固定費　　　10,000,000円

　この条件下での損益分岐点の分析に関する次の記述のうち、最も適切
なものはどれか。なお、期首・期末の仕掛品及び製品在庫はゼロである
ものとし、次の各記述で取り上げた事項以外については、［資料］a〜d
に示された内容に変化はないものとする。また、割合を示す数値は有効
数字3桁とする。　　　　　　　　　　　　　　　　　　　　（R3－6）

①　変動費を5％削減したときの売上高は22,800,000円となる。

②　固定費を1,000,000円増加させたときの限界利益は5,000,000円とな
る。

③　販売価格を8％値下げし、販売量が20％増加したときの営業利益は
8,496,000円となる。

④　予想売上高の83.3％が損益分岐点売上高となる。

⑤　限界利益率は66.7％となる。

解説

①不適切。売上高＝販売価格×販売量＝30,000円／個×800個＝24,000,000
円となる。変動費＝10,000円／個なので、これを5％削減すると、9,500
円／個となるが、変動費は売上高に影響しないので、売上高は変わらず、
24,000,000円である。

②不適切。限界利益＝売上高－変動費なので、固定費が変動しても、限界利
益は変動しない（次ページ図参照）。

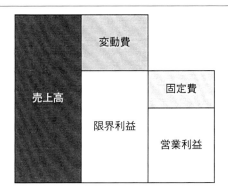

③不適切。売上高＝販売価格×販売量であることから、

販売価格を8％値下げし、販売量が20％増加するので、

売上高＝販売価格×$(1-0.08)$×販売量×$(1+0.2)$

$=30,000 \times 0.92 \times 800 \times 1.2 = 26,496.000$ となる。

営業利益＝売上高－（固定費＋変動費）

（変動費＝$10,000$×販売量）

であることから、

営業利益＝$26,496,000-(10,000,000+10,000 \times 800 \times 1.2)$

$=6,896,000$ となる。

④不適切。損益分岐点では、売上高＝固定費＋変動費となるので（下図参照）、このときの販売量をaとすると$30,000a = 10,000,000 + 10,000a$。$a = 500$となり、予想売上高の62.5％（$=500 / 800$）となる。

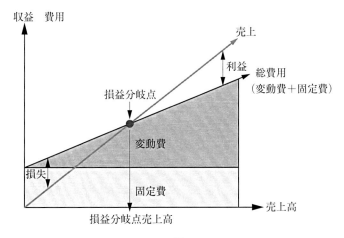

⑤適切。

限界利益率＝限界利益／売上高＝（24,000,000－8,000,000）／24,000,000
　　＝16/24＝66.7％

解答⑤

□　プロジェクトマネジメント知識体系ガイド（PMBOKガイド）第6版
に関する次の記述のうち、最も不適切なものはどれか。　　　（R2－3）

①　プロジェクトとは、独自のプロダクト、サービス、所産を創造する
ために実施される有期的な業務のことをいう。

②　CPMは、プロジェクト・チームがプロジェクト目標を達成するため
に実行する作業の全範囲を階層的に分解したものである。

③　アクティビティ所要期間の見積りやコストの見積りに用いられる技
法として、三点見積りやパラメトリック見積りがある。

④　ガントチャートは、スケジュール情報を視覚的に示す図の1つであ
り、縦軸にアクティビティをリストアップし、横軸に時間軸をとる。

⑤　リスク対応の計画において、脅威に対処するために考慮され得る戦
略として、回避、軽減、転嫁、受容などがある。

解説

プロジェクトマネジメント知識体系ガイド（PMBOKガイド）とは、プロ
ジェクトマネジメントのベースとなる知識体系で、複数の知識エリアから定義
されている。

①適切。PMBOKガイドにおいて、このとおり定義されている。

②不適切。WBS（Work Breakdown Structure）の説明となっている。CPM
はアクティビティの実行順序を視覚化する手法で、時間と費用に着目し、
最低限のコストを狙った計画法である。

③適切。他に、トップダウン見積りやボトムアップ見積りもある。

④適切。計画と実績を比較することができる。

⑤適切。ちなみに、好機に対処するために考慮され得る戦略としては、活用、
共有、強化、受容がある。

□　機械設備の保全活動は、計画・点検・検査・調整・修理・取替などを含む設備のライフサイクル全般の観点から行われる。　　　　（R2−8）

　　保全活動を、設備の故障・不良を排除するための対策を講じたり、それらを起こしにくい設備に改善したりするための「改善活動」と、設計時の技術的側面を正常・良好な状態に保ち、効率的な生産活動を維持するための「維持活動」に分類するとすれば、次の組合せのうち最も適切なものはどれか。

	「改善活動」	「維持活動」
①	定期保全・保全予防	予知保全・改良保全
②	改良保全・事後保全	定期保全・予知保全
③	保全予防・改良保全	事後保全・予防保全
④	改良保全・予知保全	保全予防・事後保全
⑤	予防保全・事後保全	改良保全・保全予防

解説

　　保全予防：自主保全等の結果を次の設備計画に反映させて、故障・劣化の防止をしやすい状態にすること

　　改良保全：故障が発生した際、二度と同じ故障を起こさないように、設備自体を改良すること。

よって、保全予防と改良保全は、改善活動といえる。

　　事後保全：故障が発生してから対処を行う保全。

　　予防保全：部品等の使用回数や時間を決め、あらかじめ部品交換などの保全をすることにより、故障を未然に防ぐこと

よって、事後保全と予防保全は維持活動といえる。

以上より、正解は③となる。

解答③

□　製品設計・製品開発に関する用語の説明として、次のうち最も適切な
ものはどれか。　　　　　　　　　　　　　　　　　　　　　（R1－2）

①　デザインイン：消費者の要望に適合する製品を設計・開発するため
　に、企画部門がデザイン思考に基づいて製品を企画する活動。

②　デザインレビュー：製品を市場に投入する直前に、製品が設計通り
　に生産されているかを審査する活動。

③　コンカレントエンジニアリング：複数の製品の設計・開発を同時並
　行的に進めることで設計・開発期間の短縮を図ること。

④　フロントローディング：初期の工程のうちに、後工程で発生しそう
　な問題の検討や改善に前倒しで集中的に取り組み、品質の向上や工期
　の短縮を図ること。

⑤　VE：製品の価値を、限界利益を生産時間で割ったものと定義し、
　限界利益を増加、又は生産時間を短縮することで価値の向上を図る手
　法。

解説

①不適切。デザインインとは、顧客製品の仕様が固まる前の設計段階におい
　て、自社製品の採用を促進する営業活動。

②不適切。デザインレビューとは、開発における成果物を、複数の人に
　チェックしてもらう機会。

③不適切。コンカレントエンジニアリングとは、製品およびそれに関わる
　製造やサポートを含んだ工程に対し、統合されたコンカレントな設計を行
　おうとするシステマチックなアプローチ。複数の製品の設計・開発を同時
　並行的に進めることではない。

④適切。初期工程に集中的に資源を投下して、後工程の負荷を軽減する。

⑤不適切。VEとは、製品の価値を、それが果たす機能をそのコストで割っ
　て表し、所定の手順によって価値の向上を図る手法。

解答④

□　設備の運転時間の経過に対する故障率の推移の特徴を概念的に示す下
図のバスタブカーブに関する次の記述のうち、最も不適切なものはどれ
か。　　　　　　　　　　　　　　　　　　　　　　　　　　　　（R1－8）

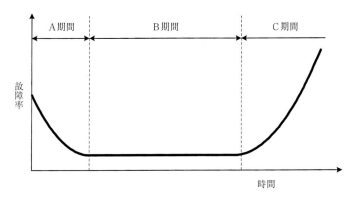

図　バスタブカーブ

①　A、B、Cの各期間は、時間経過順にそれぞれ初期故障期間、摩耗
故障期間、偶発故障期間と呼ばれる。

②　A期間では、設備の設計・製造の不良、材料の欠陥、運用のまずさ
などに起因する故障が生ずる。

③　B期間では、設備の故障率はそれまでの実動時間にほとんど依存し
ない。

④　C期間では、設備が老朽化して、機械的な摩損や疲労、化学的な腐
食、経年的な材質変化などに起因する故障が生ずる。

⑤　C期間では、予防保全や改良保全により、故障率の増大傾向を減少
させることが有効である。

解説

バスタブカーブは、故障率曲線とも言われ、時間が経過することによって起
こってくる機械や装置の故障の割合の変化を示すグラフのうち、その形が浴槽
の形に似ている曲線のことである。

①不適切。A期間は初期故障期間だが、B期間は偶発故障期間、C期間は摩

耗故障期間となる。時間が経過するにつれて、設備が老朽化し、摩耗故障が起きやすくなることが掴めると正解しやすい。

②適切。

③適切。

④適切。

⑤適切。部品交換や部分更新を行うことで、故障率を低減できる。下図参照。

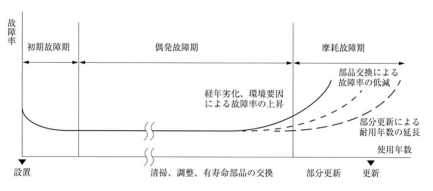

出典：厚生労働省ホームページ

図　バスタブカーブ

解答①

□　品質管理に関する次の記述のうち、最も適切なものはどれか。

（H30－1）

①　現場で徹底すべき基本的な内容を表現した標語である「5S」において、「清潔」は、必要なものについた異物を除去することを指す。

②　新QC7つ道具は言語データの分析に用いられるものであり、数値データを解析する手法は新QC7つ道具に含まれない。

③　寸法規格が50±0.3 mmである部品の寸法が平均50 mm、標準偏差0.1 mmの正規分布に従うとき、寸法規格を満たさない部品の全体に占める割合は1%以下である。

④　ISO 9001は、様々な品質マネジメントシステムの構造を画一化することの必要性を示すことを意図している。

⑤ ISO 9001は、品質マネジメントシステムに関する要求事項、並びに製品及びサービスに関する要求事項を規定している。

解説

①不適切。必要なものについた異物を除去することは「清掃」である。「清潔」は整理、整頓、清掃の3Sを維持することである。

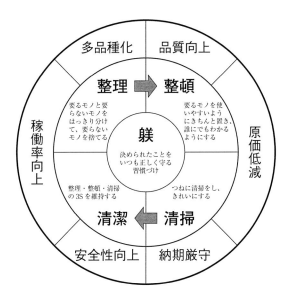

出典：厚生労働省ホームページ

図 5Sの概要・関連性

②不適切。新QC 7つ道具は、主として言語データを図に整理することで問題解決を図るものだが、新QC 7つ道具の1つであるマトリックスデータ法は、数値データを解析して見通しの良い結論を得るものである。

③適切。自然界・社会における多くの事象は、正規分布に従うとされている。正規分布とは、標準偏差σの1倍（$-\sigma \sim \sigma$）に全体の68.3%が存在し、2倍（$-2\sigma \sim 2\sigma$）に全体の95.4%、3倍（$-3\sigma \sim 3\sigma$）に全体の99.7%が存在するというものである。このことから、寸法規格を満たさない割合（-3σ未満、3σ超）は全体の0.3%となる（次ページ図参照）。

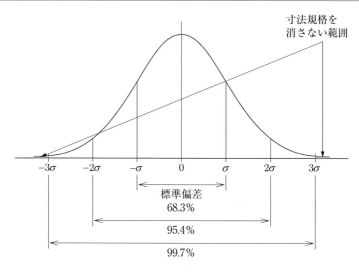

図　正規分布図

④不適切。ISO 9001 は、良い製品やサービスを継続的に提供するための仕組みを管理することを求めており、様々な品質マネジメントシステムの構造を画一化することを求めていない。

⑤不適切。ISO 9001 は、顧客満足度を求めているが、要求事項は規定していない。

解答③

□　計画期間5年、初期投資費用1,500万円で、計画期間の間、毎年400万円の利益が得られるプロジェクトがある。このプロジェクトにおいて、追加投資を2年経過後（3年目の年初）に行うか否かを検討している。追加投資費用が300万円で、追加投資によって3年目以降の利益が毎年（400＋x）万円になるとき、追加投資を行う場合と行わない場合とで、プロジェクト開始時点でのプロジェクトの正味現在価値が等しくなるようなxの値に最も近いものはどれか。ただし、割引率（年利率）は3％で、利益は年末に得られるものとする。また、上で述べたもの以外の費用や利益は考えない。　　　　　　　　　　　　　　　　　　　　　　　（H30－3）

①　100　　②　103　　③　106　　④　109　　⑤　113

解説

問題文の条件等をまとめると、下表のとおり。

（単位：万円）

		0 年目	1 年目	2 年目	3 年目	4 年目	5 年目
追加投資を行わない場合	支出	−1,500					
	収入		400	400	400	400	400
追加投資を行う場合	支出	−1,500			−300		
	収入		400	400	400＋x	400＋x	400＋x

$$正味現在価値（NPV）＝現在価値（PV）－投資額$$

$$現在価値（PV）＝\frac{将来受け取る金額}{（1＋利率）^n}$$

n：所要年数

となる。3年目〜5年目における、3年目年初の正味現在価値が、追加投資を行う場合と行わない場合とで同額になるときの利率を求める。

$$\frac{x}{(1+0.03)}+\frac{x}{(1+0.03)^2}+\frac{x}{(1+0.03)^3}-300=0$$

両辺を $(1+0.03)^3$ 倍して、

$$(1+0.03)^2 x+(1+0.03)x+x-300(1+0.03)^3=0$$

これを解くと、$x＝106$ となる。

解答③

53

3.2　人的資源管理

□　組織構造の特性に関する（ア）～（エ）の説明と、これに対応する組織構造の名称の組合せとして、最も適切なものはどれか。　　（R4－13）

（ア）特定の目的を共有しつつ、水平的かつ緩やかに結びついた組織であり、従来の部門や組織の壁を越えて自律的に協働を行うことによって、環境の変化に対して自ら柔軟な構造変革を行う。

（イ）社長や管理職からの指揮命令系統はなく、組織の進化する目的を実現するために、メンバー全員が相互の信頼に基づき、独自のルールや仕組みを工夫しながら、組織運営を行う。

（ウ）上意下達の指揮命令系統をはっきりさせ、それぞれの役割に専念できる専門化と分業により、効率を高めた合理的な組織運営を行う。

（エ）製品や市場についての責任者と、効率追求や共通資源の企業内での蓄積に責任を負う職能部門の責任者の2つの指揮命令系統を設定することにより、市場競争と企業内蓄積のバランスのとれた事業運営を行う。

	ア	イ	ウ	エ
①	ティール組織	ネットワーク組織	ピラミッド組織	マトリクス組織
②	ネットワーク組織	マトリクス組織	ティール組織	ピラミッド組織
③	マトリクス組織	ティール組織	ピラミッド組織	ネットワーク組織
④	ティール組織	ネットワーク組織	マトリクス組織	ピラミッド組織
⑤	ネットワーク組織	ティール組織	ピラミッド組織	マトリクス組織

解説

各組織の特徴・キーワードを押さえておくと正解しやすい。

組織構造の名称	概要	長所	短所
ネットワーク組織	ピラミッド型組織の問題を解決するために登場。 組織のメンバーがフラットな繋がりを持つ。	自由に意見を出しやすく、意思決定が速い。	役割分担と責任の所在が曖昧になりがち。
ティール組織	経営者等が部下への指示・管理を行わなくても、組織に所属するメンバーが主体となり目的達成のためのアクションを起こす。	メンバーの主体性強化。 業務効率、柔軟性の向上。	進捗・リスク管理が困難。 歴史が浅く、明確なモデルが存在しない。
ピラミッド組織	組織内での序列・上下関係、責任と権限の所在が明確。	トップダウンで組織を動かしやすい。	情報の伝達スピードが遅くなる。
マトリクス組織	機能別組織と事業部別組織をかけ合わせて構成された組織。	機能別の専門性と事業部別のスピードを併せ持つ。 機能の重複が生じづらく、効率的。	2つの組織に所属することで指揮命令系統が二重化するため混乱が起きやすい。 会社内部の利害調整に割かれる時間が多くなる。

（ア）組織の壁を越えて、柔軟な構造変革、ということからネットワーク組織であることがわかる。

（イ）指揮命令系統がないことから、ティール組織であることがわかる。

（ウ）上位下達の指揮命令系統ということから、ピラミッド組織であることがわかる。

（エ）2つの指揮命令系統ということから、マトリクス組織であることがわかる。

解答⑤

□　ジョブ型雇用とメンバーシップ型雇用に関する次の記述のうち、最も不適切なものはどれか。　　　　　　　　　　　　　　　　　　　　　　　（R4 − 15）

①　専門性の高い業務におけるジョブ型雇用では、人の出入りがあるために会社が外部労働市場にさらされ、一般的にメンバーシップ型雇用より報酬が高く設定されやすい。

②　新卒一括採用を継続する日本の企業でジョブ型雇用を導入する場合は、下位等級をメンバーシップ型雇用とし、上位等級にジョブ型雇用を適用するなど、雇用区分を組み合わせて活用する場合が多い。

③　メンバーシップ型雇用では、内部育成による人材確保を進めることから、ジョブ型雇用に比べ、ビジネスモデルの変革やグローバル化の推進など事業の変化が激しい場合でも対応が容易である。

④　ジョブ型雇用では、社員が専門性を指向して、経営層が育ちにくくなるため、仕事や役割の計画的な割り当てと選抜教育により次世代のリーダーを育成する施策が必要になる。

⑤　メンバーシップ型雇用では、適材適所による生産性向上、ローパフォーマーの活用促進、セクショナリズムの軽減などが期待できる。

解説

ジョブ型雇用とメンバーシップ型雇用の概要等を比較すると下表のとおりである。

	ジョブ型雇用	メンバーシップ型雇用
概要	職務を明確化し、即戦力となる最適人材を充てる （欧米企業に多い）	職務を限定せず、幅広く人材を採用・育成する （日本企業に多い）
仕事の範囲	職務記述書（ジョブディスクリプション）で規定 限定的、専門的	配属組織のミッション等により決定 総合的
人材流動性	高い	低い

各選択肢において、日本企業に多いと思われるもの≒メンバーシップ型雇用

の説明と捉えると正解しやすいといえる。

①適切。

②適切。

③不適切。メンバーシップ型雇用は、事業の変化が激しい場合の対応が難しい。

④適切。

⑤適切。

解答③

□ 労使関係に関する次の記述のうち、最も適切なものはどれか。

(R3－9)

① パートタイム労働者は、労働組合に加入することはできない。

② 団体交渉では、賃金や労働時間、休日などの労働条件のほか、団体交渉の手続、組合活動における施設利用の取扱いなどが交渉事項となり得る。

③ 労働委員会は、半数は使用者を代表する者、残りの半数は労働者を代表する者によって構成される。

④ 労働委員会が行うあっせんは、紛争当事者間の自主的解決を援助するため、あっせん員が当事者間の話合いの仲立ちなどを公開で行うものである。

⑤ 労働委員会が調停を進める中で調停案を提示した場合、労働者側、使用者側のいずれもこれを受け入れなければならない。

解説

①不適切。パートタイム労働者も労働組合に加入できる。令和3年時点で約136万人のパートタイム労働者が労働組合に加入している（全労働組合員数に占める割合は13.6％）。

②適切。団体交渉の交渉事項は、法律で明確に定義されているわけではないが、判例によると、「義務的団体交渉事項」と「任意的団体交渉事項」の2種類に区別される。「義務的団体交渉事項」には、賃金・退職金、労働・

　　休憩時間、休日、労働災害補償、教育訓練、安全衛生、団体交渉や争議行
　　為に関する手続、配置転換、懲戒・解雇等の基準がある。

③不適切。労働委員会とは、労働組合法に基づき、労働者が団結することを
　　擁護し、労働関係の公正な調整を図ることを目的として設置された機関で
　　あり、中央労働委員会（国の機関）と都道府県労働委員会の2種類がある。
　　労働委員会は、<u>公益を代表する委員（公益委員）</u>、労働者を代表する委員
　　（労働者委員）、使用者を代表する委員（使用者委員）のそれぞれ同数に
　　よって組織されている。

④不適切。労働委員会内において非公開で行われる。

⑤不適切。調停案を受け入れなければならないわけではない。仲裁の場合は、
　　仲裁裁定を受け入れなければならない（下図表参照）。

あっせん	調　停	仲　裁
開　始	**開　始**	**開　始**
(1) 労使いずれかの申請 (2) 労使双方の申請	(1) 労使双方の申請 (2) 労使いずれかの申請 ・労働協約に定めのある場合 ・公益事業の場合	(1) 労使双方の申請 (2) 労使いずれかの申請 ・労働協約に定めのある場合
調　査		**調　査**
事務局職員が、労使双方から主張や経緯などの実情を調査します。	**調　査** 事務局職員が、労使双方から主張や経緯などの実情を調査します。	事務局職員が、労使双方から主張や経緯などの実情を調査します。
調整者	**調整者**	**調整者**
あっせん員…公・労・使委員及び事務局職員	調停委員会…公・労・使委員の三者構成 （労・使委員は同数）	仲裁委員会…公益委員3人 〈労・使委員は意見を述べることができる〉
調整の方法	**調整の方法**	**調整の方法**
団体交渉のとりもち、主張のとりなしなど当事者間の自主的解決を促進します。あっせん案などを示すこともあります。	調停案を示して労使双方に受諾を勧告します。調停案を受諾するかどうかは自由で、法的な拘束はありません。	仲裁裁定を行います。当事者は、この裁定に従わなければならず、その効力は労働協約と同一です。
終　結	**終　結**	**終　結**
解決、打切り、取下げ	解決、不調、打切り、取下げ	解決、打切り、取下げ

出典：広島県労働委員会ホームページ

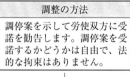

解答②

□　組織文化に関する次の記述のうち、最も適切なものはどれか。

(R3 - 13)

① 　組織文化は、組織の中でメンバーがどのように行動すべきかを示す公式な決まりの体系である。

② 　オフィスの環境や衣服などの表層的なものは、組織文化とは無関係である。

③ 　組織文化には、組織のメンバーにとって当然のこととみなされる前提や仮定も含まれる。

④ 　直面する環境が大きく変化した場合でも、組織がそれに適合した組織文化を形成していくことは容易である。

⑤ 　1つの企業では部門ごとに異なる組織文化が形成されることはない。

解説

　組織文化とは、経営学用語であり、組織内の構成員の間で共有されている行動原理や思考様式等を指す。組織文化がうまく醸成されると、組織に一体感が出て、人材が定着しやすくなったり、意思決定がしやすくなったりすると言われている。

①不適切。組織文化は非公式なものである。

②不適切。表層的なものも組織文化と関係があるといえる。

③適切。

④不適切。外部環境に適合した組織文化を形成していくことは困難である。

⑤不適切。部門ごとに異なる組織文化が形成されることもある。

解答③

□　ジョブローテーションに関する次の記述のうち、最も適切なものはどれか。

(R2 - 13)

① 　長期雇用を前提とする正職員よりも有期雇用の職員に対しての適用性が高い。

②　職員の適性を重視して異動先を決めるシステムであるため、異動先の部署は適材適所の人材を得ることができる。

③　特定分野の専門家などの、スペシャリストを育成するために適している。

④　職務給制度を採用する企業においては導入が容易である。

⑤　職員の、組織全体の業務に対する理解促進、環境変化への適応力向上などの効果が期待できる。

解説

ジョブローテーションとは、人材能力開発のため育成計画に基づいて、継続的かつ戦略的にさまざまな業務を経験させるために異動させることである。

〈主なメリット〉

・従業員の適性を見出すことができ、適材適所の配置が可能となる

・ローテーションにより、社内コミュニケーションの活性化につながる

・一定の職務に長期間就くことによるマンネリ化の防止、モチベーションアップにつながる

実施のポイントは、経営の視点のみならず、従業員のキャリアパスの一環という視点で、その育成計画に基づくことである。

また、ジョブローテーションを行った直後には、業務スキルが一時低下する、他のスキルを習得させるために育成に時間がかかるなどのデメリットもある。

①不適切。長期雇用を前提とする正職員に対しての適用性が高い。

②不適切。適性重視ではなく、従業員の育成計画に基づいている。

③不適切。スペシャリスト育成のために行うものではない。

④不適切。職務給制度は、仕事の内容（難易度、責任）を評価する制度であるため、導入は容易でない。一方、職能給制度は、仕事を進める能力を評価する制度であるため、導入が容易である。

⑤適切。

解答⑤

□　ある管理職が、次の（ア）〜（オ）のような部下の能力開発について検討を行っている。それぞれの部下が経験する能力開発手法の組合せで、

最も適切なものはどれか。 (R2−15)

（ア）A君は、仕事のやり方は概ね覚えたが、対人能力を高める必要があることから、当社と契約している教育機関のマンツーマントレーニングに参加させたい。

（イ）B君には、将来海外部門で幹部となってほしいことから、まずは海外支店に異動させ、支店長の指導の下で語学力向上も目指して海外業務を経験させたい。

（ウ）C君は、事務処理能力は優れているが、企画能力は十分ではないため、企画課に数か月預け、業務を手伝いながら学んでもらいたい。

（エ）D君は、週に一度職務時間外の英語講座に通いたいと話していた。彼ができるだけ参加できるよう、その曜日の残業は配慮したい。

（オ）E君には、問題解決能力を高めるために、ブレインストーミングの社内研修に参加してもらいたい。

	（ア）	（イ）	（ウ）	（エ）	（オ）
①	OFF−JT	OJT	OJT	自己啓発	OFF−JT
②	OJT	自己啓発	OJT	OFF−JT	OFF−JT
③	OFF−JT	自己啓発	OFF−JT	自己啓発	OJT
④	OJT	OFF−JT	OJT	OFF−JT	OFF−JT
⑤	自己啓発	OJT	OJT	OFF−JT	自己啓発

解説

（ア）職場を離れての教育なので、OFF−JTである。

（イ）社内（海外支店）にて、支店長の指導を受けながら仕事をするので、OJTである。

（ウ）社内（企画課）にて、業務を手伝いながら学ぶので、OJTである。

（エ）勤務時間外に自発的に行うことなので、自己啓発である。

（オ）職場を離れての教育なので、OFF−JTである。

解答①

□　人の行動モデルに関する次の記述のうち、最も適切なものはどれか。

(R1－14)

① マグレガーによれば、X理論では「人は働くことをポジティブに捉える存在である」、Y理論では「人は働くことをネガティブに捉える存在である」とし、Y理論に基づき「アメ」と「ムチ」を使い分けながら管理する方が、業績は上がるとしている。

② マズローによれば、人の欲求は低次元から高次元まで5段階あり、人の特徴はその複数の段階の欲求を並行して追求していくものとしている。

③ ハーズバーグが提案した二要因理論によれば、職務満足感につながる要因と、仕事に対する不満につながる要因とは別のものであり、職務への動機付けのためには、後者の要因を除去することを優先すべきであるとしている。

④ メイヨーらがホーソン工場で行った実験によれば、労働者の生産性向上をもたらす要因は、感情や安心感よりも賃金であるとされている。

⑤ アッシュの研究によれば、集団のメンバーは、常にその集団に受け入れられたいと望むため、集団規範に同調しがちであるとしている。

解説

①不適切。X理論とY理論の説明が逆になっている。「人は働くことをネガティブに捉える存在である」とするのがX理論で、「人は働くことをポジティブに捉える存在である」とするのがY理論である。

②不適切。マズローの欲求5段階説において、人の欲求は低次元から高次元まで、「生理的欲求」→「安全の欲求」→「社会的欲求」→「承認欲求」→「自己実現欲求」の5段階があり、低次の欲求が満たされると、高次の欲求に向かっていくとされている。複数の欲求を並行して追求していく訳ではない。

③不適切。職務への動機付けのためには前者（職務満足感につながる要因）が作用するとしている。後者（仕事に対する不満につながる要因）は仕事

の不満を予防する働きを持つとしている。

④不適切。賃金等（客観的な職場環境）よりも、感情や安心感（職場における人間関係や目標意識）が、労働者の生産性向上をもたらす要因としている。

⑤適切。正解・不正解が明らかな問いに対して、集団のメンバーの多くが不正解を選択すると、それに同調して不正解の答えを選んでしまうといった人間の傾向があることを示している。

解答⑤

□ 次の（ア）～（エ）に示す教育訓練の目的と、（A）～（D）に示す教育訓練技法の組合せのうち、最も適切なものはどれか。 （R1－15）

教育訓練の目的

（ア）知識・事実の習得

（イ）態度変容、意識改革

（ウ）問題解決力・意思決定の向上

（エ）創造性開発

教育訓練技法

（A）討議法、ロール・プレイング

（B）ブレインストーミング、イメージ・トレーニング

（C）ケース・スタディ、ビジネス・ゲーム

（D）講義法、見学

	（ア）	（イ）	（ウ）	（エ）
①	D	A	C	B
②	A	D	C	B
③	D	B	A	C
④	D	A	B	C
⑤	C	B	A	D

解説

（A）討議法とは、話合いを通じて相互の理解を深め、相互の立場を尊重しな

63

がら共同で問題の解決にあたる教育訓練技法。ロール・プレイングとは、現実に起こる場面を想定して、複数の人がそれぞれ役を演じ、疑似体験を通じて、ある事柄が実際に起こったときに適切に対応できるようにする教育訓練技法。

　いずれも、（イ）態度変容、意識改革を目的としている。

（B）ブレインストーミングとは数名のチーム内で1つのテーマについて、相互に意見を出し合うことで沢山のアイディアを生産し問題の解決に結び付ける教育訓練技法。イメージ・トレーニングとは、ある事柄について、起こり得る場面、場合、対処方法などを、頭の中で考え、慣れておく教育訓練技法。

　いずれも、（エ）創造性開発を目的としている。

（C）ケース・スタディとは、ある具体的事例について、調査・分析・研究を行うことで、一般的な法則・理論を発見しようとする教育訓練技法。ビジネス・ゲームとは、ゲームを通してビジネススキルや思考の成長を促すロール・プレイング型の教育訓練技法。

　いずれも、（ウ）問題解決力・意思決定の向上を目的としている。

（D）講義法とは、講師が説明し、受講者がそれを聴くことで知識を得る教育訓練技法。見学とは、実地にて実際を見て、それに関する知識を得る教育訓練技法。

　いずれも、（ア）知識・事実の習得を目的としている。

解答①

□　企業の人事管理、賃金管理等に対する考え方は、欧米諸国に代表される「仕事」に「人」を当てはめるいわゆる「ジョブ型」（職務主義）と、日本に代表される「人」を中心に管理し「人」と「仕事」の結びつきはできるだけ自由に変えられるようにしておくいわゆる「メンバーシップ型」（属人主義）がある。次の記述のうち、それぞれの型とその特徴の組合せとして最も不適切なものはどれか。　　　　　　　（H30－10）

①　「ジョブ型」：採用は、欠員の補充などの必要な時に、必要な数だけ行う。

②　「ジョブ型」：職務への配置に当たって重要なのは、個々の仕事の能力より、仕事の中でスキルが上がっていく潜在能力である。

③ 「ジョブ型」：職種別に賃金が決まっており、年齢、家族構成など
は賃金に反映されない。

④ 「メンバーシップ型」：定期的な人事異動があり、勤務地が変わる
転勤も広範に行われる。

⑤ 「メンバーシップ型」：仕事に関する教育訓練は、公的教育訓練より
OJT などの社内教育訓練が中心である。

解説

情報通信白書によると、「ジョブ型」とは、職務（Job description）等を明
確にした上でその職務のために雇用するものをいう。他方、「メンバーシッ
プ型」とは、職務等を明確にしない雇用の在り方をいい、「人」を中心にして管
理が行われ、「人」と「仕事」の結びつきはできるだけ自由に変えられるよう
にしておくものである。

日本の大企業において、勤続に応じた処遇、雇用管理の体系（勤続年数に応
じた賃金体系、昇進・昇格、配置、能力開発等）や、勤務地や業務内容の限定
がなく時間外労働があることが典型的とされることから、「メンバーシップ型」
が日本の正規雇用労働者の特徴であるとする議論もある。働き方改革等の影響
を受け、今後変化することも予想される。

①適切。

②不適切。メンバーシップ型の説明となっている。

③適切。

④適切。

⑤適切。

解答②

□ 人事評価の制度設計に関する次の記述のうち、最も不適切なものはど
れか。 （H30-15）

① 人事評価を絶対評価で行う場合、評価要素が本来従業員の働きぶり
を示すものとしては不適切な内容を含んでいたり、評価要素が細分化
され評価項目数が多くなり過ぎてしまったりして、正確な評価ができ

ないことがある。

② 人事評価を相対評価で行う場合、グループ内での相対的順位や位置づけを考慮するため、評価対象者の評価に他者の結果が影響する。また比較対象となるグループのメンバー次第で、評価対象者の相対的位置が上下してしまうことがある。

③ 評価の信頼性を高めるためには評価者訓練が効果的である。評価者訓練においては、評価を行う意義と目的をしっかりと説明する必要があり、また、評価の際に介入しやすいバイアスの存在を知らせることも大切である。

④ 人事評価の評価分野には、能力評価、情意評価、成果評価などがあり、それぞれ従業員のランク別に評価基準を設定する。一般的に、上位ランクになるほど能力評価や情意評価が、成果評価より重視される。

⑤ 目標管理による評価制度では、一般的に、会社の経営戦略や経営方針が示された後、各部門の管理者が部門ごとの方針、目標などを決定し、その後に個人の目標を設定する、というように上位組織から順に目標が決定される。

解説

①適切。絶対評価とは、他の社員と比較せず、被評価者を評価する方法。

②適切。相対評価とは、他の社員と比較して被評価者を評価する方法。

③適切。評価の際に介入しやすい主なバイアスとして、ハロー効果（1つの良い面につられてしまう）、中心化傾向（当たり障りなく無難に）、期末効果（評価直前の出来事に目を奪われる）がある。

④不適切。上位ランクになるほど成果が重視され、能力や情意は比較的重視されなくなる。

⑤適切。

解答④

3.3 情報管理

□ 以下のデータ分析事例（ア）〜（ウ）について、それぞれに適した分析手法の組合せとして、最も適切なものはどれか。 (R4−17)

【データ分析事例】

（ア）ネットショップの顧客を対象にして、購買履歴から顧客を分類してダイレクトメールで商品を薦めるための顧客プロファイリングを行う。

（イ）複数の企業を対象にして、一定期間内の情報漏えい事件発生の有無に対して従業員数や情報セキュリティ訓練の実施回数がどの程度影響を及ぼしているかを調べる。

（ウ）スーパーマーケットの複数の店舗を対象にして、売上金額に対して最寄り駅からの距離や店舗面積がどの程度影響を及ぼしているかを調べる。

	ア	イ	ウ
①	相関分析	単回帰分析	ロジスティック回帰分析
②	クラスター分析	ロジスティック回帰分析	重回帰分析
③	相関分析	単回帰分析	重回帰分析
④	クラスター分析	重回帰分析	ロジスティック回帰分析
⑤	相関分析	ロジスティック回帰分析	単回帰分析

解説

クラスター分析とは、異なる性質のものが混ざり合っている集合体の中から、互いに類似した性質のものを集めて集団（クラスター）を作り、対象を分類する分析手法である。

ロジスティック回帰分析とは、いくつかの要因（説明変数）から「2値の結果

（目的変数）」が起こる確率を説明・予測する統計手法で、多変量解析の手法の1つである。

　回帰分析とは、データ間の関係性を一定の数式・公式でどれくらい説明できるかを調べる分析手法である。具体的には、変数 Y を、p 個の変数 X_1, X_2, …, X_p により説明または予測するための統計的方法。

　独立変数が1個（$p = 1$）の場合を単回帰分析、複数個（$p \geqq 2$）の場合を重回帰分析という。

（ア）購買履歴から顧客を分類して、類似した性質のものをまとめて集団を作ることから、クラスター分析である。

（イ）いくつかの要因（従業員数、情報セキュリティ訓練の実施回数）から2値の結果（情報漏えい事件発生の有無）が起こる確率を説明することから、ロジスティック回帰分析である。

（ウ）変数 Y（売上金額）に対して、変数 X（最寄り駅からの距離、店舗面積）がどの程度影響を及ぼしているかを調べるものなので、回帰分析に該当し、変数 X が複数個あることから、重回帰分析である。

解答②

□　マーケティング分析に関する次の記述のうち、4Pによるマーケティング・ミックスの説明として、最も適切なものはどれか。　　　（R4 − 22）

①　企業の内部環境としての自社の強み・弱みと、企業をとりまく外部環境における機会・脅威を組み合わせた4領域に対して、社内外の経営環境を分析する考え方である。

②　市場成長率の高低と、相対的な市場占有率の高低を組み合わせた4象限に、企業が展開する複数の製品・事業を位置付け、経営資源配分の戦略を分析する考え方である。

③　マーケティング目標を達成するために、マーケティングの4大要素である製品、価格、流通経路、販売促進を組み合わせ、経営資源を配分して計画・実施する考え方である。

④　マーケティングの構成要素である価値、利便性、コスト、コミュニケーションの4つの効果的な組合せにより、消費者側から見たマーケ

ティングを捉える考え方である。

⑤　自社、顧客、競合、市場の4つの視点から、自社の現状と課題、進むべき方向性などを分析する考え方である。

解説

4Pによるマーケティングミックスとは、製品（Product）、価格（Price）、流通（Place）、プロモーション（Promotion）の4つを構成要素とする売り手側の実行戦略である。

一方、4Cとは、企業・事業の競争力分析の枠組みの一つで、顧客側から見て重要な点を示したものである。

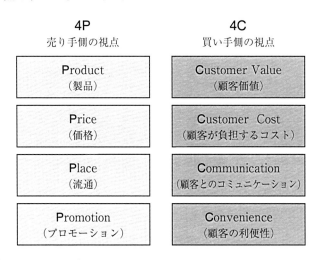

①不適切。SWOT分析の説明となっている。

②不適切。PPM（プロダクトポートフォリオマネジメント）の説明となっている。

③適切。

④不適切。4Pを買い手側の視点に置き換えた「4C」の説明となっている。

⑤不適切。市場を含まず、自社、顧客、競合の3つの視点からであれば、3C分析の説明である。

解答③

□　下表は、収集した4,500個のデータに対し、陽性か陰性かを予測する
機械学習モデルによる予測結果を整理した混同行列とよばれるものであ
る。さらに20個のデータを追加し、同じモデルを用いて予測した結果、
追加したデータすべてを陽性と予測し、実際にはすべて陰性であった。
データを追加したことによる、このモデルの予測性能の変化に関する次
の記述のうち、最も適切なものはどれか。なお、本問における評価指標
については以下のとおりとする。　　　　　　　　　　　　　（R3－17）

　正解率：全データのうち、予測が正しかったデータの割合
　適合率：予測が陽性であったデータのうち、実際に陽性であるデータ
　　　　　の割合
　再現率：実際は陽性であるデータのうち、予測も陽性であったデータ
　　　　　の割合
　F値　：適合率と再現率の調和平均

表　混同行列

		予測（個）	
		陽性（Positive）	陰性（Negative）
実際 （個）	陽性 （Positive）	真陽性 30	偽陰性 20
	陰性 （Negative）	偽陽性 70	真陰性 4,380

①　正解率、適合率、F値は小さくなり、再現率は変化しない。
②　正解率、適合率、再現率は小さくなり、F値は変化しない。
③　正解率、再現率、F値は小さくなり、適合率は変化しない。
④　正解率、適合率は小さくなり、再現率、F値は変化しない。
⑤　すべての評価指標の値は小さくなる。

解説

収集した4,500個のデータに追加された20個のデータは、陽性と予測したが、
全て陰性だったことから、表において偽陽性に該当する。

表　混同行列

| | | 予測（個） | |
		陽性（Positive）	陰性（Negative）
実際（個）	陽性（Positive）	真陽性 30	偽陰性 20
	陰性（Negative）	偽陽性 70　+20	真陰性 4,380

正解率は、20個のデータの予測が外れているので、小さくなる。

適合率は、20個のデータの予測が陽性であったこと（実際は陰性であった）から、小さくなる。

再現率は、20個のデータは実際には陰性なので、変化しない。

F値（＝適合率と再現率の調和平均）は、適合率が小さくなり、再現率は変化しないことから、小さくなる。

※調和平均とは、

データ数 n のデータ $X_1, X_2, \cdots, X_n$ がある場合、このときの調和平均 x_h は下式のとおり定義される。

$$x_h = \frac{n}{\dfrac{1}{X_1} + \dfrac{1}{X_2} + \cdots + \dfrac{1}{X_n}}$$

解答①

□　統計分析に関する次の記述のうち、最も不適切なものはどれか。

(R3－21)

① 標本メディアンは、標本が十分大きければ、その中の非常に極端な値に影響されにくい推定量である。

② 相関分析は、分析者が変数間の因果関係を仮定し、説明変数が被説明変数に与える効果を分析するものである。

③ 最小二乗法は、線形回帰分析において2種類の変数の関係を示す当てはまりの良い直線を引く際などに用いられる。

④ 推定は、母集団から抽出したランダムサンプルに基づいて、その母集団を統計的に描写する手続である。

⑤　統計的仮説検定は、帰無仮説を棄却して対立仮説を支持できるかどうかを決定する手続である。

解説

①適切。標本メディアンとは、標本中央値（順位が中央である値）のことであり、標本が十分に大きくても、極端な値に影響を受ける。

②不適切。回帰分析の説明となっている。

　相関分析とは、2つのデータの関係性の強さを表す指標（相関係数）を計算し、数値化する分析手法。相関係数は1に近づくほど正の相関（正比例）の関係が強くなり、－1に近づくと負の相関（反比例）の関係が強くなる。また、0に近づくほど無関係になる。

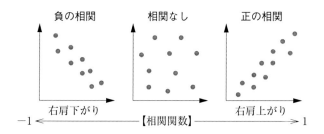

③適切。誤差を伴う測定値の処理において、その誤差の二乗の和を最小にすることで、最も確からしい関係式を求める方法である。

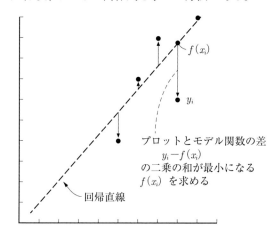

④適切。一つの推定量により母数を推定する点推定と、区間を用いて推定する区間推定がある。

⑤適切。確率をもとに結論を導く方法である。

解答②

□ 機械学習によるデータ活用のプロセスを表した以下の図の（ア）～（エ）に該当する用語の組合せとして、最も適切なものはどれか。

(R2－23)

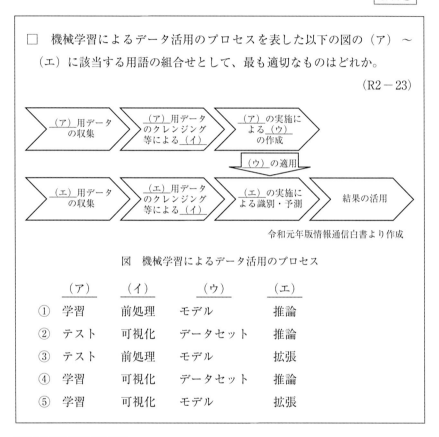

令和元年版情報通信白書より作成

図 機械学習によるデータ活用のプロセス

	（ア）	（イ）	（ウ）	（エ）
①	学習	前処理	モデル	推論
②	テスト	可視化	データセット	推論
③	テスト	前処理	モデル	拡張
④	学習	可視化	データセット	推論
⑤	学習	可視化	モデル	拡張

解説

　機械学習とは、人工知能（AI）のうち、人間の学習に相当する仕組みをコンピュータ等で実現するものであり、入力されたデータからパターン／ルールを発見し、新たなデータに当てはめることで、その新たなデータに関する識別や予測等を可能にするものである。

　このことが理解されていれば、（ア）学習用データと（エ）推論用データを収集し、それらを（イ）前処理し、学習用データの（ウ）モデルを推論用デー

タに適用し、推論用データの実施による識別・予測……といった流れが掴める。

解答①

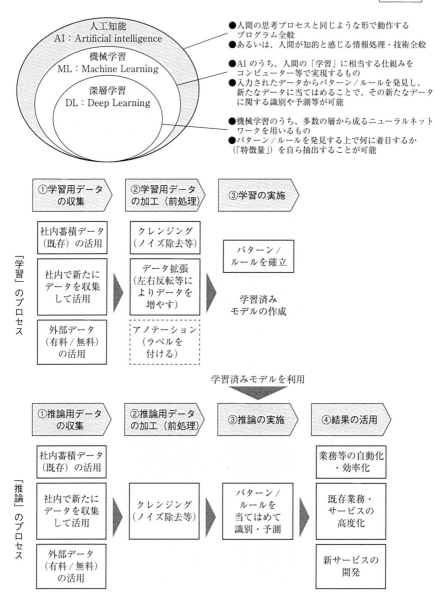

人工知能
AI：Artificial intelligence
●人間の思考プロセスと同じような形で動作する
　プログラム全般
●あるいは、人間が知的と感じる情報処理・技術全般

機械学習
ML：Machine Learning
●AI のうち、人間の「学習」に相当する仕組みを
　コンピューター等で実現するもの
●入力されたデータからパターン / ルールを発見し、
　新たなデータに当てはめることで、その新たなデータ
　に関する識別や予測等が可能

深層学習
DL：Deep Learning
●機械学習のうち、多数の層から成るニューラルネット
　ワークを用いるもの
●パターン / ルールを発見する上で何に着目するか
　（『特徴量』）を自ら抽出することが可能

「学習」のプロセス

①学習用データ
の収集
②学習用データ
の加工（前処理）
③学習の実施

社内蓄積データ
（既存）の活用

クレンジング
（ノイズ除去等）

パターン /
ルールを確立

社内で新たに
データを収集
して活用

データ拡張
（左右反転等に
よりデータを
増やす）

学習済み
モデルの作成

外部データ
（有料 / 無料）
の活用

アノテーション
（ラベルを
付ける）

学習済みモデルを利用

「推論」のプロセス

①推論用データ
の収集
②推論用データ
の加工（前処理）
③推論の実施
④結果の活用

社内蓄積データ
（既存）の活用

業務等の自動化
・効率化

社内で新たに
データを収集
して活用

クレンジング
（ノイズ除去等）

パターン /
ルールを
当てはめて
識別・予測

既存業務・
サービスの
高度化

外部データ
（有料 / 無料）
の活用

新サービスの
開発

推論の実施が学習となる場合もある

出典：令和元年度　情報通信白書

□ インターネットのプロトコルなどで用いられている暗号方式やデジタル署名に関する次の記述のうち、最も不適切なものはどれか。なお、以下において、「メッセージ」は送信者から受信者に伝達したい通信内容（平文）、「ダイジェスト」はセキュアハッシュ関数を用いてメッセージを変換して生成した固定長のビット列のことをそれぞれ指す。

(R2－24)

① 暗号通信では、暗号方式が同一であれば、用いられる鍵を長くすると安全性は向上するが、暗号化と復号が遅くなるという欠点がある。

② 共通鍵暗号方式による暗号通信では、送信者によるメッセージの暗号化と受信者による暗号文の復号に同じ鍵が用いられることから、送信者と受信者が同一の鍵を共有する必要がある。

③ 公開鍵暗号方式による暗号通信では、送信者が生成した公開鍵を用いてメッセージを暗号化したうえで送信し、受信者は秘密鍵を用いて復号する。

④ デジタル署名では、送信者が生成した秘密鍵を用いてメッセージに対するダイジェストを暗号化したうえで送信し、受信者は公開鍵を用いて復号する。

⑤ デジタル署名により、メッセージが改ざんされていないこととダイジェストを生成した人が確かに署名者であることを確認できるが、メッセージの機密性は確保できない。

解説

①適切。

②適切。共通鍵暗号方式では、暗号化や復号を行う際、当事者間で同一の共通鍵を用いる。鍵の漏洩リスクは公開鍵暗号方式より高く、当事者が増えると、第三者に解読されるリスクが高まる。

③不適切。公開鍵暗号方式とは、暗号化と復号に別々の鍵を用いる暗号方式。送信者は受信者の公開鍵で暗号文を作成して送る。受信者は受信者自身の秘密鍵で、受け取った暗号文を復号する。

④適切。デジタル署名とは、公開鍵暗号方式を利用した仕組みで、送信デー
　タが本人のものであることと改ざんされていないことを証明するもの。

⑤適切。機密性とは、限られた人のみが情報に接触できるように制限をかけ
　ること。

解答③

□　マーケティング分析についての次の（ア）～（エ）の記述に対応する
　手法の組合せのうち、最も適切なものはどれか。　　　　　　（R1－21）

（ア）直近購買日、購買頻度、購買金額の3変数を用いて、顧客をいくつ
　　　かの層に分類し、それぞれの顧客層に対してマーケティングを行うた
　　　めの手法である。

（イ）企業の内部環境としての自社の強み・弱みと企業をとりまく外部環
　　　境における機会・脅威の組合せの4領域に対して、社内外の経営環境
　　　を分析する手法である。

（ウ）自社、顧客、競合の3つの視点から、自社の現状と課題、進むべき
　　　方向性などを分析する手法である。

（エ）市場成長率と相対的な市場占有率の高低の組合せの4領域に対して、
　　　扱っている製品やサービスを位置付け、どのように経営資源を配分す
　　　るかなどの戦略を分析する手法である。

	（ア）	（イ）	（ウ）	（エ）
①	3C分析	SWOT分析	RFM分析	PPM分析
②	RFM分析	SWOT分析	3C分析	PPM分析
③	RFM分析	PPM分析	3C分析	SWOT分析
④	アクセスログ分析	PPM分析	3C分析	SWOT分析
⑤	アクセスログ分析	PPM分析	RFM分析	SWOT分析

解説

（ア）RFM分析の説明である。データベースを使ったターゲット・マーケティ
　　　ングで、顧客の過去の購買履歴を分析する手法。RはRecency（最近購入
　　　された年月日）を示す。FはFrequency（過去の一定期間に何回購入され

たかの購入回数)、MはMonetary（一定期間での購買金額）を意味する。

（イ）SWOT分析の説明である。組織を、「強み（Strength）」「弱み（Weakness）」「機会（Opportunity）」「脅威（Threat）」の4つの軸によって評価する手法のこと。

（ウ）3C分析の説明である。3Cは、Customer：市場・顧客、Competitor：競合、Company：自社を示す。

（エ）PPM分析（Product Portfolio Management）の説明である。市場成長率と市場占有率の2軸の座標で4領域に分割し、製品・サービスにおいて、経営資源の投資配分等を判断・分析するための手法。

解答②

□ 情報セキュリティの脅威に留意した行動に関する次の記述のうち、最も適切なものはどれか。 (R1－23)

① 重要情報を取引先にメールで送付する際に、インターネット上でのデータの機密性を確保するため、送信データに電子署名を施した。

② 職場のパソコンがランサムウェアに感染するのを予防するため、常にパソコンに接続している外付けハードディスクにパソコン内のデータをバックアップした。

③ 振込先の変更を求めるメールが取引先から届いたため、ビジネスメール詐欺を疑い、メールへの返信ではなく、メールに書かれている番号に電話して確認した。

④ 公衆無線LANを用いてテレワークをする際に、通信傍受を防ぐため、WPA2より暗号化強度が強い「WEPで保護」と表示されているアクセスポイントを利用した。

⑤ 委託先から最近のやりとりの内容と全く異なる不自然なメールが届いたため、標的型攻撃メールなどを疑い、添付ファイルは開かず、情報管理者にすぐに報告・相談した。

解説

①不適切。電子署名とは、電磁的記録に記録された情報について作成者を示

す目的で行われる暗号化等の措置で、改変が行われていないかどうか確認

することができるもの。

②不適切。外付けハードディスクがパソコンに接続している状態では感染す

るおそれがある。

③不適切。メールに書かれている番号などの連絡先は偽装されている可能性

があるので、使用してはならない。

④不適切。WEPはWPA2よりも暗号化強度が弱い。アクセスポイントが

「暗号化なし」または「WEPで保護」の場合は、通信内容が盗み見られる

危険性を十分認識したうえで利用する必要がある。

（参考）Wi-Fi に接続する際はココに注意〜暗号種類と暗号利用状況〜

	アクセスポイントの利用する暗号種類	アクセスポイントの暗号利用状況
強	WPA2（SSIDの下に「WPA2で保護」と表示※） ・下記「WPA」の後継 　脆弱性の指摘がなく、現在最も強固な暗号方式とされている	鍵マーク
弱	WPA（SSIDの下に「WPAで保護」と表示※） ・下記「WEP」の改良版 　ただし一部脆弱性が指摘されている	
	WEP（SSIDの下に「WEPで保護」と表示※） ・アクセスポイントと端末間をWEPキー（秘密鍵）により暗号化 　ただし解読されやすく暗号化の強度としては弱い	
無	暗号化なし（SSIDの下は空欄） ・暗号化なしの通信のこと	鍵マークなし

暗号化の強度（推奨順）

※Android と異なり、iPhone は暗号種類が非表示となっています。

出典：総務省ホームページ

⑤適切。

解答⑤

□　テレワークに関する次の記述のうち、最も不適切なものはどれか。

(H30 − 17)

①　テレワークで円滑に仕事を進めるためには、書類を電子化しネット

ワーク上で共有するなど、仕事のやり方を変革することが必要となる。

②　テレワークの導入に当たっては、職場とは異なる環境で仕事を行う

ことになるため、組織の情報セキュリティポリシーを見直すことが必

要となる。

③　シンクライアント型のテレワーク端末を用いることで、電子データの実体を持ち出すことなくテレワーク先での作業が可能となる。

④　テレワークに要する通信回線の費用や情報通信機器の費用については、テレワークを行う労働者が負担する場合がある。

⑤　自宅でのテレワークの実施中は、労働基準法上の労働者であっても、いわゆる労災保険の適用対象外となる。

解説

①適切。

②適切。

③適切。シンクライアント型とは、クライアント（顧客）端末の機能を最小限にし、アプリケーションやデータをサーバ側で運営・管理する仕組み。シンとはthin（薄い、少ない）という意味である。

④適切。

⑤不適切。テレワークをする人にも、通常の従業員と同様に労災保険法が適用される。業務上災害と認定されるためには、業務遂行性と業務起因性の2つの要件を満たさなければならない。

解答⑤

□　組織の情報資産を脅かす情報セキュリティの脅威に関する次の記述のうち、最も適切なものはどれか。　　　　　　　　　　　(H30 − 21)

①　DoS攻撃：企業や国家の機密情報の詐取等を目的に、特定の個人や組織、情報を狙ったサイバー攻撃。

②　ランサムウェア：コンピュータウイルスの一種で、感染したコンピュータが正常に利用できないよう人質に取り、復元のために代価の支払いを要求するソフトウェア。

③　標的型攻撃：大量のデータや不正なデータを特定のコンピュータや通信機器等に送りつけ、相手方のシステムを正常に稼働できない状態に追い込むサイバー攻撃。

④　メール爆弾：ウイルスに感染した電子ファイルを電子メールに添付

して、コンピュータをウイルスに感染させ、メール受信者のデータを
破壊するサイバー攻撃。

⑤　ビジネスメール詐欺：実在の金融機関等を装った電子メールを送付
し、偽のWebサイトに誘導して、住所、氏名、銀行口座番号、ク
レジットカード番号等の情報を詐取する詐欺。

解説

①不適切。標的型攻撃の説明となっている。DoS攻撃（Denial of Services
attack）とは、通信ネットワークを通じてコンピュータや通信機器などに
行われる攻撃手法。大量のデータや不正なデータを送りつけて相手方の
システムを正常に稼働できない状態に追い込むこと。DDoS攻撃（Distri-
buted Denial of Service attack）というものもあり、これは、インターネッ
ト上の多数の機器から特定のネットワークやコンピュータに一斉に接続要
求を送信し、過剰な負荷をかけて機能不全に追い込む攻撃手法。

②適切。「Ransom（身代金）」と「Software（ソフトウェア）」を組み合わ
せて作られた名称であり、コンピュータウイルスの一種。このウイルスに
感染するとパソコン内に保存しているデータを勝手に暗号化されて使えな
い状態になったり、スマートフォンが操作不能になったりする。また、感
染した端末の中のファイルが暗号化されるのみではなく、その端末と接続
された別のストレージも暗号化される場合もある。

③不適切。DoS攻撃の説明となっている。標的型攻撃とは、機密情報を盗み
取ることなどを目的として、特定の個人や組織を狙った攻撃。業務関連の
メールを装ったウイルス付きメール（標的型攻撃メール）を、組織の担当
者に送付する手口が知られている。

④不適切。メール爆弾とは、電子メールによる嫌がらせ行為。相手のメール
アドレスあてに大量の（あるいは大容量の）メールを送り付けること。

⑤不適切。ビジネスメール詐欺とは、電子メールを利用した詐欺の一種。企
業等の従業員に対して上司や取引先などを装ったメールを送り、偽の銀行
口座に送金を指示するなどして金銭を詐取する手口。

解答②

3.4 安全管理

□ 労働災害に関する次の記述のうち、最も不適切なものはどれか。

(R4 – 26)

① 不安全行動は、作業者の意図とは別に安全な作業ができなかったものと、意識的に手順等を守らず安全に作業をしなかったものとの2つに大別できる。

② 労働災害が発生する原因には、労働者の不安全行動のほか、作業環境の欠陥等、機械や物の不安全状態があると考えられている。

③ 労働災害は、不安全行動と不安全状態が重なった場合に発生するケースが大部分を占める。

④ 稼働している設備・機械等が完全に自動化され、作業者がその場にいない場合でも、不安全状態が生じる可能性がある。

⑤ 労働災害は、労働者の就業に係る建設物、設備、原材料、ガス等により、又は作業行動その他業務に起因して、労働者が負傷し、疾病にかかり、又は死亡することをいう。

解説

労働災害は、何らかの安全衛生管理上の欠陥が存在し、それが不安全な行動、不安全な状態を許し、それが接触することにより、発生すると考えられる。

厚生労働省により、

「不安全行動」：事故・災害を起こしそうな、また、その要因を作り出した労働者の行動

「不安全状態」：事故・災害を起こしそうな、また、その要因を作り出した物理的な状態、もしくは環境

と定義されている。

　なお、人の行動の誤りをすべて人の原因として不安全行動に分類するのではなく、組織（事業者側）としての欠陥（監督者の指示、作業手順の誤り、保護具の不備等）は不安全な状態として取り扱っている。

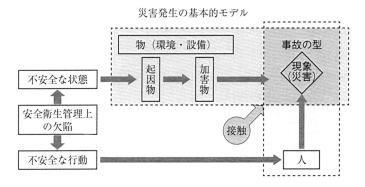

災害発生の基本的モデル

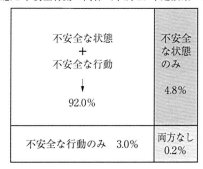

不安全な状態と不安全行動の関係（平成 26 年建設業　1/2.8 抽出）

出典：（一財）中小建設業特別教育協会ホームページ

①適切。

②適切。

③適切。労働災害の92.0％において、不安全状態と不安全行動が重なっている（上図参照）。

④不適切。事故・災害を起こしそうな、また、その要因を作り出した物理的な状態、もしくは環境には該当しないので、不安全状態ではない。

⑤適切。労働安全衛生法第2条にこのとおり定義されている。

解答④

システム安全工学手法に関する次の記述のうち、最も不適切なものはどれか。なお、FMEA、VTA、ETA、HAZOP、THERPは、それぞれ、Failure Mode And Effects Analysis、Variation Tree Analysis、Event Tree Analysis、Hazard and Operability Studies、Technique for Human Error Rate Predictionの略である。　　　　　　　　（R4 − 28）

① FMEAは、システムの構成要素に故障が生じるとしたらどのような故障が生じるか、そしてその故障によりシステム全体にどのような影響が生じるかを評価し、重点的にケアすべき要素を見出す手法である。

② VTAは、作業がすべて通常通りに進行していても事故は起こるという考え方を基礎とし、通常行われた操作や判断の妥当性を評価する手法である。

③ ETAは、二分樹で業務手順を表現することで、その業務手順で誤りが生じると、どのような事態が生じるかを整理する手法である。

④ HAZOPは、なし（no）・多い（more）・少ない（less）・逆に（reverse）・他の（other than）など、複数のガイドワードを用いて設計意図からの逸脱を同定していく手法である。

⑤ THERPは、タスク解析による作業ステップの分解、基本過誤率のあてはめや調整等の手順を経て、人間が起こすエラーの確率を予測する手法である。

解説

①適切。FMEAとは、比較的規模の大きい施設などを対象にしたリスク評価手法の一つである。あるシステムの故障を引き起こす不具合要素（故障モード、イベント）等を網羅的に挙げ、各々の故障モードの発生確率やシステムに及ぼす影響の大きさを評価することで、重大な故障を予防する。

②不適切。VTAは作業がすべて通常どおりに進行していれば事故は"起こらない"という考え方を基礎としている。VTAとは、事故事象を時系列に検証し、通常とは異なった判断や行動を抽出して、事故原因の背後要因を明らかにするための分析方法である。

③適切。ETAとは、リスク評価手法の一つである。あるシステムの故障を引き起こす事象を左側に配置し、その事象の進展を阻止するための機能を右側に列挙し、「成功」「失敗」の2通りの分岐で結合していくことでイベントツリー（Event Tree）を作成し、最終的な事象である事故の発生確率を算出する。

④適切。HAZOPとは、必要な安全対策を講ずることを目的として開発されたプロセス危険性の特定手法である。1980年代以降世界的に普及した。

⑤適切。THERPは、アメリカ合衆国サンデイア研究所で開発された人間信頼性解析（Human Reliability Analysis, HRA）手法で、原子力発電所に対して初めて行われた確率論的安全評価（Probabilistic Safety Assessment：PSA）に採用された。

解答②

□　事業場の事故や災害の未然防止に係る用語の説明として、最も不適切なものはどれか。　　　　　　　　　　　　　　　　　　　　　　（R3－27）

①　危険予知訓練は、作業や職場にひそむ危険性や有害性等の危険要因を発見し解決する能力を高める手法であり、具体的な進め方として「KYT基礎4ラウンド法」等がある。

②　ツールボックスミーティングとは、作業チームの各メンバーが使用する道具に係る潜在的危険性を相互に指摘し、チーム全体で道具に起因する事故を防止する取組をいう。

③　本質的安全設計方策には、設計上の配慮・工夫による危険源そのものの除去又は危険源に起因するリスクの低減による方法や、作業者が危険区域へ立入る必然性の排除又は頻度低減による方法等がある。

④　ストレスチェック制度とは、労働者の心理的な負担の程度を把握するための検査及びその結果に基づく面接指導等を内容とする、法令に基づく制度である。

⑤　防火管理者とは、所定の講習課程を修了するなど一定の資格を有し、防火対象物において防火管理上必要な業務を適切に遂行できる管理的又は監督的な地位にある者で、防火対象物の管理権原者から選任され

た者をいう。

解説

①適切。チームでイラストシートや現場・現物で職場や業務にひそむ危険を発見・把握・解決していくKYT（危険予知訓練（Kiken Yochi Training））の基本手法である。繰り返し訓練することにより、一人ひとりの危険感受性を鋭くし、集中力を高め、問題解決能力を向上させ、実践への意欲を高めることをねらいとした訓練手法。

ラウンド	手　順
1ラウンド　現状把握	どんな危険が潜んでいるか
2ラウンド　本質追及	これが危険のポイントだ
3ラウンド　対策樹立	あなたならどうする
4ラウンド　目標設定	私たちはこうする

出典：厚生労働省ホームページ

②不適切。職場で行う作業の打合せ。「ツール・ボックス＝道具箱」の近くで行われるため、このように呼ばれている。道具に起因する事故だけでなく、事業場で想定される危険を対象とする。基本的には、朝の作業を開始する前に5～10分程度行われるが、必要に応じ昼食後の作業再開時や作業の切替え時に行われることもある。

③適切。本質的安全設計方策とは、ガードまたは保護装置を使用しないで、機械の設計または運転特性を変更することにより、危険源を取り除くかまたは危険源に関連するリスクを低減する保護方策。

　リスク低減には、4種類（下図①～④）の方策があるが、できる限り上位のものを優先適用すべきである。上位の方策は人の意志に依存しないため安全確保の性能が高く、災害回避に優れている。下位の方策は、ミスがつきものの人に頼って安全を確保するものなので、できれば避けたい。

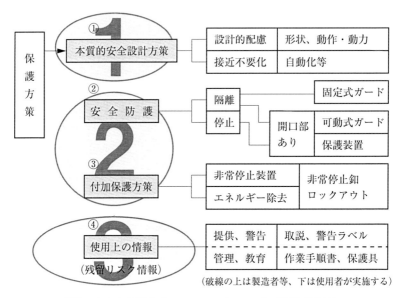

※背景の大きな丸数字は、3 ステップメソッド（製造者向け）

出典：厚生労働省ホームページ

④適切。ストレスに関する質問票（選択回答）に労働者が記入し、それを集計・分析することで、自分のストレスがどのような状態にあるのかを調べる簡単な検査。労働安全衛生法の改正により、労働者が50人以上いる事業所では、2015年12月から、毎年1回、この検査を全ての労働者（契約期間が1年未満の労働者や、労働時間が通常の労働者の所定労働時間の4分の3未満の短時間労働者は義務の対象外）に対して実施することが義務付けられた。

⑤適切。防火管理者とは、多数の者が利用する建物などの「火災等による被害」を防止するため、防火管理に係る消防計画を作成し、防火管理上必要な業務（防火管理業務）を計画的に行う責任者のことであり、消防法で定められている。

解答②

□　下図のシステムにおいて、ユニット1から3の信頼度は$R_1 = R_2 = R_3$
$= 0.9$である。ユニット4の信頼度R_4として次の値が選べるとき、シス
テム全体の信頼度を0.9以上とする要求を満たす最小のR_4の値はどれか。
ただし、各ユニットの故障発生は独立事象とする。　　　　　（R3－30）

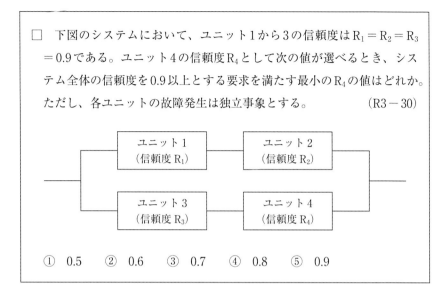

①　0.5　　②　0.6　　③　0.7　　④　0.8　　⑤　0.9

解説

直列と並列の信頼度はそれぞれ以下のとおり表される。

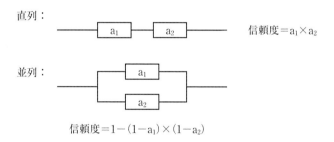

これを用いて、

まず、ユニット1とユニット2の直列部分の信頼度を求める。

$R_1 \times R_2 = 0.9 \times 0.9 = 0.81$

次に、ユニット3とユニット4の直列部分の信頼度を求める。

$R_3 \times R_4 = 0.9 \times R_4 = 0.9R_4$

最後に、ユニット1、2とユニット3、4の並列部分の信頼度を求める。これ
が0.9以上となるR_4を求める。

$1 - (1 - R_1 \times R_2) \times (1 - R_3 \times R_4) = 1 - (1 - 0.81) \times (1 - 0.9R_4) \geq 0.9$

$$1 - 0.19(1 - 0.9X) \geqq 0.9$$

$$1 - 0.19 + 0.171X \geqq 0.9$$

$$0.81 + 0.171X \geqq 0.9$$

$$0.171X \geqq 0.09$$

$$X \geqq 0.526$$

これを満たす選択肢は②となる。

※問題文にある、「最小のR_4の値はどれか。」という点に注意する。

解答②

□　ある地域では、主要な電源が三系統あり、そのいずれかが稼働していれば停電を免れることができる。また、それとは別に、予備の緊急電源が2台準備されており、主要電源が三系統すべて稼働を止めた場合であっても、その際に起動要求を受ける緊急電源が2台とも稼働すれば停電を避けられる。主要電源の1つが稼働を止める確率はそれぞれpであり、緊急電源1つ当たりの起動要求時の故障確率はいずれもqである。それぞれの電源の稼働停止や故障などの事象は互いに独立であるとするとき、この地域で停電が発生する確率は、次のうちどれか。　（R2－28）

① $p^3 q^2$　　　　　② $p^3(1-q)^2$　　　　③ $(1-p)^3 q^2$

④ $p^3\left\{1-(1-q)^2\right\}$　　⑤ $\left\{1-(1-p)^3\right\}q^2$

解説

問題文の電源系統を図化すると下図のとおりとなる。

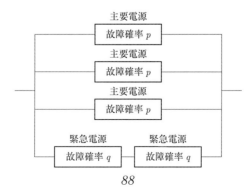

緊急電源は直列となっており、直列の場合、信頼度を掛け合わせたものが全体の信頼度となる。信頼度 = 1 − 故障確率となるので、緊急電源の信頼度は、$(1-q)^2$ となる。よって、緊急電源の故障確率は、$1-(1-q)^2$ となる。

主要電源の故障確率は p で、緊急電源とともに並列となっている。並列の場合、故障確率を掛け合わせたものが全体の故障確率となるので、$p^3\left\{1-(1-q)^2\right\}$ となる。

解答④

□ リスク認知におけるバイアスの種類とその説明である（ア）～（オ）の組合せとして、最も適切なものはどれか。 (R2−30)

（ア）極めてまれにしか起きないが、被害規模が巨大な事象に対して、そのリスクを過大視する傾向のことである。

（イ）ある範囲内であれば、異常な兆候があっても、正常なものとみなしてしまう傾向のことである。

（ウ）経験が豊富であることで、異常な兆候を過小に評価してしまう傾向のことである。

（エ）経験したことのない事象について、そのリスクを過大若しくは過少に評価してしまい、合理的な判断ができない傾向のことである。

（オ）異常事態をより明るい側面から見ようとする傾向のことである。

	カタストロフィーバイアス	バージンバイアス	正常性バイアス	楽観主義バイアス	ベテランバイアス
①	（ア）	（ウ）	（イ）	（オ）	（エ）
②	（ウ）	（オ）	（イ）	（エ）	（ア）
③	（オ）	（ア）	（イ）	（ウ）	（エ）
④	（オ）	（ア）	（エ）	（ウ）	（イ）
⑤	（ア）	（エ）	（イ）	（オ）	（ウ）

解説

リスク認知におけるバイアスとは、客観リスクと主観リスクの乖離により、リスクを過大若しくは過小に評価してしまうことである。

（ア）「被害規模が巨大な事象に対して、」とあるので、カタストロフィーバイアス。

（イ）「正常なものとみなしてしまう傾向」とあるので、正常性バイアス。

（ウ）「経験が豊富であることで、」とあるので、ベテランバイアス。

（エ）「経験したことのない事象について、」とあるので、バージンバイアス。

（オ）「より明るい側面から見ようとする傾向」とあるので、楽観主義バイアス。

解答⑤

□　地震・津波防災に関する次の記述のうち、最も適切なものはどれか。

(R1－27)

①　南海トラフ地震の想定では、広域に被害が発生する一方、津波到達時間が最短でも1時間以上あることから、落ち着いた避難対応が重要となる。

②　想定される最大クラスの津波への対策は、混乱を防ぐため、海岸保全施設等の整備などのハード的対策と避難などのソフト的対策は組み合わせず、いずれかを選択する。

③　市町村は、津波からの避難の方法について、徒歩を原則としつつ、やむを得ない場合は自動車で安全かつ確実に避難できる方策をあらかじめ検討する。

④　都道府県知事は、津波浸水想定を設定し、市町村長の要請がある場合は公表する。

⑤　東海地震については、確度が高い地震の予測が可能となっていることを踏まえ、警戒宣言発表による地震発生前の避難や各種規制措置等が、主たる対策として強化されている。

解説

①不適切。内閣府の「南海トラフ巨大地震の被害想定」によると、

被害の主な特徴として、

・超広域にわたり強い揺れが発生すること

・超広域にわたり巨大な津波が発生するとともに、第1波の津波のピーク

90

　　　到達時間が数分と極めて短い地域が存在すること

としている。

②不適切。ハード的対策だけでは技術的にも予算的にも困難なので、ハード
　的対策とソフト的対策を組み合わせることが重要である。

③適切。

④不適切。津波浸水想定とは、最大クラスの津波が悪条件下で発生した場合
　に想定される浸水の区域及び水深のことである。津波防災地域づくりに関
　する法律第8条第4項により、「都道府県知事は、第一項の規定により津波
　浸水想定を設定したときは、速やかに、これを、国土交通大臣に報告し、
　かつ、関係市町村長に通知するとともに、公表しなければならない。」と
　している。市町村長の要請は関係ない。

⑤不適切。確度が高い地震の予測が可能となっているとはいえない。

解答③

□　下図は、Tを頂上事象、A1、A2を中間事象、X1〜X5を原因事象と
　するフォールトツリーである。次の記述のうち、必ずTが生起するもの
　はどれか。なお、各原因事象間には特段の因果関係は無いものとする。

（R1－32）

図　フォールトツリー

91

① X1〜X5のうち4つ以上生起するとき。

② X1、X2、X3のいずれか1つ、および、X4およびX5が生起するとき。

③ X1、X2、X3のいずれか2つ、および、X4またはX5が生起するとき。

④ X1、X2、X3、X4のいずれか3つ、およびX5が生起するとき。

⑤ X1、X2、X4、X5のいずれか3つ、およびX3が生起するとき。

解説

TはA1とA2が生起すると、生起する。

A1は、X1とX2のいずれかとX3が生起すると、生起する。……（a）

A2は、X4とX5のいずれかが生起すると、生起する。……（b）

→（a）と（b）を満たす選択肢は、⑤のみ。

解答⑤

□　「JIS Q 31000 リスクマネジメント－原則及び指針」に関する次の記述のうち、最も不適切なものはどれか。　　　　　　　　　　（H30−25）

① リスクは、被害の大きさと発生確率により定義されるものである。

② リスク対応には、「リスク回避」、「ある機会の追求のためのリスクの増加」、「リスク源の除去」、「起こりやすさの変更」、「結果の変更」、「他者とリスクの共有」、「リスク保有」を含むことがある。

③ リスク対応が、新たなリスクを生み出したり、既存のリスクを修正したりすることがある。

④ リスクアセスメントとは、「リスク特定」、「リスク分析」及び「リスク評価」のプロセス全体である。

⑤ リスクマネジメントとは、リスクについて組織を指揮統制するための調整された活動である。

解説

JIS Q 31000 は、リスクのマネジメントを行い、意思を決定し、目的の設定及び達成を行い、並びにパフォーマンスの改善のために、組織における価値を創造し保護する人々が使用するためのものである。

①不適切。リスクは、「目的に対する不確かさの影響」と定義されている。

②適切。

③適切。

④適切。

⑤適切。

解答①

□　製造業における経験3年未満の未熟練労働者の安全衛生管理に関する次の記述のうち、最も不適切なものはどれか。なお記述は、厚生労働省調べによる平成26年までのデータを基にしている。　　　　（H30－28）

①　休業4日以上の死傷災害における未熟練労働者の占める割合は、増加傾向にある。

②　未熟練労働者の労働災害を事故の型別で見ると約3割が挟まれ、巻き込まれである。

③　労働安全衛生法では雇い入れ時の安全衛生教育が推奨されている。

④　安全衛生教育は繰り返し実施し、身に付けさせることが重要である。

⑤　未熟練労働者に対する安全の第一歩は、職場にはさまざまな危険があるということをよく理解させ、危険に対する意識を高めることである。

解説

①適切。

②適切。

③不適切。労働安全衛生法第59条第1項により、「事業者は、労働者を雇い入れたときは、当該労働者に対し、厚生労働省令で定めるところにより、その従事する業務に関する安全又は衛生のための教育を行なわなければならない。」となっており、推奨ではなく義務である。

④適切。

⑤適切。

解答③

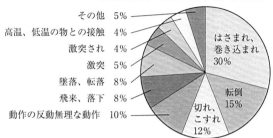

未熟練労働者の事故の型別災害（製造業）

〈事故の型別〉
製造業の未熟練労働者の労働災害を事故の型別でみると、円グラフのとおり、はさまれ・巻き込まれ災害が最も多く30％を占め、次いで転倒、切れ・こすれ、動作の反動・無理な姿勢（腰痛等）があります。

その他　5％
高温、低温の物との接触　4％
激突され　4％
激突　5％
墜落、転落　8％
飛来、落下　8％
動作の反動無理な動作　10％

はさまれ、巻き込まれ 30％
転倒 15％
切れ、こすれ 12％

死傷災害に占める未熟練労働者の割合（事故の型別）

全体	はさまれ、巻き込まれ	転倒	切れ、こすれ	動作の反動無理な動作	飛来、落下
41.7％	45.5％	34.9％	46.9％	49.0％	40.6％

出典：製造業向け　未熟練労働者に対する安全衛生教育マニュアル
（厚生労働省調べ（平成 26 年））

3.5 社会環境管理

□ 異常気象と防災・減災に関する次の記述のうち、最も不適切なものは
どれか。 (R4－37)

① 全国のアメダスによる1時間降水量50 mm以上の年間発生回数は、
増加傾向にある。

② 流域治水とは、流域に関わるあらゆる関係者が協働して水災害対策
を行う考え方であり、治水計画を気候変動による降雨量の増加などを
考慮して見直し、地域の特性に応じた対策をハード・ソフト一体で多
層的に進める。

③ 洪水浸水想定区域をその区域に含む市町村の長は、洪水浸水想定区
域や避難場所などを記載した印刷物の配布その他の必要な措置を講じ
なければならない。

④ 特別警報とは、警報の発表基準をはるかに超える大雨や、大津波等
が予想され、重大な災害の起こるおそれが著しく高まっている場合に
気象庁から発表されるものである。

⑤ 警戒レベルとは、災害発生のおそれの高まりに応じて5段階に分類
した「居住者等がとるべき行動」と、その「行動を促す情報」（避難
情報等）とを関連付けるものであり、最も危険な警戒レベル5では
「危険な場所から全員避難」と「避難指示」である。

解説

①適切。若干バラつきはあるものの、発生回数が突出して多い、または少な
い年を除くと、概ね増加傾向といえる。

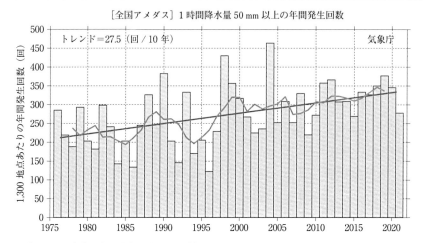

［全国アメダス］1 時間降水量 50 mm 以上の年間発生回数

※棒グラフは各年の年間発生回数を示す（全国のアメダスによる観測値を 1,300 地点あたりに換算した値）。太線は 5 年移動平均値、直線は長期変化傾向（この期間の平均的な変化傾向）を示す。

図の出典：気象庁ホームページ
気象庁｜大雨や猛暑日など（極端現象）のこれまでの変化（jma.go.jp）

図　全国の 1 時間降水量 50 mm 以上の年間発生回数の経年変化（1976 〜 2021 年）

②適切。③適切。④適切。

⑤不適切。警戒レベル 4 において、「危険な場所から全員避難」、「避難指示」となる。

　災害対策基本法が令和 3 年に改正され、避難勧告が廃止となり避難指示で必ず避難となった。

警戒レベル	住民がとるべき行動	避難の情報
5	命を守って！	緊急安全確保
⬇ ここまでに必ず避難 ⬇		
4	危険場所から避難	避難指示
3	高齢者など避難	高齢者等避難
2	避難方法　確認	―
1	最新情報に注意	―

出典：NHK ホームページ　避難情報の変更と大雨警戒レベル—NHK

解答⑤

□ 環境問題に関する次の記述のうち、最も不適切なものはどれか。

(R4 - 38)

① 騒音を規制する地域における自動車騒音の要請限度は、昼間と夜間に分けて定められている。

② 建築物や工作物等の解体又は改修工事を開始する前に、石綿の有無を調査することが義務づけられている。

③ PM2.5とは、大気中に浮遊している2.5μm以下の小さな粒子で、物の燃焼などによって直接排出されるものと、SOx、NOx、VOC等のガス状大気汚染物質が、主として大気中で化学反応により粒子化したものがある。

④ 首都圏等の対策地域内に使用の本拠の位置を有する乗用車については、ディーゼル車、ガソリン車、LPG車が、いわゆる自動車NOx・PM法の規制対象となる。

⑤ 土壌汚染対策法では、人間の活動に伴って生じた汚染土壌等に加え、自然由来で汚染されているものも対象としている。

解説

①適切。騒音規制法第17条により定められている。都道府県知事等が定める指定地域内において、測定の結果、自動車騒音が環境省令で定める限度値を超えていることにより、周辺の生活環境が著しく損なわれていると認められる場合、市町村長は都道府県公安委員会に道路交通規制等の措置をとるよう要請する。これを要請限度といい、昼間（6時～22時）と夜間（22時～6時）に分けて定められている。

②適切。石綿障害予防規則第3条により調査が義務付けられている。石綿（せきめん、いしわた：アスベスト）は、天然の繊維状鉱物で、この繊維は、肺線維症（じん肺）、中皮腫の原因になるといわれ、肺がんを起こす可能性があることも知られている。現在では、石綿を含む製品の輸入・製造・使用等は禁止されているが、過去には建材などに使用されてきたことから、建築物やその他の工作物等に石綿を含む建材が使用されている場合がある。

③適切。PM2.5の成分には、炭素成分、硝酸塩、硫酸塩、アンモニウム塩の ほか、ケイ素、ナトリウム、アルミニウムなどの無機元素などが含まれる。

④不適切。自動車NOx・PM法とは、特定地域において排出される、NOx・ PMの総量を削減することを目的に、排出基準や車種規制を定めたもので ある。ディーゼル車やトラック、バスなどの車両総重量が重いクルマを規 制する法律であり、ガソリン車ほか、EV・HV・軽自動車は対象外となる。 特定地域とは、自動車交通が集中し、大気汚染防止法など従来の措置だけ では、NOx・PMによる大気汚染が食い止められないと考えられる地域で、 1都1府6県（東京都、埼玉県、千葉県、神奈川県、大阪府、兵庫県、愛知 県、三重県）の一部市区町村である。

⑤適切。健康被害の防止の観点からは自然由来の有害物質が含まれる汚染さ れた土壌を、それ以外の汚染された土壌と区別する理由がないことから、 自然由来と判明されても、土壌汚染対策法に沿った措置が適用される。

解答④

□　第五次環境基本計画では、環境政策の実施に係る7つの手法が示され ている。そのうちの5つの手法と各々の適用事例との組合せとして、次 のうち最も不適切なものはどれか。　　　　　　　　　　　　　(R3-38)

①　直接規制的手法：　大気汚染防止法によるばい煙の総量規制

②　枠組規制的手法：　化学物質に関するPRTR制度

③　経済的手法　：　税制優遇による財政的支援

④　情報的手法　：　エコマークなどの環境ラベル

⑤　手続的手法　：　再生可能エネルギーの固定価格買取制度

解説

下表のとおり、7つの手法の概要が定められている。

①適切。

②適切。

③適切。

④適切。

⑤不適切。再生可能エネルギーの固定価格買取制度は、経済的手法である。「買取」とあるので、「手続ではない」と捉えられると正解しやすい。

第5次環境基本計画で示された環境政策の実施の手法例

手法	手法概要
直接規制的手法	・法令によって社会全体として達成すべき一定の目標と遵守事項を示す。 ・排出規制、設備基準　等
枠組規制的手法	・目標を提示してその達成を義務づけ、又は一定の手順や手続を踏むことを義務づける。 ・規制を受ける者の創意工夫を活かしながら、定量的な目標や具体的遵守事項を明確にすることが困難な新たな環境汚染を効果的に予防し、又は先行的に措置を行う場合などに効果
経済的手法	・経済的インセンティブの付与を介して各主体の経済合理性に沿った行動を誘導 ・財政的支援（補助金、税制優遇）、課税等による経済的負担を課す方法、排出量取引、固定価格買取制度　等
自主的取組手法	・事業者などが自らの行動に一定の努力目標を設けて対策を実施 ・事業者などがその努力目標を社会に対して広く表明し、行政が進捗点検を行う。
情報的手法	・事業活動や製品・サービスに関して、環境負荷などに関する情報の開示と提供 ・環境報告書などの公表や環境性能表示　等
手続的手法	・各主体の意思決定過程に、環境配慮のための判断を行う手続と環境配慮に際しての判断基準を組み込む。 ・環境影響評価の制度や PRTR 制度　等
事業的手法	・国、地方公共団体等が事業を進めることによって政策目的を実現

出典：大阪府ホームページ

解答⑤

□　環境影響評価法に基づく環境アセスメントにおいて、次の（ア）〜（ウ）に該当する施設の組合せとして、最も適切なものはどれか。

ただし、ここで事業とは、施設を新たに設置するものに限り、設置された施設の一部を改良するものは含めないものとする。　　（R3-39）

（ア）事業の規模に関わらず対象となるもの

（イ）事業の規模に応じて対象となる場合とならない場合があるもの

（ウ）事業の規模に関わらず対象とならないもの

	（ア）	（イ）	（ウ）
①	高速自動車国道	林道	下水処理場
②	ダム	放水路	堤防
③	新幹線鉄道	軌道	廃棄物最終処分場
④	飛行場	一般国道	ゴルフ場
⑤	原子力発電所	風力発電所	太陽電池発電所

解説

環境アセスメントは頻出テーマ。各事業における第一種事業、第二種事業の対象範囲を押さえておく必要がある（次ページ表参照）。

①適切。

②不適切。ダムは、（イ）事業の規模に応じて対象となる場合とならない場合があるものに該当する。

③不適切。廃棄物最終処分場は、（イ）事業の規模に応じて対象となる場合とならない場合があるものに該当する。

④不適切。飛行場は、（イ）事業の規模に応じて対象となる場合とならない場合があるものに該当する。

⑤不適切。太陽電池発電所は、（イ）事業の規模に応じて対象となる場合とならない場合があるものに該当する。

解答①

環境アセスメントの対象事業一覧

	第1種事業 (必ず環境アセスメント を行う事業)	第2種事業 (環境アセスメントが必要か どうかを個別に判断する事業)
1 道路		
高速自動車国道	すべて	―
首都高速道路等	4車線以上のもの	―
一般国道	4車線以上・10 km 以上	4車線以上・7.5 km〜10 km
林道	幅員 6.5 m 以上・20 km 以上	幅員 6.5 m 以上・15 km〜20 km
2 河川		
ダム、堰	湛水面積 100 ha 以上	湛水面積 75 ha〜100 ha
放水路、湖沼開発	土地改変面積 100 ha 以上	土地改変面積 75 ha〜100 ha
3 鉄道		
新幹線鉄道	すべて	―
鉄道、軌道	長さ 10 km 以上	長さ 7.5 km〜10 km
4 飛行場	滑走路長 2,500 m 以上	滑走路長 1,875 m〜2,500 m
5 発電所		
水力発電所	出力 3万 kW 以上	出力 2.25万 kW〜3万 kW
火力発電所	出力 15万 kW 以上	出力 11.25万 kW〜15万 kW
地熱発電所	出力 1万 kW 以上	出力 7,500 kW〜1万 kW
原子力発電所	すべて	―
太陽電池発電所	出力 4万 kW 以上	出力 3万 kW〜1万 kW
風力発電所	出力 1万 kW 以上	出力 7,500 kW〜1万 kW
6 廃棄物最終処分場	面積 30 ha 以上	面積 25 ha〜30 ha
7 埋立て、干拓	面積 50 ha 超	面積 40 ha〜50 ha
8 土地区画整理事業	面積 100 ha 以上	面積 75 ha〜100 ha
9 新住宅市街地開発事業	面積 100 ha 以上	面積 75 ha〜100 ha
10 工業団地造成事業	面積 100 ha 以上	面積 75 ha〜100 ha
11 新都市基盤整備事業	面積 100 ha 以上	面積 75 ha〜100 ha
12 流通業務団地造成事業	面積 100 ha 以上	面積 75 ha〜100 ha
13 宅地の造成の事業（＊1）	面積 100 ha 以上	面積 75 ha〜100 ha

○港湾計画（＊2）	埋立・掘込み面積の合計 300 ha 以上

□　リサイクル関連法に関する次の記述のうち、最も適切なものはどれか。

(R2－36)

①　いわゆる容器包装リサイクル法には、消費者の分別排出、市町村の分別収集、及び特定の容器を製造する事業者に対する一定量の再商品化についての定めがある。

②　いわゆる家電リサイクル法では、エアコン、冷蔵庫、パソコン、カメラなどの家電について、小売業者による消費者からの引取りと製造業者等への引渡しを義務付けている。

③　いわゆる食品リサイクル法に基づき策定された基本方針では、事業系の食品ロスを2030年度までにゼロとする目標を掲げている。

④　いわゆる建設リサイクル法で定める特定建設資材には、コンクリート、コンクリート及び鉄から成る建設資材、木材、建設機械で使用済みとなった廃油などが含まれる。

⑤　いわゆる自動車リサイクル法では、自動車破砕残さ、フロン類、エアバッグの3品目については、自動車メーカーが引き取り、リサイクルすることを定めている。

解説

①適切。

②不適切。パソコン、カメラは対象外。テレビは対象となる。一般家庭や事務所から排出されたエアコン、テレビ（ブラウン管、液晶・プラズマ）、冷蔵庫・冷凍庫、洗濯機・衣類乾燥機などの特定家庭用機器廃棄物から、有用な部品や材料をリサイクルし、廃棄物を減量するとともに、資源の有効利用を推進するための法律。対象製品を廃棄する人は、リサイクル料金等の費用を負担して、購入した販売店（中古品の小売業者を含む）または買替えの際の販売店に引き取ってもらう必要がある。

③不適切。事業系の食品ロスを2030年度までに半減する目標を掲げている。

④不適切。特定建設資材は、コンクリート（プレキャスト板等を含む。）、アスファルト・コンクリート、木材である。廃油は対象外。

⑤不適切。自動車破砕残さ（シュレッダーダスト（ASR））、フロン類、エアバッグの3品目について、フロン類回収業者や解体業者、破砕業者から引き取りを求められたときは引き取らなければならない（自動車リサイクル法第21条）。フロン類回収業者や解体業者、破砕業者は自動車メーカー等に引き取りを求めない代わりに回収料金を求めることができる（自動車リサイクル法第23条）。次ページ図（出典：国土交通省ホームページ）参照。

解答①

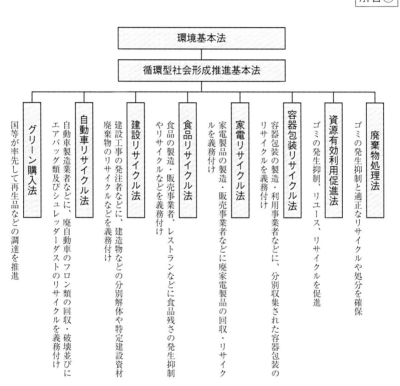

環境基本法

循環型社会形成推進基本法

グリーン購入法
国等が率先して再生品などの調達を推進

自動車リサイクル法
自動車製造業者などに、廃自動車のフロン類の回収・破壊並びにエアバッグ類及びシュレッダーダストのリサイクルを義務付け

建設リサイクル法
建設工事の発注者などに、建造物などの分別解体や特定建設資材廃棄物のリサイクルなどを義務付け

食品リサイクル法
食品の製造・販売事業者、レストランなどに食品残さの発生抑制やリサイクルなどを義務付け

家電リサイクル法
家電製品の製造・販売事業者などに廃家電製品の回収・リサイクルを義務付け

容器包装リサイクル法
容器包装の製造・利用事業者などに、分別収集された容器包装のリサイクルを義務付け

資源有効利用促進法
ゴミの発生抑制、リユース、リサイクルを促進

廃棄物処理法
ゴミの発生抑制と適正なリサイクルや処分を確保

出典：栃木県ホームページ

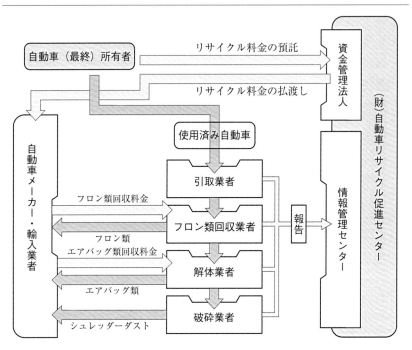

出典：国土交通省ホームページ

□　様々な組織の社会的責任と環境管理活動に関する次の記述のうち、最も不適切なものはどれか。　　　　　　　　　　　　　　　　（R2－40）

① ISO 26000は、企業だけでなく様々な組織の社会的責任に関する国際規格であり、我が国ではJIS化されている。

② エコアクション21は、中小事業者にも取組みやすい環境マネジメントシステムとして策定されたものであり、近年、建設業者や食品関連事業者向けのガイドラインも公表されている。

③ トリプルボトムラインとは、企業の持続可能性についての考え方であり、企業活動を経済の観点のみならず環境と人的資源の観点からも評価しようとするものである。

④ ESG投資とは、環境、社会、企業統治に配慮している企業を重視・選別して行う投資のことをいい、国際連合が提唱した責任投資原則の

　基本となる考え方である。
⑤　環境会計とは、企業等が、事業活動における環境保全のためのコス
　　トとその活動により得られた効果を認識し、可能な限り定量的に測定
　　し伝達する仕組のことである。

解説

①適切。ISO 26000は、あらゆる組織に向けて開発された社会的責任に関す
　る世界初のガイダンス文書で、持続可能な発展への貢献を最大化すること
　を目的としている。併せて、人権と多様性の尊重という重要な概念も含む。
　2010年11月に発行された。

②適切。中小事業者等の幅広い事業者に対して、自主的に「環境への関わり
　に気づき、目標を持ち、行動することができる」簡易な方法を提供する目
　的で、環境省が策定している。

③不適切。トリプルボトムラインとは、企業活動を経済、環境、社会的側面
　の3つの軸で評価すること。1994年に起業家・作家のジョン・エルキント
　ンが提唱した。

④適切。ESG投資とは、従来の財務情報だけでなく、環境（Environment）・
　社会（Social）・ガバナンス（Governance）要素も考慮した投資のこと。
　特に、年金基金など大きな資産を超長期で運用する機関投資家を中心に、
　企業経営のサステナビリティを評価するという概念が普及し、気候変動な
　どを念頭においた長期的なリスクマネジメントや、企業の新たな収益創出
　の機会（オポチュニティ）を評価するベンチマークとして、国連持続可能
　な開発目標（SDGs）と合わせて注目されている。

⑤適切。環境会計とは、企業等が、持続可能な発展を目指して、社会との良
　好な関係を保ちつつ、環境保全への取組を効率的かつ効果的に推進してい
　くことを目的として、事業活動における環境保全のためのコストとその活
　動により得られた効果を認識し、可能な限り定量的（貨幣単位または物量
　単位）に測定し伝達する仕組み。

解答③

□　循環型社会形成推進基本法に関する次の記述のうち、最も不適切なも
　のはどれか。　　　　　　　　　　　　　　　　　　　　　　(R1 − 35)

①　循環型社会の形成は、このために必要な措置が国、地方公共団体、
　事業者及び国民の適切な役割分担の下に講じられなければならない。

②　原材料にあっては効率的に利用されること、製品にあってはなるべ
　く長期間使用されること等により、廃棄物等となることができるだけ
　抑制されなければならない。

③　循環資源の循環的な利用及び処分に当たっては、技術的及び経済的
　に可能な範囲で、(i) 再使用、(ii) 再生利用、(iii) 熱回収、(iv) 処
　分の優先順位に基づき行われなければならない。

④　循環資源はその有用性から廃棄物には当たらないため、循環的な利
　用が行われない場合の処分は、いわゆる資源有効利用促進法に基づい
　て行われなければならない。

⑤　事業者は、原材料等がその事業活動において廃棄物等となることを
　抑制するために必要な措置を講ずる責務を有している。

解説

循環型社会形成推進基本法のポイントは、以下のとおり。

1. 形成すべき「循環型社会」の姿を明確に提示

2. 法の対象となる廃棄物等のうち有用なものを「循環資源」と定義

3. 処理の「優先順位」を初めて法定化

　　[1] 発生抑制、[2] 再使用、[3] 再生利用、[4] 熱回収、[5] 適正処分
　との優先順位。

4. 国、地方公共団体、事業者及び国民の役割分担を明確化

　　循環型社会の形成に向け、国、地方公共団体、事業者及び国民が全体で
　取り組んでいくため、これらの主体の責務を明確にする。特に、

　　[1] 事業者・国民の「排出者責任」を明確化。

　　[2] 生産者が、自ら生産する製品等について使用され廃棄物となった後
　まで一定の責任を負う「拡大生産者責任」の一般原則を確立。

5.　政府が「循環型社会形成推進基本計画」を策定

6.　循環型社会の形成のための国の施策を明示

①適切。上記のポイント4参照。

②適切。発生抑制が最優先。上記のポイント3参照。

③適切。上記のポイント3参照。

④不適切。循環資源とは、<u>廃棄物のうち有用性があるもの</u>である。

⑤適切。上記のポイント4参照。

解答④

□　環境影響評価法に基づく第一種事業に係る手続きの中からいくつかを取り出し実施手順に沿って並べたものとして、次のうち最も適切なものはどれか。なお下記では、計画段階環境配慮書を「配慮書」、環境影響評価準備書を「準備書」とそれぞれ略記している。　　　　　(R1－38)

①　スクリーニング → スコーピング → 配慮書の作成 → 調査・予測・評価の実施

②　配慮書の作成 → 調査・予測・評価の実施 → スコーピング → 準備書の作成

③　スコーピング → スクリーニング → 調査・予測・評価の実施 → 準備書の作成

④　配慮書の作成 → スコーピング → 調査・予測・評価の実施 → 準備書の作成

⑤　スコーピング → 配慮書の作成 → 準備書の作成 → 調査・予測・評価の実施

解説

環境影響評価法の主な手続きフローは、

　　　配慮書 → （第2種事業のみ、スクリーニング） → 方法書 → スコーピング → 調査・予測・評価 → 準備書 → 評価書 → 報告書

となる。次ページ表参照。

①不適切。

②不適切。

③不適切。

④適切。

⑤不適切。

解答④

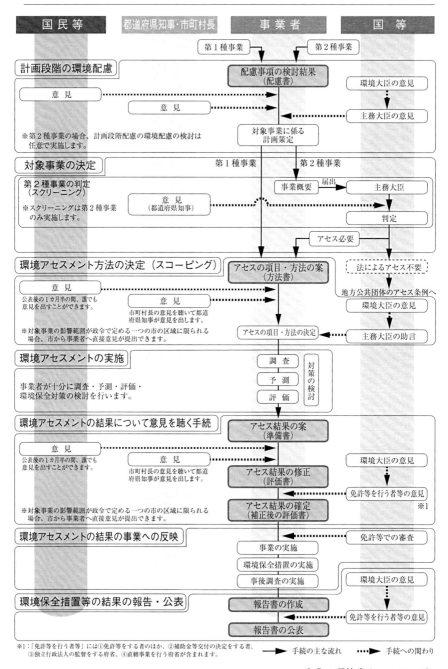

出典：環境省ホームページ

□　仮想評価法（Contingent Valuation Method）に関する次の記述のうち、最も適切なものはどれか。なお仮想評価法は仮想的市場評価法と、また受入補償額は受け入れ意思額や受取意志額と、支払意思額は支払意志額と呼ばれることもある。　　　　　　　　　　　　　　　（H30－36）

①　仮想評価法はアンケート調査を用いて便益を計測する手法であり、利用者の行動の変化や地価の変化に基づく分析に適する手法である。

②　二項選択方式は、提示された価格に対して購入の可否を決める人びとの実際の購買行動に類似していることから、金額の回答方式として用いることが多い。

③　インターネットアンケートによる方法は、郵送調査法や面接調査法に比べ調査期間が短い上に比較的標本数確保が容易であるため、調査手法として用いることが望ましい。

④　受入補償額は、支払意思額に比べ回答者が答えやすく、さらに評価額の過大推計を避けることができる。

⑤　調査対象を明確にするため、事前調査に先立ってアンケート草案を作成したうえでプレテストを行う必要がある。

解説

①不適切。仮想的市場評価法（以下CVM：Contingent Valuation Method）とは、アンケート調査を用いて人々に支払意思額（WTP）等を尋ねることで、市場で取り引きされていない財（効果）の価値を計測する手法である。

②適切。ある一つの金額が提示され、回答者はその支払意思の有無を「はい」または「いいえ」で回答するという方式である。

③不適切。インターネットアンケートによる方法は、都市部では比較的標本数を確保しやすく、短期間で調査を行うことができるが、回答者がインターネットを利用できる人に限定されるという偏りの補正が困難なため、他の調査方法を用いることができる場合は適用を避けるのが望ましい。やむを得ずインターネット調査を行う場合には、得られた結果がインターネットを利用できない人の支払意思額を把握したものではないことを踏ま

えて補正をする等、得られた結果の取り扱いに留意する必要がある。

④不適切。一般的に、人々は満足度が高まるものに対して支払う（すなわち支払意思額を決める）行為にはなじみがあるが、満足度が低下するものに対して補償を求める（すなわち受入補償額を決める）行為にはなじみがないため、受入補償額を適切に回答することは支払意思額を回答すること以上に難しい。また、既存の研究において、受入補償額は支払意思額より大きな値になりがちであるという指摘がなされている。

⑤不適切。調査対象を明確にするためではない。CVMの本調査を実施する前に、プレテストの実施、または既存の類似事例を確認することにより、調査票のわかりやすさや、支払意思額を尋ねる際の支払提示額の回答の幅を確認する必要がある。

解答②

□　環境影響評価法に基づく事業者の行為に関する次の（ア）〜（オ）について、環境影響評価法の内容や趣旨に照らして、適切なものと不適切なものの組合せとして最も適切なものはどれか。　　　　　　（H30 − 38）

（ア）第二種事業の事業者が、事業の位置等が決まる前の段階で環境保全のために配慮すべき事項について検討を行い、その結果に基づき配慮書を作成し、公表することとした。

（イ）第一種事業の事業者が、方法書の作成の前に、スクリーニング手続として、当該事業の概要等を、当該事業の許認可等権者に届け出ることとした。

（ウ）第二種事業の事業者が、準備書について、関係地域内での縦覧を省略し、これに代えてインターネットを利用した、いわゆる電子縦覧を行うこととした。

（エ）第一種事業の事業者が、方法書や準備書を作成した段階ではそれぞれ内容を周知させるための説明会を行ったが、評価書を作成した段階では説明会を行わなかった。

（オ）第二種事業の事業者が、環境影響評価の手続を行い、事業着手後の環境保全措置等の実施状況について報告書を作成し、公表することとした。

	（ア）	（イ）	（ウ）	（エ）	（オ）
①	適切	適切	不適切	不適切	適切
②	適切	適切	適切	不適切	不適切
③	不適切	不適切	不適切	適切	適切
④	不適切	適切	適切	適切	不適切
⑤	適切	不適切	不適切	適切	適切

解説

（ア）適切。

（イ）不適切。第二種事業において、環境影響評価が必要か否かのスクリーニングを行う。

（ウ）不適切。関係地域内での縦覧は省略できない。環境影響評価法第16条において、「事業者は、前条の規定による送付を行った後、準備書に係る環境影響評価の結果について環境の保全の見地からの意見を求めるため、環境省令で定めるところにより、準備書を作成した旨その他環境省令で定める事項を公告し、公告の日から起算して一月間、準備書及び要約書を関係地域内において縦覧に供するとともに、環境省令で定めるところにより、インターネットの利用その他の方法により公表しなければならない。」と定められている。

（エ）適切。評価書の作成段階での説明会は不要である。

（オ）適切。

解答⑤

第 **4** 章

筆記試験（記述式）対策

― 解答工程5ステップ ―

4.1　記述式試験の解答工程5ステップ

記述式試験を解くための工程を、図表4.1に5ステップとして整理しました。

ステップ1　　前文の分析
ステップ2　　論文骨子の構成
ステップ3　　準備題材の活用と骨子の肉付け
ステップ4　　論文評価基準の確認
ステップ5　　いざ執筆！

図表4.1　記述式試験の解答工程5ステップ

　記述式試験は問題文が長文です。その前半が前文と呼ばれる部分で、後半が設問です。おのおのを良く理解（ステップ1、2）して、論文骨子を作成します。解答も5枚の用紙に計3,000字程度で記述します。そのため論文骨子をある程度の時間を掛け入念に作成（ステップ3）してから執筆を行うべきです。前文には論文評価基準が記述されており、その基準をクリアしているか自己確認（ステップ4）をしたうえで、いざ執筆となります。以下に、平成30年度の記述式試験問題を例に、論文骨子作成の手順を中心に解説をします。

（平成30年度記述式試験問題）

Ⅰ－2　次の問題について解答せよ。（<u>指示された答案用紙の枚数</u>にまとめること。）

　　最近の日本社会における労働の状況に対しては、長時間労働の抑制、労働生産性の向上、技術革新に伴う必要人材要件の急速な変化、女性や高齢者の労働参加の促進、時短労働や副業といった多様な働き方への対応等、働き方改革に関する様々な課題が提示されている。現実的な問題として、人手不足のために依頼業務を受託できない、深夜営業を取り止めるといった業種が存在することも様々な場で見聞する機会があろう。

　　平成29年3月に働き方改革実現会議（議長：内閣総理大臣）が決定した働き方改革実行計画では、非正規雇用の処遇改善のための同一労働同一賃金の実施、賃金引上げと労働生産性向上、罰則付き時間外労働の上限規制の導入等が柱となっている。これらは70年振りの歴史的な大改革とされているが、その背景には、将来的な高齢化率の上昇や就業者数の減少、現状における年平均労働時間の長さやパートタイム労働者の賃金水準の低さといった分析がある。

　　歴史を振り返れば、技術進展や社会変化、政策的誘導によって働き方が変化してきていることも確かであり、今後も、その時その時の社会の課題に応じて常に改革が求められよう。働き方に変化を及ぼした具体的な事象には、例えば次のようなものがある。

- ● 建設現場や工場における危険作業の機械化による安全性の向上
- ● コンピュータの発達による設計作業や事務作業の効率化
- ● 交通網の発達に伴う地域間の協働や交渉の容易化
- ● 情報通信技術の進展を背景としたコミュニケーション形態や働く場所の多様化
- ● 社会環境意識の高まりに伴う配慮すべきステークホルダーの拡大
- ● 熟練労働者の減少に伴う徒弟制度的な技能訓練方法の変化
- ● いわゆる男女雇用機会均等法による女性の社会進出の加速

● 社会的、政策的要求を背景とした子育て世代や障害者の雇用促進

　総合技術監理の技術士として様々な事業・プロジェクトの推進や組織運営を担う上で、働き方改革の実現は重要な観点である。そこで、働き方改革の必要性、具体的な方策とその影響等について考えていくこととする。

　ここでは、あなたがこれまでに経験した、あるいはよく知っている事業又はプロジェクト（あるいはより広く、所属する組織や業界としてもよい。）を1つ取り上げ、その目的や創出している成果物等を踏まえ、働き方改革に関して総合技術監理の視点から以下の（1）～（3）の問いに答えよ。ここでいう総合技術監理の視点とは、「業務全体を俯瞰し、経済性管理、安全管理、人的資源管理、情報管理、社会環境管理に関する総合的な分析、評価に基づいて、最適な企画、計画、実施、対応等を行う。」立場からの視点をいう。

　なお、書かれた論文を評価する際、考察における視点の広さ、記述の明確さと論理的なつながり、そして論文全体のまとまりを特に重視する。また、本問題は働き方改革実行計画への全面的賛同を前提にしているものではなく、批判的な内容であっても構わない。

（1）本論文においてあなたが取り上げる事業又はプロジェクト（あるいはより広く、組織や業界でもよい。以下「事業・プロジェクト等」という。）の内容を、次の①～④に沿って示せ。

（問い（1）については、問い（2）と併せて答案用紙3枚以内にまとめよ。）

①　事業・プロジェクト等の名称及び概要を記せ。

②　この事業・プロジェクト等の目的を記せ。

③　この事業・プロジェクト等が創出している成果物（製品、構造物、サービス、技術、政策等）を記せ。

④　この事業・プロジェクト等において、技術や方策により過去と比較して働き方が変化した事例を1つ挙げ、変化を及ぼした事象と働

　き方がどのように変化したかを記せ。

（2）あなたが取り上げた事業・プロジェクト等が抱える働き方改革の観
　　点からの課題について、次の①〜②に沿って示せ。
　　（問い（2）については、問い（1）と併せて答案用紙3枚以内にまとめ
　　よ。）
　　①　働き方改革に関係すると考えられる現在の課題を2つ取り上げ、
　　　その概略と働き方への具体的な影響を記せ。
　　②　①で取り上げた2つの課題それぞれについて、その背景（例えば
　　　社会的、組織的、技術的等）を詳述せよ。

（3）問い（2）で記した課題を解決するための技術や方策について、課
　　題毎に次の①〜③に沿って示せ。
　　（問い（3）については、答案用紙を替えて2枚以内にまとめよ。）
　　①　課題を解決するための技術や方策を具体的に記せ。ただし、技術
　　　や方策の現時点における実現性は問わない。
　　②　①で記述した技術や方策について、実現するために乗り越えなけ
　　　ればならない障害（例えば社会的、組織的、技術的等）を具体的に
　　　記せ。
　　③　①で記述した技術や方策について、それらが実現した場合の働き
　　　方に及ぼす効果及び付随して生じる留意すべき影響を記せ。

4.1.1　前文の分析（ステップ1）

問題文は前文と設問（(1)、(2) ……）に分けられます。総監の問題文は前文が長文であることが特徴で、解答のためのさまざまなヒントも記されています。それらについて分析してまいります。

1）前文の分析

図表4.2に前文の構成を示します。テーマは問題文で設定されたキーワード集の内容にも関連するものです。設定条件は、テーマに関係して設定されているさまざまな付帯条件や背景などです。解答のヒントのひとつとなります。要求事項は解答に織り込むべきこととして、試験官が受験生に要求している事項になります。評価項目は解答を採点する際の基準になります。これらの内容を理解し、解答を作成するうえでどのように答えるべきかなどについて分析する必要があります。

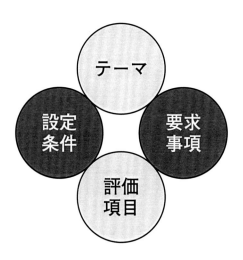

図表4.2　前文の分析事項

2）テーマの抽出

　図表4.3の四角枠内に、問題文のテーマに当たる箇所を抜き出しました。最近の日本社会における労働の状況について、長時間労働の抑制、労働生産性の向上、必要人材要件の急速な変化、女性や高齢者の労働参加の促進、多様な働き方への対応といった課題を挙げ、それらを「働き方改革に関する様々な課題」としています。「働き方改革」は、『総合技術監理 キーワード集 2023』の人的資源管理の章に記載されているキーワードのひとつです。この「働き方改革」が問題文のテーマに当たると考えられます。

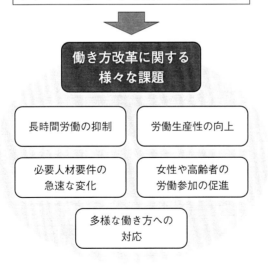

図表4.3　テーマの抽出

3）設定条件の抽出

同様に図表4.4に、テーマに関係した設定条件として、背景を抽出しました。四角枠内の問題文の前半には政策（働き方改革実行計画）の事実関係が述べられています。またそれらの背景が後半に、将来的な高齢化率の上昇、就業者数の減少、現状における年平均労働時間の長さ、パートタイム労働者の賃金水準の低さとして分析されています。

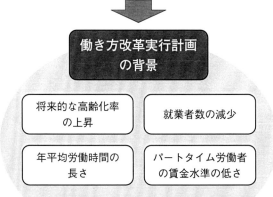

図表4.4　設定条件の抽出①（背景）

　次に図表4.5に、テーマに関係した設定条件として、働き方に変化を及ぼした具体的な事象として、建設現場や工場における危険作業の機械化による安全性の向上、コンピュータの発達による設計作業や事務作業の効率化、交通網の発達に伴う地域間の協働や交渉の容易化などが挙げられています。

> 歴史を振り返れば、技術進展や社会変化、政策的誘導によって働き方が変化してきていることも確かであり、今後も、その時その時の社会の課題に応じて常に改革が求められよう。働き方に変化を及ぼした具体的な事象には、例えば次のようなものがある。

- 建設現場や工場における危険作業の機械化による安全性の向上
- コンピュータの発達による設計作業や事務作業の効率化
- 交通網の発達に伴う地域間の協働や交渉の容易化
- 情報通信技術の進展を背景としたコミュニケーション形態や働く場所の多様化
- 社会環境意識の高まりに伴う配慮すべきステークホルダーの拡大
- 熟練労働者の減少に伴う徒弟制度的な技能訓練方法の変化
- いわゆる男女雇用機会均等法による女性の社会進出の加速
- 社会的、政策的要求を背景とした子育て世代や障害者の雇用促進

働き方に変化を及ぼした具体的な事象

図表4.5　設定条件の抽出②（具体例）

　以上で、前文でテーマとそれに対して設定された条件（背景と具体例）を抽出してまいりました。このように前文ではテーマについて多面的な説明を行っているため、じっくり読み込む必要があります。

4）要求事項の抽出

　次に前文で、解答の際に要求されるさまざまな事項を要求事項として抽出しました。**図表4.6**では「働き方改革の必要性、具体的な方策とその影響等について考えていく」としており、これがテーマの「働き方改革」について考えるべきこととして示されています。

図表4.6　要求事項の抽出①（テーマについて考えるべきこと）

　次に図表4.7では、「あなたがこれまでに経験した、あるいはよく知っている事業又はプロジェクト（あるいはより広く、所属する組織や業界としてもよい。）」を要求しています。また、働き方改革についての総監の視点で問いに答えることを要求しています。ここでの総監の視点として、5つの管理に関する総合的な分析、評価に基づいた、最適な企画、設計、実施、対応等を行う立場からを挙げています。

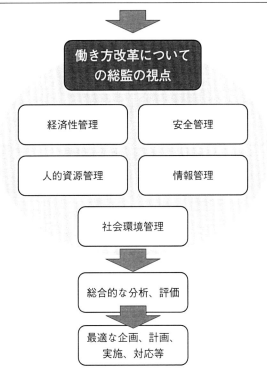

ここでは、あなたがこれまでに経験した、あるいはよく
知っている事業又はプロジェクト（あるいはより広く、
所属する組織や業界としてもよい。）を 1 つ取り上げ、
その目的や創出している成果物等を踏まえ、働き方改革
に関して総合技術監理の視点から以下の（1）〜（3）の
問いに答えよ。ここでいう総合技術監理の視点とは、
「業務全体を俯瞰し、経済性管理、安全管理、人的資源
管理、情報管理、社会環境管理に関する総合的な分析、
評価に基づいて、最適な企画、計画、実施、対応等を行
う。」立場からの視点をいう。

働き方改革について
の総監の視点

経済性管理　　安全管理

人的資源管理　　情報管理

社会環境管理

総合的な分析、評価

最適な企画、計画、
実施、対応等

図表4.7　要求事項の抽出②（総監の視点）

5）評価項目の抽出

前文の最後に論文の評価項目が示されています。図表4.8では、考察におけ
る視点の広さ、記述の明確さ、論理的なつながり、特に重視されることとして

123

論文全体のまとまりの４つを挙げています。これら評価項目はやや抽象的ですが、考察における視点の広さは図表4.7で求められた総監の視点に置き換えて良いでしょう。記述の明確さと論理的なつながりとは、内容がわかりやすく、かつ論理的に構成されていること、最後の論文全体のまとまりは、論文構成のストーリーが一貫していること、あまり論旨がずれていないことと捉えれば良いでしょう。

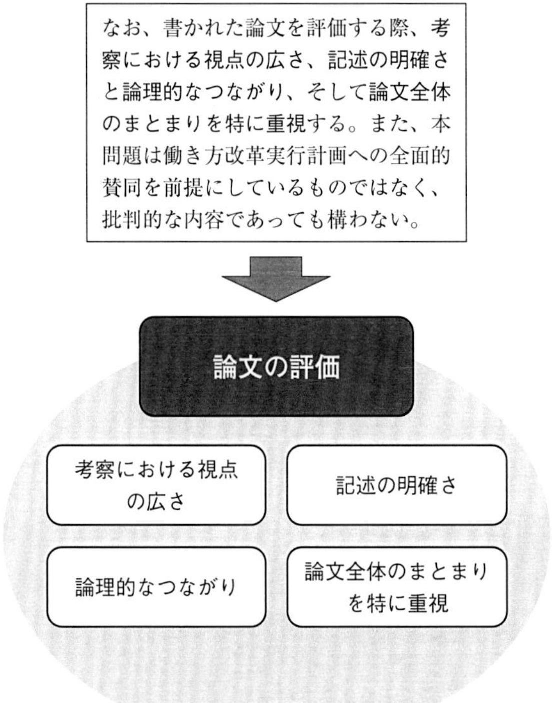

なお、書かれた論文を評価する際、考察における視点の広さ、記述の明確さと論理的なつながり、そして論文全体のまとまりを特に重視する。また、本問題は働き方改革実行計画への全面的賛同を前提にしているものではなく、批判的な内容であっても構わない。

論文の評価

考察における視点
の広さ

記述の明確さ

論理的なつながり

論文全体のまとまり
を特に重視

図表4.8　評価項目の抽出

4.1.2　論文骨子の構成（ステップ2）

　問題文の前文の次に設問が記載されています。この設問の構成や尋ねられている内容に対し忠実に論文骨子を構成する必要があります。ここで設問と論文骨子の対応に間違いやズレが生じると減点評価となる可能性が高く、注意深い

構成が求められます。図表4.9に設問（1）の内容を上に、対応する論文骨子の項目を下に記します。設問内容の太字部分が尋ねられている内容に当たり、それを忠実に論文骨子の項目として、大見出し、中見出し、小見出しとして記述します。設問（1）では、取り上げる事業又はプロジェクト等の①名称、概要、②目的、③創出している成果物、④過去と比較して働き方が変化した事例1つについて変化を及ぼした事象と働き方の変化について尋ねられています。

（1）本論文においてあなたが取り上げる事業又はプロジェクト（あるいはより広く、組織や業界でもよい。以下「事業・プロジェクト等」という。）の内容を、次の①～④に沿って示せ。
（問い（1）については、問い（2）と併せて<u>答案用紙3枚以内</u>にまとめよ。）

① 事業・プロジェクト等の**名称及び概要**を記せ。
② この事業・プロジェクト等の**目的**を記せ。
③ この事業・プロジェクト等が**創出している成果物**（製品、構造物、サービス、技術、政策等）を記せ。
④ この事業・プロジェクト等において、技術や方策により**過去と比較して働き方が変化した事例**を1つ挙げ、**変化を及ぼした事象と働き方がどのように変化したか**を記せ。

1. 取り上げる事業・プロジェクト等の内容
（1）名称及び概要

（2）目的

（3）創出している成果物

（4）過去と比較して働き方が変化した事例
  a）事例の内容

  b）変化を及ぼした事象

  c）働き方の変化

図表4.9 論文骨子の作成①（設問1）

次に図表4.10に設問（2）の内容を上に、対応する論文骨子の項目を下に記します。設問（2）では、事業・プロジェクト等が抱える働き方改革に関係すると考えられる課題2つについての①概略と働き方改革への具体的な影響、②背景（社会的、組織的、技術的等）について尋ねられています。これらについて論文骨子では課題1と課題2に分けて、各々に概略、働き方への具体的な影響、背景を記述する構成とします。

（2）あなたが取り上げた事業・プロジェクト等が抱える働き方改革の観点からの課題について、次の①～②に沿って示せ。
（問い（2）については、問い（1）と併せて答案用紙3枚以内にまとめよ。）
①　働き方改革に関係すると考えられる現在の課題を2つ取り上げ、その概略と働き方への具体的な影響を記せ。
②　①で取り上げた2つの課題それぞれについて、その背景（例えば社会的、組織的、技術的等）を詳述せよ。

2. 事業・プロジェクト等が抱える課題
（1）働き方改革に関係すると考えられる現在の課題1
　　a）概略

　　b）働き方への具体的な影響

　　c）背景

（2）働き方改革に関係すると考えられる現在の課題2
　　a）概略

　　b）働き方への具体的な影響

　　c）背景

図表4.10　論文骨子の作成②（設問2）

次に図表4.11に設問（3）の内容を上に、対応する論文骨子の項目を下に記します。設問（3）では、（2）で記した課題2つについて解決するための①技術や方策、②それを実現するために乗り越えなければならない障害、③技術

や方策が実現した場合の働き方改革に及ぼす効果及び留意すべき影響について
尋ねられています。これらについても課題1と課題2に分けて、各々に具体的
な技術や方策、実現するために乗り越えなければならない障害、実現した場合
の働き方に及ぼす効果、付随して生じる留意すべき影響を記述する構成としま
す。

（3）問い（2）で記した課題を解決するための技術や方策につい
て、課題毎に次の①～③に沿って示せ。
（問い（3）については、答案用紙を替えて2枚以内にまとめよ。）
①　課題を解決するための技術や方策を具体的に記せ。ただし、
　技術や方策の現時点における実現性は問わない。
②　①で記述した技術や方策について、実現するために乗り越え
　なければならない障害（例えば社会的、組織的、技術的等）を
　具体的に記せ。
③　①で記述した技術や方策について、それらが実現した場合の
　働き方に及ぼす効果及び付随して生じる留意すべき影響を記せ。

3.　課題を解決するための技術や方策
（1）課題1について
　a）具体的な技術や方策

　b）実現するために乗り越えなければならない障害

　c）実現した場合の働き方に及ぼす効果

　d）付随して生じる留意すべき影響

（2）課題2について
　a）具体的な技術や方策

　b）実現するために乗り越えなければならない障害

　c）実現した場合の働き方に及ぼす効果

　d）付随して生じる留意すべき影響

図表4.11　論文骨子の作成③（設問3）

4.1.3　準備題材の活用と骨子の肉付け（ステップ3）

1）業務経歴から準備した題材の活用

論文骨子を作成したうえで、骨子に当てはまる内容を書き出して肉付けする必要があります。記述式試験は3時間30分の長丁場ですが、論文骨子の内容を構成する時間はあまりないため、あらかじめ題材を準備する必要があります。そのため記述式論文の題材として業務経歴の棚卸しを行います。例えば受験申込書に記載した業務経歴や業務内容の詳細から題材を選び、**図表4.12**のように棚卸しを行って、準備題材として活用します。ここでは設問（1）で問われている概要、目的、成果、さらに5つの管理として行った内容と、管理間のトレードオフについての棚卸しを行います。棚卸しの詳細については「2.2.2業務経歴作成のステップ」を参照ください。こうした棚卸しを事前に行い、2～3の題材を準備して活用することをお勧めします。

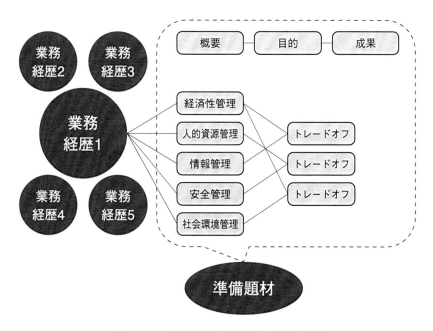

図表4.12　業務経歴から準備した題材の活用

2) 論文題材の選定

業務経歴をもとに準備した複数の題材より、問題文に適合したものを図表4.13のように論文題材として選定する必要があります。その際に問題文の前文にあるテーマや要求事項に適合するか、また設問で問われる内容に対応しているかでスクリーニングする必要があります。また5つの管理やトレードオフへの対応も改めて確認し、論文全体がまとまりそうかを確認します。最後のまとまりの確認作業は論文骨子を一とおり書き出してからになるでしょう。

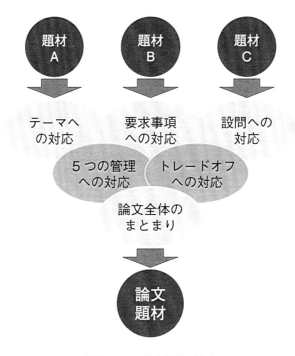

図表4.13 論文題材の選定

3) 論文全体のまとまりと流れ

論文全体のまとまりについては、テーマを中心とした論文の流れができているか? ストーリー性が感じられるか、前後の文脈が整っているか? といったことが評価されると考えられます。図表4.14に本問での設問の概要を示します。また設問に対し論文の流れを整理したものが、図表4.15です。1. 事業の名称及び概要で述べる働き方が変化した事例は過去の事例です。また2. 働き

方改革に関係する現在の課題で述べる2つの課題は現在の課題です。さらに3．課題を解決する技術・方策で述べる2つの解決策は現在の課題についての将来に向けた解決策となります。設問には「ただし、技術や方策の現時点における実現性は問わない。」とあって、実現性にかかわらず将来に向けた解決策を記述することになります。

　以上のように、設問（1）→設問（2）→設問（3）の流れを、過去→現在→将来という時間軸として記述することで、評価項目で特に重視される「論文全体のまとまり」が得られると考えます。

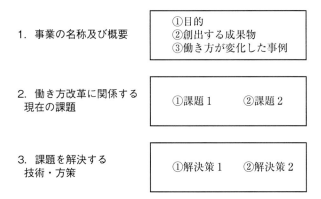

図表4.14　平成30年度記述式試験・設問の概要

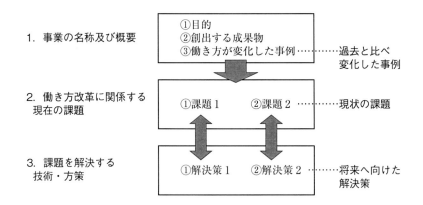

図表4.15　設問に対する論文の流れ

4)論文ストーリーの構成方法

次に時間軸に沿った論文ストーリーの構成方法について図表4.16〜図表4. 21で示します。

まず図表4.16では、1.事業の名称及び概要について、業務経歴から抽出した題材からかけそうなものを選ぶところから始まります。題材の選定に際して、まずテーマである「働き方改革」に関係する題材を選び、その題材に働き方が変化した過去の事例があり、また題材についての現在の課題について将来に向けた解決策がある、そうした観点から論文ストーリーを構成します。

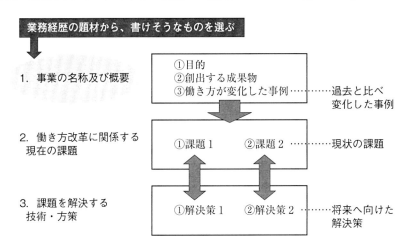

図表4.16 論文ストーリーの構成方法①(題材の選定)

次に図表4.17で、事業の名称及び概要について、目的、創出する成果物、働き方が変化した事例をざっと書き出してみます。頭の中で考え思いをめぐらせるだけではなく、書き出すことで形にすることが大切です。

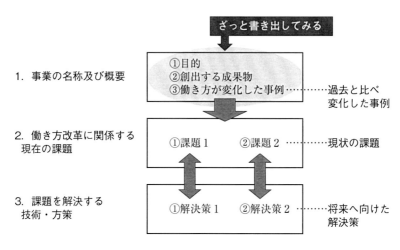

図表4.17　論文ストーリーの構成方法②（事業の概要の書き出し）

　次に図表4.18で、現状の課題と解決策をセットとして組めそうか、こちらも2セット分を書き出してみます。1つ目は書けても2つ目が難しい場合もあるかもしれませんが、しばらく絞り出して考えてみることです。どうしても組み合わせが2セットできないようであれば、この題材は諦めることになります。

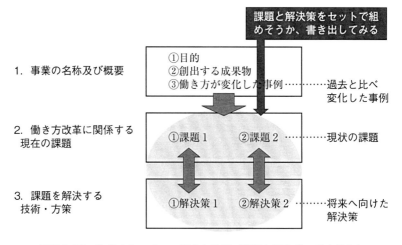

図表4.18　論文ストーリーの構成方法③（課題と解決策の書き出し）

　次に図表4.19で、課題や解決策の中で5つの管理とトレードオフが織り込まれていることを確認します。設問3では、課題ごとに解決するための「a) 具体的な技術や方策、b) 実現するために乗り越えなければならない障害、c) 実現した場合の働き方に及ぼす効果、d) 付随して生じる留意すべき影響」を記述する指示があり、これらa) ～d) の中で5つの管理を織り込むことになります。さらに5つの管理の間のトレードオフを抽出します。ただし経済性管理同士など同じ管理同士のトレードオフではなく、必ず異なる管理同士でのトレードオフを抽出してください。またトレードオフは1つあれば十分です。

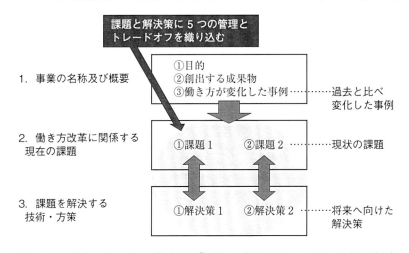

図表4.19　論文ストーリーの構成方法④（5つの管理とトレードオフの織り込み）

　以上の手順により各設問で問われている事業の概要や働き方が変化した事例（過去から比べ現在）、働き方改革に関係する現在の課題（現在）、その解決策（将来）を書き出してみます。ここで解決策（将来）としたのは、設問中で「ただし、技術や方策の現時点における実現性は問わない。」とあり、将来的な解決策でも良いと取れるためです。

　図表4.20では、書き出した内容に対して、過去～現在～将来の論文の流れが見えるかを確認します。現在の事例と思っていたものが過去のことであったり、将来へ向けた解決策のはずが既に解決されていたり、流れに離齬がないかを確認します。

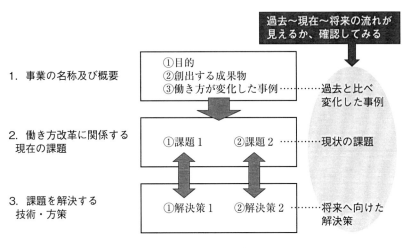

図表4.20　論文ストーリーの構成方法⑤（論文の流れの確認）

　以上より問題なくいけそうであれば、**図表4.21**のように書き出したことから論文骨子の項目ごとに内容を埋めてみます。まだまだ埋めなければならない内容も多くありますが、まずはおおまかな論文ストーリーが出来上がったところで流れを俯瞰し、まとまりが付きそうであれば書き進めます。

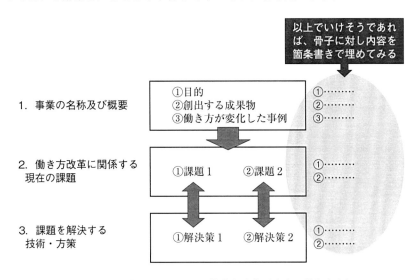

図表4.21　論文ストーリーの構成方法⑥（内容の箇条書き）

5) 論文骨子と内容の例

図表4.22は、設問1. 取り上げる事業・プロジェクトに対する骨子（番号を付けた見出し部分）と内容（・を付けた箇条書き部分）の例です。筆者の専門分野は農業部門（農業・食品、施設園芸）であり、大規模農場でのキュウリ生産プロジェクトを取り上げました。

ここでは（4）過去と比較して働き方が変化した事例について、a）事例の内容、b）変化を及ぼした事象、c）働き方の変化を示しています。b）の変化を及ぼした事象が原因となって、c）の働き方の変化が起こったことを論理的に示す必要があります。

a）は、高齢者や外国人、障がい者など多様な働き手が農場で働くようになったことを挙げました。b）とc）では人手不足から多様な人材を集める必要があり、その際に身体能力など個人の能力に応じた業務分担を行って働きやすい環境を作ることを挙げました。また農場でのIoT利用が進んだことで、作業状況などをモニタリングしながら労働安全衛生環境を向上する仕組みが進み、多様な人材が安心して働けるように変化したことも挙げました。

このように、a）、b）、c）の中での内容の関連性、論理的な流れを作ることがポイントになります。

---

1. 取り上げる事業・プロジェクトの内容
 (1) 名称及び概要
  ・「大規模農場でのキュウリ生産プロジェクト」
  ・企業参入で生産と販売を2年で安定化、3年目で黒字化
 (2) 目的
  ・生産者が減少するキュウリ生産の下支え
  ・堅調な需要に対する計画生産と収益確保
  ・農場管理者の育成
 (3) 創出している成果物
  ・年間1,000トン規模のキュウリ出荷を複数農場で実現
  ・農場管理育成カリキュラム
 (4) 過去と比較して働き方が変化した事例
  a) 事例の内容
  ・主婦パート、高齢者、外国人、障がい者等の多様な人材の活用

---

b）変化を及ぼした事象
・他産業との求人の奪い合いと人手不足
・農場でのIoT利用
c）働き方の変化
・身体能力、判断力など個人の能力に応じた業務分担
・大規模農場での作業状況モニタリングと労働安全衛生の向上

図表4.22　論文骨子と内容の例①（設問1. 取り上げる事業・プロジェクト等の内容）

図表4.23は、設問2. 働き方改革に関係する現在の課題に対する骨子と内容の例です。課題を2つ挙げ、おのおので（1）課題概略、（2）働き方への具体的影響、（3）課題背景を示します。短時間勤務者の増加と管理者の複数農場担当の2課題を挙げましたが、図表4.18にあるように、次の3. 課題を解決する技術・方策とセットで組めるような課題とする必要があります。

【課題1】の概略は、短時間勤務者の増加で、これは1.（4）a）の主婦パートなどの短時間勤務者について関連した課題で、（3）課題背景には、子育て世代の主戦力化などを示しています。働き方への具体的影響としてパートシフトの複雑化などを挙げ、この解決策として、図表4.24にあるシフト調整の細密化やICT化を挙げています。このように設問1、2、3の内容が連続するように最初に組み立てを行います。

【課題2】の概略は、管理者の複数農場担当で、これは1.（3）での複数農場での出荷に関連した課題で、課題背景には農場の広域分散などを示しています。働き方への具体的影響として農場の移動時間増や、感染症対策としての接触時間の短縮を挙げ、この解決策として図表4.23にあるグループウェア導入を挙げています。ここでも設問1、2、3の内容が連続するような組み立てを行います。

2. 働き方改革に関係する現在の課題
【課題1】
 (1) 課題概略
  ・短時間勤務者の増加
 (2) 働き方への具体的影響
  ・パートシフトの複雑化
  ・全員が揃う時間の減少
  ・登録者数、管理対象者の増加
 (3) 課題背景
  ・子育て世代の主戦力化
  ・家庭事情に応じた働き方

【課題2】
 (1) 課題概略
  ・管理者の複数農場担当
 (2) 働き方への具体的影響
  ・複数農場の生産管理、労務管理の担当
  ・移動時間増加と接触時間の短縮
  ・感染症対策としての接触時間の短縮
 (3) 課題背景
  ・農場の広域化、分散化
  ・固定費削減

図表4.23 論文骨子と内容の例②（設問2. 働き方改革に関係する現在の課題）

　図表4.24では、3. 課題解決策を【課題1】、【課題2】について記しています。各骨子の内容についてすべて（○○管理）と補足していますが、これは総監の5つの管理の網羅性について確認するためのものです。【課題1】、【課題2】ともに（1）具体的技術・方策、（2）実現のため乗り越える具体的障害、（3）実現時に働き方に及ぼす効果、（4）留意すべき事項を挙げ、全体として5つの管理を網羅しています。必ずしも5つすべてを網羅する必要はありませんが、なるべく多くの管理の視点から課題の分析や対策の検討を行うべきです。

　なお【課題2】の（4）留意すべき事項で、（経済性と安全管理のトレードオフ発生）と記しています。設問ではトレードオフに関する記載はありません。しかし総監の視点のひとつとして5つの管理間のトレードオフの調整があるため、必ずどこかでトレードオフについて触れるべきです。ここではグループウェアやテレワークの導入で複数農場の管理を効率的に行っても、管理者業務への負担が増え労働安全との両立にトレードオフがあることを示しました。さらに調整策としてモニタリングや保全予防を挙げています。

---

　3. 課題解決策

【課題1】

（1）具体的技術・方策

　　・シフト調整の細密化、ICT化（情報管理）

（2）実現のため乗り越える具体的障害

　　・管理者負担増大（安全管理）

（3）実現時に働き方に及ぼす効果

　　・家庭事情に応じた就業と収入増（経済性管理）

（4）留意すべき事項

　　・パート従業員モチベーション維持

【課題2】

（1）具体的技術・方策

　　・グループウェア導入（情報管理）

（2）実現のため乗り越える具体的障害

　　・接触時間減少の補完と業務手順の見直し（経済性管理）

　　・現場リーダー育成（人的資源管理）

（3）実現時に働き方に及ぼす効果

　　・テレワーク化と移動削減による負担低減（安全管理）

　　・働き方における環境負荷軽減（社会環境管理）

（4）留意すべき事項

　　・管理者業務内容の細密多忙化と労働安全環境の両立（経済性と安全管理のトレードオフ発生）⇨モニタリング、保全予防のシステム組み込み

図表4.24　論文骨子と内容の例③（設問3. 課題解決策）

4.1.4 論文評価基準の確認（ステップ4）

ここまでで解答骨子と対応する内容の書き出しを行いました。論文執筆に入る前に、論文の評価基準などに対応した内容であるか確認をします。図表4.25では、問題文にある要求事項と、論文の評価項目について示しています。

要求事項として、働き方改革について考えていくべきことを3点挙げました。これは図表4.6で示したもので、論文骨子の内容で触れているかを確認します。次に働き方改革についての総監の視点（図表4.7）を5つの管理として挙げました。これも同様に確認をします。

また評価項目として4点（図表4.8）を挙げています。

考察における視点の広さは、総監の5つの管理の網羅性とトレードオフへの言及として捉えます。記述の明確さとは、骨子（解答でのタイトル）と内容（解答での本文）の対応が明確であることです。論理的なつながりは、骨子の内容が文章として論理的につながることです。結論と理由が明確に示されるかを確認します。

図表4.25　論文評価基準の確認

項目		内　容	確認
要求事項	働き方改革について考えていくべきこと	必要性	
		具体的な方策	
		その影響等	
	働き方改革についての総監の視点	経済性管理	
		人的資源管理	
		安全管理	
		情報管理	
		社会情報管理	
論文の評価	考察における視点の広さ	5つの管理の網羅	
		トレードオフへの言及	
	記述の明確さ	骨子と内容の対応が明確	
	論理的なつながり	内容が論理的につながる	
	論文全体のまとまり	論文全体のストーリーの一貫性（過去〜現在〜将来など）	
		論旨のズレがない（話が飛んでいない）	

　最後の論文全体のまとまりですが、これを特に重視すると前文では示されています。論文全体のまとまりとは抽象的ですが、過去～現在～将来のストーリーが一貫しているか、また話が飛ばずに論旨がズレていないか、という点を確認します。

4.1.5　いざ執筆！（ステップ5）

　図表4.25での確認がとれれば、執筆に進みます。執筆の手順として図表4.26に示す3つがあります。まず①で時間配分を設定して、限られた試験時間内で確実に執筆を終わらせるようにタイムマネジメントを行います。次に②でページレイアウトを作成して、章配分などを決めます。最後に③でようやく執筆を行って最後に見直しも行います。

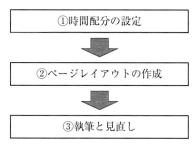

図表4.26　執筆の手順

　時間配分については、今までのステップ1～4までも含め、記述式試験時間3時間30分（210分）をどのように配分するか、設定をします。そこで基本となるのは解答用紙への執筆速度です。文字を書く速さは人それぞれですし、丁寧さと速度のバランスもあるでしょう。図表4.27では、執筆速度をゆっくり、標準、速いの3パターンで挙げています。解答用紙1枚当たりの執筆時間をおのおの30分、25分、20分としています。そこから総執筆時間と残り時間を算定し、見直しの時間を15分とした場合に、ステップ1～4に割ける時間がおのおの45分、70分、95分となっています。

　ゆっくりの場合はステップ1～4を45分で行う必要がありますが、かなり急ぎとなり、十分な検討ができない可能性もあります。また「速い」の場合は解答用紙1枚を20分で書く必要があって、これもかなりの速筆になります。

よってお勧めのパターンは標準になります。1枚を25分程度で書き上げ、ステップ1〜4に最大で70分程度割いて、問題文をじっくり読み込んで骨子の構成や内容にも十分な時間を取ることができます。この25分という執筆時間を基準としてみてください。

図表4.27　時間配分の設定

執筆速度	解答用紙執筆時間 （分／枚）	総執筆時間	残り時間	ステップ1〜4 の時間
ゆっくり	30分	150分	60分	45分
標準	25分	125分	85分	70分
速い	20分	100分	110分	95分

※見直しの時間を15分とする

　図表4.28では、標準のパターンをもとに試験本番でのタイムテーブルを設定しています。5分単位となりますが、3時間30分（210分）ですべてを終了して提出しなければなりませんので、こうしたタイムテーブルをもとに試験本番を乗り切る必要があるでしょう。

図表4.28　試験本番でのタイムテーブル例

開始時刻	所要時間	内　容
13:30〜	60分	前文の分析（ステップ1） 論文骨子の構成（ステップ2） 準備題材の活用と骨子の肉付け（ステップ3）
14:30〜	10分	論文評価基準の確認（ステップ4）
14:40〜	25分	解答用紙1枚目執筆（以下ステップ5）
15:05〜	25分	解答用紙2枚目執筆
15:30〜	25分	解答用紙3枚目執筆
15:55〜	25分	解答用紙4枚目執筆
16:20〜	25分	解答用紙5枚目執筆
16:45〜	15分	見直し

　なお各解答用紙に、いきなり書き込むのではなく、図表4.29のように、各項目（大項目、中項目、小項目）のおおよそのレイアウトを欄外に記入してから行うことをお勧めします。行単位でのレイアウトが理想ですが、もう少しアバウトでもかまいません。

　記述式試験では設問ごとに枚数が指定されますので、その最後の箇所でレイアウト調整をすることになります。

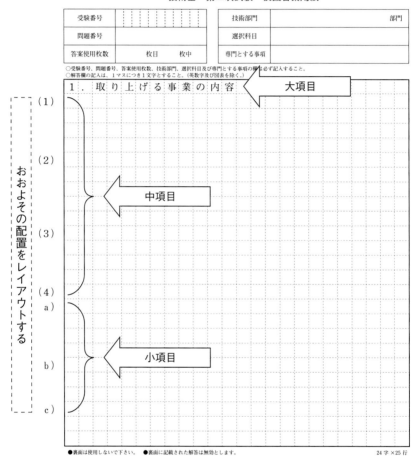

図表4.29　解答用紙のレイアウト

4.2 記述式試験過去問の分析

4.1節では、平成30年度の記述式試験問題を例に、その解答工程を示しました。ここでは、令和元年度、令和2年度、令和3年度および令和4年度の試験問題について、ステップ1（前文の分析）、ステップ2（論文骨子の構成）でのポイントに触れてみます。

4.2.1 令和元年度記述式試験問題の分析

（令和元年度記述式試験問題）

I－2　次の問題について解答せよ。（指示された答案用紙の枚数にまとめること。）

　　ヒューマンエラーとは人為的過誤や失敗など、目標から逸脱した人の判断や行動を意味し、「ディペンダビリティ（総合信頼性）用語」を規定したJIS Z 8115：2019では、「人間が実施する又は省略する行為と、意図される又は要求される行為との相違」と定義している。思い込み、勘違い、不注意、慣れ、などに起因して、ヒューマンエラーが発生する可能性は業種や職種を問わず存在する。日々の業務を実施する上で、ヒューマンエラーを完全に排除することは困難であるが、ヒューマンエラーへの対応を誤ると重大な問題、被害が発生する危険性がある。

　　そのため、総合技術監理の技術者としても、様々な事業・プロジェクトの推進や組織運営を担う上で、ヒューマンエラーを極力防止する方策の検討は重要な観点である。そこで、ヒューマンエラー発生の原因と対策について考えていくこととする。

　ここでは、あなたがこれまでに経験した、あるいはよく知っている事業又はプロジェクト（以下「事業・プロジェクト等」という。）を 1 つ取り上げ、その目的や創出している成果物等を踏まえ、ヒューマンエラーに関して総合技術監理の視点から以下の（1）〜（2）の問いに答えよ。ここでいう総合技術監理の視点とは「業務全体を俯瞰し、経済性管理、安全管理、人的資源管理、情報管理、社会環境管理に関する総合的な分析、評価に基づいて、最適な企画、計画、実施、対応等を行う。」立場からの視点をいう。

　なお、書かれた論文を評価する際、考察における視点の広さ、記述の明確さと論理的なつながり、そして論文全体のまとまりを特に重視する。

(1)　本論文においてあなたが取り上げる事業・プロジェクト等の内容と、それに関する過去に発生したヒューマンエラーの事例について、次の①〜④に沿って示せ。

　（問い（1）については、答案用紙 3 枚以内にまとめよ。）

①　事業・プロジェクト等の名称及び概要を記せ。

②　この事業・プロジェクト等の目的を記せ。

③　この事業・プロジェクト等が創出している成果物（製品、構造物、サービス、技術、政策等）を記せ。

④　この事業・プロジェクト等を計画段階と実施段階の 2 つに分け、それぞれについて実際に発生したヒューマンエラーの事例を 1 つずつ挙げ、それぞれ以下の 4 つの項目を含む形で記せ。

　　・ヒューマンエラーの内容とそれによってもたらされた影響

　　・それが発生した原因

　　・そのとき取られた対応

　　・その後の再発防止対策（その後における同種のヒューマンエラーの防止のため、若しくはその発生による事業・プロジェクト等への影響を軽減させるために実施された方策。）

　なお、計画段階と実施段階の考え方については、例えばシステムの設計と実装のようにそれぞれ異なる工程を取り上げても良いし、あるいは例えば設計工程における現地調査と設計作業のように、単一

の工程内における計画段階と実施段階を取り上げても構わない。

(2) この事業・プロジェクト等において、さらに今後発生する可能性が
　　あると思われるヒューマンエラーについて以下の問いに答えよ。

　（問い（2）については、答案用紙を替えた上で、答案用紙2枚以内に
　まとめよ。）

(a) この事業・プロジェクト等（又は今後実施される同種の事業・プ
　　ロジェクト等でも構わない。）において、さらに今後発生する可
　　能性があり、かつ重大な影響をもたらすと思われるヒューマンエ
　　ラーを1つ取り上げ、次の①〜②に沿って示せ。

① 取り上げたヒューマンエラーの概略と事業・プロジェクト等への
　　影響について記せ。

② ヒューマンエラーの発生する原因として考えられることを記せ。

(b) (a) で記したヒューマンエラーに対して、今後新たな技術や方策
　　の導入により、その防止や影響の軽減が期待できる状況について、
　　次の①〜②に沿って記せ。導入が期待される技術や方策は複数で
　　あっても構わない。

① ヒューマンエラーの防止、若しくはその発生による事業・プロ
　　ジェクト等への影響を軽減させることが期待できる新たな技術や
　　方策を記せ。取り上げる技術や方策はより具体的なものであるこ
　　とが望ましい。

② ①で記述した技術や方策について、例えば技術的、組織的、経済
　　的等の観点から、実現するために乗り越えなければならない課題
　　や障害、若しくは実現させることのデメリットを具体的に記せ。

　ステップ1（前文の分析）として図表4.30に、前文の主要な内容を抽出しま
した。テーマは「ヒューマンエラー」です。ヒューマンエラーの定義と、補足
として「ヒューマンエラーを完全に排除することは困難」なことと、「対応を
誤ると重大な問題、被害が発生する危険性」が示されています。これらに従い、
ヒューマンエラーについて検討する必要があります。

　テーマに対する設定条件として、「ヒューマンエラーを極力防止する方策の検討は重要な観点」であることが示されています。

　要求事項では、これまでに経験したか、よく知っている事業又はプロジェクトについていずれか1つ取り上げ、事業が目的とする成果物の創出などについて考察することを求めています。また総監の視点、定量的な記述が可能な場合では、平成28、29年度と同様です。論文の評価では、毎年の問題と同様な内容が示されています。

図表4.30　令和元年度出題内容（前文）

項目		内　容
テーマ	ヒューマンエラー	人為的過誤や失敗など、目標から逸脱した人の判断や行動のこと
		JIS Z 8115：2019「人間が実施する又は省略する行為と、意図される又は要求される行為との相違」
		ヒューマンエラーを完全に排除することは困難。ヒューマンエラーへの対応を誤ると重大な問題、被害が発生する危険性。
設定条件	総監技術士の役割	様々な事業・プロジェクトの推進や組織運営を担う上で、ヒューマンエラーを極力防止する方策の検討は重要な観点
要求事項	対象とする事業	これまでに経験した事業・プロジェクト
		よく知っている事業・プロジェクト
		いずれか1つを取り上げる
		事業が目的とする成果物の創出を踏まえる
	総監の視点	経済性管理
		人的資源管理
		安全管理
		情報管理
		社会環境管理
論文の評価	考察における視点の広さ	（5つの管理の網羅）
		（トレードオフへの言及）
	記述の明確さ	（骨子と内容の対応が明確）
	論理的なつながり	（内容が論理的につながる）
	論文全体のまとまり	（論文全体のストーリーの一貫性（過去～現在～将来など））
		（論旨のズレがない（話が飛んでいない））

※「論文の評価」における内容の（　　）内は、著者の想定による。

　次にステップ2（論文骨子の構成）として、図表4.31に、設問の内容を抽出しました。

図表4.31　令和元年度出題内容（設問）

設問		内　容
(1)	取り上げる事業・プロジェクト等の内容、過去に発生したヒューマンエラーの事例	①事業・プロジェクト等の名称及び概要
		②事業・プロジェクト等の目的
		③事業・プロジェクト等の成果物（創出すべき製品、構造物、サービス、技術、政策等）
		④事業・プロジェクト等の計画段階と実施段階におけるヒューマンエラーの事例（1つずつ） ・ヒューマンエラーの内容ともたらされた影響 ・発生した原因 ・取られた対応 ・再発防止対策
(2)	今後発生すると思われるヒューマンエラー	（a）さらに今後発生する可能性があり、<u>かつ重大な影響</u>をもたらすと思われるヒューマンエラー（1つ） ①ヒューマンエラーの概略と事業・プロジェクト等への影響 ②ヒューマンエラーの発生する原因
		（b）今後新たな技術や方策の導入により、その防止や影響の軽減が期待できる状況 ①事業・プロジェクト等への影響を軽減させる新たな具体的な技術や方策（複数でも可） ②実現のために乗り越えなければならない課題や障害、実現させることのデメリット

　ここでは（1）で取り上げる事業の内容について述べ、さらに④-1では計画段階におけるヒューマンエラーの事例、④-2では実施段階におけるヒューマンエラーの事例を述べます。いずれも過去のヒューマンエラーですが、（2）では（a）で今後発生する可能性があり重大な影響をもたらすヒューマンエラー、すなわち将来のヒューマンエラーについて述べ、（b）では防止や影響の軽減といった対策を述べます。さらに対策について、乗り越えなければならない課題や障害、実現させることのデメリットまで求められています。デメリットからトレードオフに言及することもできるでしょう。

　また（1）の過去から（2）の将来への時間軸があり、ここで現在を位置づけるならば、（2）（b）での対策を将来に向けた現在におけるものとしても良いでしょう。この流れを踏まえて、図表4.32にヒューマンエラーをテーマとした論文の流れを示します。

	①事業の名称及び概要 ②事業の目的 ③事業・プロジェクト等の成果物
（1）取り上げる事業・プロジェクト等の内容、過去に発生したヒューマンエラーの事例	④-1　計画段階におけるヒューマンエラーの事例 ④-2　実施段階におけるヒューマンエラーの事例 （内容と影響、発生原因、取られた対応、再発防止対策）

 ……過去から将来のヒューマンエラーへ

（2）今後発生すると思われるヒューマンエラー	（a）今後発生する可能性があり、重大な影響をもたらすヒューマンエラー（1つ） ①概略と影響 ②発生する原因

……将来のヒューマンエラーを現在より
見通して解決

	（b）新たな技術や方策の導入によるヒューマンエラーの防止や影響の軽減 ①影響を軽減させる新たな具体的な技術や方策（複数でも可） ②乗り越えなければならない課題や障害、実現させることのデメリット

図表4.32　「ヒューマンエラー」をテーマにした論文の流れ

　論文全体の流れとして、（1）④-1で過去の計画段階におけるヒューマンエラーの事例、④-2で実施段階における事例を述べ、（2）（a）で将来発生する可能性のあるヒューマンエラーについて述べ、（b）で現在より将来を見通した対策を述べる形になるでしょう。

4.2.2　令和2年度記述式試験問題の分析

（令和2年度記述式試験問題）

Ⅰ-2　次の問題について解答せよ。（指示された答案用紙の枚数にまとめること。）

　昨年、我が国は多くの自然災害に見舞われた。そこで、将来の自然災害によるリスクに対して、個々の事業場において事前にどのような対応

策をとっておくことが有効か、総合技術監理の観点から考えてみたい。以下の（1）～（3）の問いにしたがい、次のような枠組で考察せよ。下線が引かれた用語の具体的な意味等については、問いの中で説明する。

　まずあなたがこれまでに経験したことのある、あるいはよく知っている事業場を1つ取り上げ、その事業場に将来甚大な被害を及ぼす可能性のある異常な自然現象を1つ選ぶ。その異常な自然現象により事業場にもたらされる可能性のある被害を3つ挙げ、それぞれに備えた事前の対策について、既にとられている対策の現況を述べ、さらに今後追加してとるとよいと思われる対策を1つ又は2つ挙げる。最後に、それらの追加対策の実施の優先順位を含めた実施計画について総合技術監理の視点から検討し、提案する。ここでいう総合技術監理の視点とは「業務全体を俯瞰し、経済性管理、安全管理、人的資源管理、情報管理、社会環境管理に関する総合的な分析、評価に基づいて、最適な企画、計画、実施、対応等を行う。」立場からの視点をいう。

　論文の記述に当たっては、被害や対策が事業場にとって特徴的で、かつその説明が専門分野外の人（例えば専門が異なる総合技術監理部門の技術士）にもわかりやすいものであるよう留意されたい。書かれた論文を評価する際、そのような工夫・配慮がなされているかどうかを含め、視点の広さ、記述の明確さと論理的なつながり、そして論文全体のまとまりを重視する。

(1) あなたがこれまで経験したことのある、あるいはよく知っている事業場を1つ選び、それについて次の①～③に沿って説明せよ。ここで「事業場」とは、工場、工事現場、農場、事務所、研究所、公共建築物等のように、1つの場所において事業が行われている場を指し、複数の区域にまたがるものは除くこととする。例えば、1つの工場、1つの支店店舗、などは事業場としてよいが、県内にあるすべての工場、複数の支店店舗、といったものは事業場とはみなさない。

　（問い（1）については、答案用紙1枚以内にまとめよ。）

① 事業場の名称を記せ。

② その事業場で行われている事業の目的及び創出している成果物

149

（製品、構造物、サービス、技術、政策等）を記せ。

③　その事業場の概要を記せ。ここには問い（2）で記述する被害と
　対策の特徴を理解するのに必要な事項（例えば事業場の規模や特徴、
　現状など）を含めること。

(2)　問い（1）で取り上げた事業場に対して、将来、甚大な被害を及ぼ
す可能性のある異常な自然現象を1つ選び、それによる主要な被害や
それらに備えた対策について、次の①、②に沿って示せ。ここでの
「異常な自然現象」としては、暴風、豪雨、豪雪、洪水、高潮、地震、
津波、噴火、又は台風のようにそれらが複合したもの、とする。感染
症の流行は、ここでの異常な自然現象には含めない。

（問い（2）については、答案用紙を替えた上で、答案用紙3枚以内に
まとめよ。）

①　取り上げる異常な自然現象を記し、そこで想定している脅威の程
　度を示すために、それによりもたらされることが予想される事業場
　の周辺地域における被害状況について記せ。

②　この異常な自然現象により事業場が受ける可能性のある主要な被
　害を3つ挙げ、その内容を説明し、それぞれの被害の影響を軽減す
　るための事前の備えとして、（ⅰ）既にとられている対策の現況を
　述べ、また（ⅱ）今後追加するとよいと思われる対策を、1つ又は
　2つ挙げよ。（ⅰ）では、対策は複数あってもよいし、また対策が
　なされていなければその理由を記せ。また（ⅱ）では、その対策の
　説明と効果についても記すこと。

　　なおここで取り上げる「被害」には、事業場が直接被る物理的な
　被害のみならず、より広く、事業場が受ける人的被害や業務上の被
　害を含んでもよいものとする。ただしそれに対する「対策」は、事
　業場が自主的に行うことができるものに限る。例えば大雨により近
　隣の河川が氾濫し工場の周辺道路が寸断され、サプライチェーンが
　途絶えるといったように、異常な自然現象によりインフラがダメー
　ジを受けその影響が工場の業務に大きな影響を及ぼすようなものを
　被害として取り上げてよい。ただし国などが行うべき道路や堤防の

　改修などは、ここでの工場の自主的対策には含めない。

　　被害にはA、B、Cのラベルを順につける。そして例えば被害A
に対する対策の現況にはA0というラベルを付し、追加する対策に
はA1、A2というラベルを付す。これらの被害と対策は次の書式に
したがって示すこと。

被害・対策の書式：

　A ：○○○○…（「停電」、「床上浸水による電気設備の故障」など、
　　1番目の被害とその説明）

　A0：○○○○…（被害Aの影響を軽減するために既にとられている
　　対策の現況）

　A1：○○○○…（被害Aの影響を軽減するための追加の対策1及び
　　その効果の説明）

　（A2：○○○○…（被害Aの影響を軽減するための追加の対策2及び
　　その効果の説明））

　B ：○○○○…（2番目の被害とその説明）

　B0：○○○○…（被害Bの影響を軽減するために既にとられている
　　対策の現況）

　　……

(3) 将来の被害の発生に備え、事前にとっておくべき対策の実施計画を
　立てるに当たっては、想定した被害の発生可能性に加えて、事業場を
　運営する主体における予算等のさまざまな制約も踏まえて検討する必
　要がある。問い (2) で、「追加するとよいと思われる対策」として挙
　げた対策の実施の優先順位を含めた実施計画について、総合技術監理
　の視点から検討し、提案せよ。また、そのような優先順位とした理由
　も述べること。なお解答の中で被害や対策を引用するときは「A」や
　「A1」というラベルのみを示せばよく、「被害A：○○○」や「対策
　A1：○○○」などと詳しく引用する必要はない。

　（問い (3) については、答案用紙を替えた上で、答案用紙1枚以内に
　まとめよ。）

　ステップ1（前文の分析）として図表4.33に、前文の主要な内容を抽出しました。前文の冒頭に、「そこで、将来の自然災害によるリスクに対して、個々の事業場において事前にどのような対応策をとっておくことが有効か」とあり、テーマとして「BCP」が示されています。令和2年度の出題は例年と異なり、「下線が引かれた用語の具体的な意味等については、問いの中で説明する。」とあって、前文だけでなく問いの中に注釈的な内容が含まれています。そうした内容も図表4.33に記載しています。

　また、テーマに対する設定条件として、「事業場」、「異常な自然現象」、「被害」、「対策」、「対策の実施計画」のおのおのについて、詳細な説明や指示が示されています。これらには忠実に従って記述する必要があります。

　例えば「事業場」については設問（1）に「工場、工事現場、農場、事務所、研究所、公共建築物等のように、1つの場所において事業が行われている場を指す（1つの工場、1つの支店店舗、などは事業場としてよい）」という具体的な指示がされています。「異常な自然現象」についても「暴風、豪雨、豪雪、洪水、高潮、地震、津波、噴火、又は台風のようにそれらが複合したもの」という具体的な指示があり、そこから「事業場」にもたらされる可能性のある「被害」を3つ挙げよとあります。「被害」について設問（2）に「事業場が直接被る物理的な被害のみならず、より広く、事業場が受ける人的被害や業務上の被害を含んでもよい」と指示がされています。

　それら「被害」に対する「対策」を、事前対策と追加対策として挙げ、設問（2）には「事業場が自主的に行うことができるものに限る」や「国などが行うべき道路や堤防の改修などは含めない」と指示がされています。また「対策の実施計画」として設問（3）に「追加対策の実施優先順位を含めた実施計画について総合技術監理の視点から検討し提案する」とあり、ここで総監の視点から5つの管理やトレードオフについての検討が必要となるでしょう。

　要求事項と論文の評価は例年と同じ内容ですが、新たな要求事項があります。論文の記述について「被害や対策が事業場にとって特徴的なこと」かつ「その説明が専門分野外の人（例えば専門が異なる総合技術監理部門の技術士）にも分かりやすいものであるよう留意」で、これらを踏まえた「被害」や「対策」とする必要があります。

図表4.33　令和2年度出題内容（前文＋設問）

項目		内　容
テーマ		将来の自然災害リスクに対する個々の事業場における事前対策（BCP）
設定条件	事業場	これまでに経験したことのある、あるいはよく知っている事業場を1つ選ぶ
		工場、工事現場、農場、事務所、研究所、公共建築物等のように、1つの場所において事業が行われている場を指す（1つの工場、1つの支店店舗、などは事業場としてよい）→設問（1）に記載
		複数の区域にまたがるものは除くこと（県内にあるすべての工場、複数の支店店舗、といったものは事業場とはみなさない）→設問（1）に記載
	異常な自然現象	事業場に将来甚大な被害を及ぼす可能性のあるものを1つ選ぶ
		暴風、豪雨、豪雪、洪水、高潮、地震、津波、噴火、又は台風のようにそれらが複合したもの
		感染症の流行は含めない
	被害	異常な自然現象により事業場にもたらされる可能性のあるものを3つ挙げる
		事業場が直接被る物理的な被害のみならず、より広く、事業場が受ける人的被害や業務上の被害を含んでもよい→設問（2）に記載
		被害にはA、B、Cのラベルを順につける。そして例えば被害Aに対する対策の現況にはA0というラベルを付し、追加する対策にはA1、A2というラベルを付す。これらの被害と対策は次の書式にしたがって示すこと
		被害・対策の書式（略）
	対策	事前対策は、既にとられている対策の現況を述べる
		追加対策は、追加するとよいと思われるものを1つ又は2つ挙げる
		事業場が自主的に行うことができるものに限る→設問（2）に記載
		大雨により近隣の河川が氾濫し工場の周辺道路が寸断され、サプライチェーンが途絶えるといったように、異常な自然現象によりインフラがダメージを受けその影響が工場の業務に大きな影響を及ぼすようなものを取り上げてよい→設問（2）に記載
		国などが行うべき道路や堤防の改修などは含めない→設問（2）に記載
	対策の実施計画	追加対策の実施優先順位を含めた実施計画について総合技術監理の視点から検討し提案する
		想定した被害の発生可能性に加えて事業場を運営する主体における予算等のさまざまな制約も踏まえて検討する必要→設問（3）に記載
要求事項	論文の記述	被害や対策が事業場にとって特徴的なこと
		かつその説明が専門分野外の人（例えば専門が異なる総合技術監理部門の技術士）にも分かりやすいものであるよう留意
	総監の視点	経済性管理
		人的資源管理
		安全管理
		情報管理
		社会環境管理
		総合的な分析、評価に基づいて、最適な企画、計画、実施、対応等を行う
論文の評価	論文の記述における工夫と配慮	（要求事項の論文の記述の事項についての工夫や配慮）
	視点の広さ	（5つの管理の網羅）
		（トレードオフへの言及）
	記述の明確さ	（骨子と内容の対応が明確）
	論理的なつながり	（内容が論理的につながる）

※「論文の評価」における内容の（　　）内は、著者の想定による。

次にステップ2（論文骨子の構成）として、図表4.34に、設問の内容を抽出しました。

図表4.34　令和2年度出題内容（設問）

設問		内　容
(1)	これまで経験したことのある、あるいはよく知っている事業場について	①事業場の名称
		②事業場で行われている事業の目的及び成果物
		③事業場の概要、被害と対策の特徴を理解するのに必要な事項
(2)	異常な自然現象とそれによる被害と対策	①取り上げる異常な自然現象と予想される周辺地域の被害状況
		②事業場が受ける可能性のある主要被害3つと対策 （被害・対策の書式） A　：○○○○… （「停電」、「床上浸水による電気設備の故障」など、1番目の被害とその説明） A0：○○○○… （被害Aの影響を軽減するため既にとられている対策の現況） A1：○○○○… （被害Aの影響を軽減するため追加の対策1及びその効果の説明） （A2：○○○○… （被害Aの影響を軽減するための追加の対策2及びその効果の説明）） B　：○○○○… （2番目の被害とその説明） B0：○○○○… （被害Bの影響を軽減するために既にとられている対策の現況）
(3)	対策の実施計画	①追加対策の優先順位を含めた実施計画
		②優先順位とした理由

　ここでは（1）で取り上げる事業場の内容について述べます。（2）では、①で取り上げる異常な自然現象と予想される周辺地域の被害状況について述べ、②では事業場が受ける可能性のある主要被害3つと対策（事前対策と追加対策）について述べます。各被害と対策の書式を指定し、簡易な記述とする点に特徴がみられます。（3）では、①で追加対策の優先順位を含めた実施計画を、②で優先順位とした理由を述べます。

　次ページの図表4.35にBCPをテーマとした論文の流れを示します。

　（1）では、①でBCPについて記すことができる事業場を選定する必要があります。また③では、（2）の被害と対策の特徴を理解するのに必要な事項を示すため、（2）の内容を見据えた事業場の概要を記す必要があります。この部分は（2）の内容をまとめてから後戻りして考えても良いでしょう。

　（2）では、①でまず異常な自然現象を取り上げ、次に想定する脅威の程度を示す予想される周辺地域の被害状況を示します。この被害状況が事業場に甚大

（1）これまで経験した ことのある、あるい はよく知っている事 業場について	①事業場の名称 ②事業場で行われている事業の目的及び成果物 ③事業場の概要、（2）の被害と対策の特徴を理解する のに必要な事項

取り上げた事業場に対し将来甚大な被害
……を及ぼす可能性がある自然現象について、
主要被害と備えの対策を述べる

（2）異常な自然現象と それによる被害と対 策	①取り上げる異常な自然現象と想定する脅威の程度を 示す予想される周辺地域の被害状況 ②異常な自然現象により事業場が受ける可能性のある 主要被害3つと対策 　（ⅰ）既に取られている対策の現況 　　（対策がされていない場合は、その理由） 　（ⅱ）今後追加するとよいと思われる対策を1、2 　　（対策の説明と効果について記す） 被害と対策の書式： A：1番目の被害と説明　　B：2番目の被害と説明） A0：既対策と現況　　　　B0：既対策と現況 A1：追加対策1と効果　　B1：追加対策1と効果 （A2：追加対策2と効果）　（B2：追加対策2と効果） C：3番目の被害と説明 C0：既対策と現況 C1：追加対策1と効果 （C2：追加対策2と効果）

……追加対策の優先順位を含めた実施計画に
ついて、総監の視点から検討し提案する

（3）対策の実施計画	①追加対策の優先順位を含めた実施計画 ②優先順位とした理由

図表4.35　「BCP」をテーマにした論文の流れ

な被害を及ぼす可能性を示すものかの確認が必要です。②で事業場が受ける可能性のある主要被害3つと対策を述べますが、ここでは特に対策について5つの管理の視点が求められます。

　（3）では、①で追加対策の優先順位を含めた実施計画を述べますが、3つの被害についてリスク評価（被害の起こりやすさと影響の程度を評価）を行って優先順位を検討し、また総監の視点として対策同士でのトレードオフに言及する必要があるでしょう。

4.2.3　令和3年度記述式試験問題の分析

（令和3年度記述式試験問題）

I－2　次の問題について解答せよ。（<u>指示された答案用紙の枚数</u>にまとめること。）

　近年の技術革新により、従来にない形でのデータ収集及びデータ解析が可能となり、様々な方面から事業や業務への利活用が期待されている。実際に、1）日常の業務における意思決定において、これまで勘や経験に頼っていた部分をより定量的な知見に基づき合理的なものとするための試み、2）ナレッジマネジメントやデジタル・コミュニケーション・ツールの援用とあわせ、これまで以上にデータの利活用を効果的なものとしていくことの追求、3）人工知能（AI）やIoT、あるいはビッグデータ分析といったキーワードに関連する先端技術を活用した事業における新たな価値創出の探究など、幅広いレベルでの利活用が考えられる。しかしその一方で、データの利活用に関しては様々な課題も顕在化してきている。したがって、データを利活用した事業・プロジェクトの推進について、総合技術監理の視点に立って検討を行うことは重要であると考えられる。

　そこでここでは、あなたがこれまでに経験した、あるいはよく知っている事業又はプロジェクト（以下「事業・プロジェクト等」という。）を1つ取り上げ、その目的や創出している成果物等を踏まえ、その事業・プロジェクト等にデータを利活用することに関して総合技術監理の視点から以下の（1）～（3）の問いに答えよ。ここでいう総合技術監理の視点とは「業務全体を俯瞰し、経済性管理、安全管理、人的資源管理、情報管理、社会環境管理に関する総合的な分析、評価に基づいて、最適な企画、計画、実施、対応等を行う。」立場からの視点をいう。

　なお、書かれた論文を評価する際、考察における視点の広さ、記述の明確さと論理的なつながり、そして論文全体のまとまりを特に重視する。

（1）本論文においてあなたが取り上げる事業・プロジェクト等の内容と、

それに関する現在のデータの利活用の状況について、次の①〜④に沿って示せ。

(問い (1) については、答案用紙2枚以内にまとめよ。)

① 事業・プロジェクト等の名称及び概要を記せ。

② この事業・プロジェクト等の目的を記せ。

③ この事業・プロジェクト等が創出している成果物（製品、構造物、サービス、技術、政策等）を記せ。

④ この事業・プロジェクト等における、現在のデータの利活用の状況について、以下の項目をすべて含む形で記せ。なお、十分に利活用できていない状況を記すことを妨げない。

　　・どのようなデータを収集・解析しているか

　　・事業・プロジェクト等にどのように活用しているか

　　・現在どのような点に留意して利活用を行っているか

　　・現在の利活用に伴う問題点・今後に向けた課題は何か

(2) この事業・プロジェクト等において、現在既に利用できるデータや技術を用いて、今後導入が可能と思われるデータ利活用の方法を2つ取り上げ、それぞれについて以下の問いに答えよ。なお、2つの方法に対して、利用するデータや技術は共通のものでも、別々のものでも構わない。

(問い (2) については、答案用紙を替えたうえで、まず1つめの方法について1枚以内にまとめ、さらに答案用紙を替えたうえで2つめの方法について1枚以内にまとめよ。)

① 利活用可能なデータの内容とその利活用の方法について記せ。

② ①で記述した利活用を進めることで、事業・プロジェクト等にどのような効果をもたらすことが期待できるかを理由とともに記せ。

③ ①で記述した利活用を進めていくうえで、総合技術監理の視点からどのような課題やリスクがあるかを記せ。ただし、2つの方法それぞれについて、5つの管理分野（経済性管理、安全管理、人的資源管理、情報管理、社会環境管理）のうちの2つ以上の視点を含むこととし、解答欄にはどの分野の視点であるかを明記すること。

（3）将来におけるこの事業・プロジェクト等（同種の別の事業・プロジェクト等でもよい）において、近い将来（おおむね5〜10年後）に新たに利用できるようになると思われるデータや、実現されると思われる技術を用いて、新たに導入が可能になると思われるデータ利活用の方法を1つ取り上げ、それについて以下の問いに答えよ。なお、想定する時期までに事業・プロジェクト等の内容や形態そのものが変化することを踏まえて解答しても構わない。

（問い（3）については、答案用紙を替えたうえで、答案用紙1枚以内にまとめよ。）

①　利活用可能なデータの内容とその利活用の方法について記せ。

②　①で記述した利活用を進めることで、事業・プロジェクト等にどのような効果をもたらすことが期待できるかを理由とともに記せ。

③　①で記述した利活用を進めていくうえでの課題やリスクを記せ。なお、想定するデータの利用可能性や技術の実現可能性に関する課題やリスクについては対象外とする。

　ステップ1（前文の分析）として図表4.36に、前文のテーマとテーマに対する設定条件を抽出しました。テーマは「従来にない形でのデータ収集及びデータ解析と利活用」です。これらが、近年の技術革新により可能となって、様々な方面から事業や業務への利活用が期待されている、とあります。その利活用の例を、次に「幅広いレベルでのデータの利活用」として、3つ挙げています。1）として日常業務における意思決定において定量的な知見に基づき合理的なものとするための試み、2）としてナレッジマネジメントやデジタル・コミュニケーション・ツールの援用とあわせデータ利活用を効果的なものとしていくことの追及、3）としてAI、IoT、ビッグデータ分析などに関連する先端技術を活用した新たな価値創出の探求になります。

　こうした新たなデータの利活用について、設定条件として様々な課題が顕在化し、データを利活用した事業・プロジェクトの推進には総監の視点での検討が重要、としています。

図表4.36 令和3年度出題内容（前文1）

項目		内　容
テーマ		従来にない形でのデータ収集及びデータ解析と利活用
設定 条件	幅広いレベルでのデータの利活用	1）日常の業務における意思決定において、これまで、勘や経験に頼っていた部分をより定量的な知見に基づき合理的なものとするための試み
		2）ナレッジマネジメントやデジタル・コミュニケーション・ツールの援用とあわせ、これまで以上にデータの利活用を効果的なものとしていくことの追求
		3）人工知能（AI）やIoT、あるいはビッグデータ分析といったキーワードに関連する先端技術を活用した事業における新たな価値創出の探究
	課題と総監の視点	データの利活用に関しては様々な課題も顕在化してきている。
		データを利活用した事業・プロジェクトの推進について、総合技術監理の視点に立って検討を行うことは重要である。

　続いて前文の要求事項では、論文の記述について、これまでに経験したか、よく知っている事業やプロジェクトについて取り上げ、事業・プロジェクト等にデータを利活用することに関して総合技術監理の視点から設問に答えよ、としています。また総監の視点、次の論文の評価では、毎年の問題と同様な内容が示されています。

図表4.37 令和3年度出題内容（前文2）

項目		内　容
要求 事項	論文の記述	これまでに経験したあるいはよく知っている事業又はプロジェクトを1つ取り上げ
		目的や創出している成果物等を踏まえ
		事業・プロジェクト等にデータを利活用することに関して総合技術監理の視点から以下の（1）～（3）の問いに答えよ
	総監の視点	経済性管理
		人的資源管理
		安全管理
		情報管理
		社会環境管理
		総合的な分析、評価に基づいて、最適な企画、計画、実施、対応等を行う
論文の 評価	考察における視点の広さ	（5つの管理の網羅）
		（トレードオフへの言及）
	記述の明確さ	（骨子と内容の対応が明確）
	論理的なつながり	（内容が論理的につながる）
	★論文全体のまとまり	（論文全体のストーリーの一貫性（過去～現在～将来など））
		（論旨のズレがない（話が飛んでいない））

※「論文の評価」における内容の（　　）内は、著者の想定による。

　次にステップ2（論文骨子の構成）として、**図表4.38**に、設問の内容を抽出
しました。

図表4.38　令和3年度出題内容（設問）

設問		内　容
(1)	あなたが取り上げる事業・プロジェクト等の内容とそれに関する現在のデータの利活用の状況について	①事業・プロジェクト等の名称及び概要
		②事業・プロジェクト等の目的
		③事業・プロジェクト等が創出している成果物（製品、構造物、サービス、技術、政策等）
		④事業・プロジェクト等における、現在のデータの利活用の状況（以下の項目をすべて含む形で） ・どのようなデータを収集・解析しているか ・事業・プロジェクト等にどのように活用しているか ・現在どのような点に留意して利活用を行っているか ・現在の利活用に伴う問題点・今後に向けた課題は何か
(2)	この事業・プロジェクト等において、現在既に利用できるデータや技術を用いて、今後導入が可能と思われるデータ利活用の方法を2つ取り上げる	①利活用可能なデータの内容とその利活用の方法
		②①で記述した利活用を進めることで、事業・プロジェクト等にもたらされる効果と理由
		③①で記述した利活用を進めていくうえでの、総合技術監理の視点からの課題やリスク（2つの方法それぞれについて5つの管理分野のうち2つ以上の視点を含むこと）
(3)	近い将来（おおむね5〜10年後）に新たに利用できるようになると思われるデータや、実現されると思われる技術を用いて、新たに導入が可能になると思われるデータ利活用の方法を1つ取り上げる	①利活用可能なデータの内容とその利活用の方法
		②①で記述した利活用を進めることで、事業・プロジェクト等にもたらす効果と理由
		③①で記述した利活用を進めていくうえでの課題やリスク（想定するデータの利用可能性や技術の実現可能性に関する課題やリスクについては対象外）

　（1）では、取り上げる事業・プロジェクト等の内容とそれに関する現在の
データの利活用の状況について述べます。④で現在のデータの利活用の状況に
ついて、どのようなデータを収集・解析しているか、事業・プロジェクト等に
どのように活用しているか、現在どのような点に留意してデータの利活用を
行っているか、現在の利活用に伴う問題点・今後に向けた課題は何かの4点を
網羅して述べるよう指示されています。

　（2）では、この事業・プロジェクト等において、現在既に利用できるデータ
や技術を用いて、今後導入が可能と思われるデータ利活用の方法を2つ取り上
げて述べます。③で利活用を進めるうえでの総監の視点からの課題やリスクを
述べます。課題やリスクは2つの方法について5つの管理分野のうち2つ以上の
視点を含むこと、という指定があり、合わせて4つ以上の視点を含ませること
になります。課題やリスクについて、トレードオフの視点で述べても良いで

しょう。

(3) では、近い将来（おおむね5〜10年後）新たに導入が可能になると思われるデータ利活用の方法1つを取り上げて述べます。③で利活用を進めていくうえでの課題やリスクを述べます。(2) ③のように総監の管理分野について指定はありませんが、課題やリスクをトレードオフの視点で述べても良いでしょう。

次にステップ3（論文骨子の構成）として、図表4.39に、論文の流れを示しました。

(1) あなたが取り上げる事業・プロジェクト等の内容とそれに関する現在のデータの利活用の状況について	①事業・プロジェクト等の名称及び概要 ②事業・プロジェクト等の目的 ③事業・プロジェクト等が創出している成果物（製品、構造物、サービス、技術、政策等） ④事業・プロジェクト等における、現在のデータの利活用の状況（以下の項目をすべて含む形で） ・どのようなデータを収集・解析しているか ・事業・プロジェクト等にどのように活用しているか ・現在どのような点に留意して利活用を行っているか ・現在の利活用に伴う問題点・今後に向けた課題は何か

 …… (1) での今後に向けた課題と (2) のデータの利活用の方法を関連付ける。

(2) この事業・プロジェクト等において、現在既に利用できるデータや技術を用いて、今後導入が可能と思われるデータ利活用の方法を2つ取り上げる	①利活用可能なデータの内容とその利活用の方法 ②①で記述した利活用を進めることで、事業・プロジェクト等にもたらされる効果と理由 ③①で記述した利活用を進めていくうえでの、総合技術監理の視点からの課題やリスク（2つの方法それぞれについて5つの管理分野のうち2つ以上の視点を含むこと）

 …… (1) と (3) の利活用できるデータ、データの利活用の方法を関連付ける。

(3) 近い将来（おおむね5〜10年後）に新たに利用できるようになると思われるデータや、実現されると思われる技術を用いて、新たに導入が可能になると思われるデータ利活用の方法を1つ取り上げる	①利活用可能なデータの内容とその利活用の方法 ②①で記述した利活用を進めることで、事業・プロジェクト等にもたらす効果と理由 ③①で記述した利活用を進めていくうえでの課題やリスク（想定するデータの利用可能性や技術の実現可能性に関する課題やリスクについては対象外）

図表4.39　「データの利活用」をテーマにした論文の流れ

論文全体の流れとして、(1) での今後に向けた課題と (2) のデータの利活用の方法を関連付け、(2) と (3) の利活用できるデータ、データの利活用の

方法を関連付けることで、ストーリー性が得られるでしょう。また（2）③と（3）②で、おのおのデータの利活用を進めていくうえでの課題やリスクについて述べますが、どちらかで総監の視点を踏まえたトレードオフについても触れる箇所となるでしょう。

4.2.4　令和 4 年度記述式試験問題の分析

（令和 4 年度記述式試験問題）

Ⅰ−2　次の問題について解答せよ。（指示された答案用紙の枚数にまとめること。）

　急速に進展する各種デジタル技術の利用により、誰もが日々の業務や生活の中で多大な恩恵を享受している。また現在ではさらに進んで、DX（デジタルトランスフォーメーション）が注目されており、これは「デジタル技術の活用による新たな商品・サービスの提供、新たなビジネスモデルの開発を通して、社会制度や組織文化なども変革していく取組」とされている。デジタル技術の活用レベルは事業や組織の置かれた状況により異なるが、それぞれに適したデジタル技術を活用してビジネスやプロセスを変革することにより、やがては社会制度や組織文化の変革をもたらすことに繋がる。本論文では、このビジネスやプロセスの変革について検討してみたい。

　なお、デジタル技術の利用・活用と DX との間に、明確な境界線がある訳ではないのも実情である。工場への自動制御技術の導入や設計における 3D CAD の出現を変革と捉えることも出来よう。しかしここでは、これまでの過去の変遷についてはデジタル技術の利用とし、最近若しくは未来のデジタル技術を活用してビジネスやプロセスを変革（大幅な効率化や省力化も含まれる。）していく取組を DX として考えることとする。

　そこであなたがこれまでに経験した、若しくはよく知っている事業（研究開発・製品製造・販売・アフターサービス等の業務機能の集合体としての事業、個々の建設プロジェクトの集合体としての事業等が代表

例となる。）や組織（役所や法人の全体とすることも、個々の部署や事業部等とすることもできる。）に関するデジタル技術の利用の変遷を振り返り、今後のDX推進に向けた現実的な計画について、総合技術監理の視点から以下の（1）～（3）の問いに答えよ。

解答に当たり、事業や組織について、関連するステークホルダーや他組織との連携を含めてもよい。また、ここでいう総合技術監理の視点とは、「業務全体を俯瞰し、経済性管理、安全管理、人的資源管理、情報管理、社会環境管理に関する総合的な分析、評価に基づいて、最適な企画、計画、実施、対応等を行う。」立場からの視点をいう。なお、書かれた論文を評価する際、考察における視点の広さ、記述の明確さと論理的なつながり、そして論文全体のまとまりを特に重視する。

(1) 本論文においてあなたが取り上げる事業や組織の内容と、そこにおける過去から現在までのデジタル技術の利用状況について、以下の問いに答えよ。

（問い（1）については、答案用紙2枚以内にまとめよ。）

① 事業や組織の概要及び役割、あなたの立場を記せ。

② この事業や組織における経営資源（人財・設備・技術等）、アウトプット（製品・構造物・サービス・技術・政策等、事業や組織が創出している成果）、業務プロセス（経営資源によりアウトプットを創出する過程）を記せ。

③ この事業や組織における、過去のデジタル技術の利用の変遷について、以下の項目をすべて含む形で記せ。なお、その変遷の期間については各自で設定してよい。

　　・設定した期間の初期段階でのデジタル技術の利用状況

　　・現在のデジタル技術の利用状況とこれまでの変遷

　　・変遷の過程で得られた効用と副作用

(2) DXを単なるデジタル技術の利用ではなく、デジタル技術を活用したビジネスやプロセスの変革と捉えた場合、（1）で取り上げた事業や組織において、DXとして既に実施している取組、若しくは直近に始まるであろう取組について、以下の問いに答えよ。

（問い（2）については、答案用紙を替えたうえで、答案用紙1枚以内にまとめよ。）

① 取組を1つ取り上げ、その概要、活用されるデジタル技術、ビジネスやプロセスに及ぼす変革の内容を記せ。

② その変革によってもたらされる利点と問題点のそれぞれについて、総合技術監理の5つの管理技術のうち2つ以上の視点から記せ。

(3) (1) で取り上げた事業や組織におけるDX推進の端緒とするため、来年度からスタートする5か年のDX推進計画を策定するタスクフォースが設置され、あなたはそのリーダーに指名された。タスクフォースの使命は13週（約3か月）でDX推進計画を策定することであり、その計画には、「実現目標」、「取組内容」、「推進体制」、「予算」などの項目が盛り込まれることになる。このDX推進計画及びタスクフォースに関して、以下の問いに答えよ。

（問い（3）については、答案用紙を替えたうえで、答案用紙2枚以内にまとめよ。）

① このタスクフォースの中核となるメンバー数名について、その出身母体（又は部署等）、スキル、経験等を記せ。なお、中核メンバーを組織内に閉じず、外部から参加させることも妨げない。

② DX推進計画策定に向けた13週のタスクフォースの大まかなスケジュールを考えたい。計画策定に必要な工程を設定し、その時期（第○週等で表現）と期間、各工程の説明を簡潔に記せ。

③ ②で示した工程の中で、DX推進計画を現実的で実現可能なものとするために、あなたが最も重要と考える工程について、その理由を記せ。

④ 現時点でのあなたの仮説として、成果物であるDX推進計画に盛り込まれる「実現目標」及びその実現に必要な「取組内容」を記せ。また、それらを実行するに当たり最も重大な障害とその克服策を総合技術監理の視点から記せ。

　ステップ1（前文の分析）として**図表4.40**に、前文の主要な内容を抽出しました。テーマは「DX」です。DXの定義として「デジタル技術の活用による新たな商品・サービスの提供、新たなビジネスモデルの開発を通して、社会制度や組織文化なども変革していく取組」が示されています。これに従い、DXについて検討する必要があります。

　テーマに対する設定条件として、「デジタル技術の利用・活用とDXとの境界線」について、明確ではないものの、おのおのについて示されています。

図表4.40　令和4年度出題内容（前文）

項目		内　容	
テーマ	DX	急速に発展する各種デジタル技術の発展と利用	
		DXへの注目	
		DX：「デジタル技術の活用による新たな商品・サービスの提供、新たなビジネスモデルの開発を通して社会制度や組織文化なども変革していく取組」	
設定条件	デジタル技術の利用・活用とDXとの境界線	明確な境界線がある訳ではない	
		過去の変遷についてはデジタル技術の利用	
		最近若しくは未来のデジタル技術を活用してビジネスやプロセスを変革（大幅な効率化や省力化も含まれる。）していく取組をDXとして考える	
要求事項	対象とする事業や組織	これまでに経験した事業や組織	
		よく知っている事業や組織	
	事業や組織に対する考察	デジタル技術の利用の変遷を振り返り	
		今後のDX推進に向けた現実的な計画	
		関連するステークホルダーや他組織との連携を含めてもよい	
	総監の視点	経済性管理	
		人的資源管理	
		安全管理	
		情報管理	
		社会環境管理	
論文の評価	考察における視点の広さ	（5つの管理の網羅）	
		（トレードオフへの言及）	
	記述の明確さ	（骨子と内容の対応が明確）	
	論理的なつながり	（内容が論理的につながる）	
	★論文全体のまとまり	（論文全体のストーリーの一貫性（過去〜現在〜将来など））	
		（論旨のズレがない（話が飛んでいない））	

※「論文の評価」における内容の（　　）内は、著者の想定による。

　要求事項では、これまでに経験したか、よく知っている事業またはプロジェクトについていずれか一つ取り上げ、事業や組織に対する考察として、デジタル技術の利用の変遷を振り返り、今後のDX推進に向けた現実的な計画について、関連するステークホルダーや他組織との連携を含めてもよい、を示しています。また総監の視点、論文の評価では、毎年の問題と同様な内容が示されています。

　次にステップ2（論文骨子の構成）として、図表4.41に、設問の内容を抽出しました。

図表4.41　令和4年度出題内容（設問）

設問	内　容	
(1)	取り上げる事業や組織の内容、過去から現在までのデジタル技術の利用状況	①事業や組織の概要及び役割、あなたの立場
		②事業の組織における経営資源、アウトプット、業務プロセス
		③事業や組織における過去のデジタル技術の利用の変遷 ・設定した期間の初期段階でのデジタル技術の利用状況 ・現在のデジタル技術の利用状況とこれまでの変遷 ・変遷の過程で得られた効用と副作用
(2)	DXとして既に実施している取組、若しくは直近に始まるであろう取組（DXを単なるデジタル技術の利用ではなく、<u>デジタル技術を活用したビジネスやプロセスの変革</u>と捉えた場合）	①取組の概要、活用されるデジタル技術、ビジネスやプロセスに及ぼす変革の内容
		②変革によってもたらされる利点と問題点（それぞれについて、総合技術監理の5つの管理技術のうち2つ以上の視点から）
(3)	DX推進計画及びタスクフォース（13週でDX推進計画を策定、実現目標、取組内容、推進体制、予算など盛り込む）	①タスクフォースの中核メンバー（数名について出身母体又は部署、スキル、経験等を記す、中核メンバーを組織内に閉じず、外部から参加も妨げない。）
		②タスクフォースの大まかなスケジュール（計画策定に必要な工程の時期（第○週等）、期間、工程の説明）
		③<u>DX推進計画を現実的で実現可能なものとするために最も重要と考える工程と理由</u>
		④DX推進計画の実現目標及び取組内容、最も重大な障害と克服策（総合技術監理の視点から）

　(1) では、取り上げる事業や組織の内容について述べ、③で過去から現在のデジタル技術の利用の変遷を述べます。そこでは、初期と現在の利用状況や変遷、変遷の過程で得られた効果と副作用を述べます。副作用は効果に伴って発生するマイナス効果と捉えられます。

　(2) では、DXとして既に実施している、若しくは直近で始まるであろう取

166

組について述べます。ここでは、DXを単なるデジタル技術の利用ではなく、デジタル技術を活用したビジネスやプロセスの変革として捉えた場合としており、前文にもあったDXについての定義を繰り返しています。その指示に従って、①ではDXの取組の概要と、活用されるデジタル技術、変革の内容について述べます。ビジネスやプロセスにどのような変革が及ぼされたのか、明確に記すことができる取組について述べる必要があります。②では変革によってもたらされる利点と問題点について、それぞれ総監の5つの管理技術のうち2つ以上の視点から述べるよう指示されています。2つの管理技術がトレードオフにあることに触れても良いでしょう。

（3）では、DX推進計画及びタスクフォースについて述べます。タスクフォース自体は13週でDX推進計画を策定するためのものであり、これからの活動になります。またタスクフォースによって実現目標、取組内容、推進体制、予算などを盛り込んだDX推進計画も今後スタートすることになります。こうした時間軸を理解してください。タスクフォースについて、①で中核メンバーを述べ、②で大まかなスケジュールを計画策定に必要な工程の時期について述べ、③で②の工程のうち、DX推進計画を現実的で実現可能なものとするため最も重要と考えるものについて述べます。ボトルネックとなる工程を抽出します。④でDX推進計画の具体的な中身となる実現目標、取組内容、最も重大な障害と克服策を述べます。重大な障害と克服策については総監の視点からとなり、トレードオフに触れる部分にもなるでしょう。

また（1）の過去から（2）の将来への時間軸があり、ここで現在を位置付けるならば、（2）（b）での対策を将来に向けた現在におけるものとしても良いでしょう。この流れを踏まえて、**図表4.42**にDXをテーマとした論文の流れを示します。

| （1）取り上げる事業の内容、過去から現在までのデジタル技術の利用状況 | ①事業や組織の概要及び役割、あなたの立場
②事業の組織における経営資源、アウトプット、業務プロセス
③事業や組織における過去のデジタル技術の利用の変遷 |

 ……事業や組織における過去のデジタル技術の利用の変遷から DX への取組へ

| （2）DX として既に実施している取組、若しくは直近に始まるであろう取組 | ①取組の概要，活用されるデジタル技術、ビジネスやプロセスに及ぼす変革の内容
②変革によってもたらされる利点と問題点（それぞれについて総監の2つ以上の視点から） |

 ……ビジネスやプロセスの変革を DX 推進計画で更にステップアップする

| （3）DX 推進計画及びタスクフォース | ①タスクフォースの中核メンバー（数名について出身母体又は部署、スキル、経験等）
②タスクフォースの大まかなスケジュール（計画策定に必要な工程の時期（第○週等）、期間、工程の説明）
③DX 推進計画を現実的で実現可能なものとするために最も重要と考える工程と理由
④DX 推進計画の実現目標及び取組内容、最も重大な障害と克服策（総監の視点から） |

図表4.42　「DX」をテーマにした論文の流れ

　論文全体の流れとして、（1）③の過去のデジタル技術の利用の変遷、（2）①の既に実施している、若しくは直近に始まるであろう DX の取組と活用されるデジタル技術、（3）④の DX 推進計画での取組内容やデジタル技術の利用が、時系列の中での流れに沿ったものにすべきでしょう。DX の取組によるビジネスやプロセスの変革について、（2）から（3）にかけてステップアップすることがよいでしょう。

　また（3）のタスクフォースの大まかなスケジュールは、④の DX の実現目標や取組内容から導く必要があります。必要な工程として、設問にある「実現目標、取組内容、推進体制、予算など」から取り出してもよいでしょう。投入される中核メンバーについては、各工程にどのようにかかわるかを想定し、スキルや経験などをイメージすべきでしょう。

第 5 章

論 文 解 答 例

〈添削セミナー方式〉

　本章では、平成30年度～令和4年度の5か年の記述式問題の論文解答例を紹介します。問題文はいずれも第4章に掲載しています。

　添削前の論文に添削コメントを付しています。これを踏まえて加筆修正したものが、添削後の論文となります。

　添削前と添削後で、論文がどのように改善されているかを掴んでいただき、A評価を得るためのポイントを掴んでいただければと思います。

■令和4年度（2022年度）

論文事例1（建設—都市及び地方計画）　　　（問題は162ページ）

・添削前（1枚目／5枚目）

事業の概要を追記しましょう。

（1）現在までのデジタル技術の利用状況

①組織概要・役割・立場

　本組織は、人口15万人の地方都市における市役所の建築部局である。本市は地震が多く、市内4万棟の建物の内、4千棟が旧耐震基準で建てられており、その耐震化は急務であった。本部局は、旧耐震建物の所有者に耐震化への意識の醸成を図り、市内の耐震化率（新耐震基準の建物の割合）を90％から、95％に上昇させる役割があった。私は本部局の総括責任者である。

　さらに、本市は人口減少、高齢化が進んでおり、人口減少による税収減、空家の増加が課題となっていた。そのため、本部局は、空家対策（利活用）の業務も担うようになり、業務量が多い状況であった。

②経営資源等

ⅰ）経営資源：本組織は、課長（私）、係長、係員2名の計4名である。業務量が多く、2名は2年後に退職するベテラン職員であった。また、4名全員が建築士であり、建物の構造強度の知識が豊富であった。現在、耐震診断プログラムを導入し、無料で建物の耐震診断を実施している。

ⅱ）アウトプット：本プログラムは建物データを入力し、耐震強度を数値化するソフトである。建物の地震に対する脆弱性を説明し、職員の技術的見地による的確な改修方法を依頼者にアドバイスし、耐震化への意

●裏面は使用しないで下さい。　　●裏面に記載された解答は無効とします。　　24字×25行

ここでは、事業の成果を記述しましょう。この一文と
その後の一文とのつながりがわかりにくいです。

171

令和4年度記述式解答例　建設─都市及び地方計画

・添削前（2枚目／5枚目）

デジタル技術の変遷を追記しましょう。過去と現在でどのような変遷が
あったのかが書かれていません。

> データ分析結果から効率的な改修方法をどのようにまとめているのか？
> 出前講座にどう反映しているのか？　この辺りの業務プロセスをわかり
> やすく説明できると良いです。

```
識を高めている。
ⅲ）業務プロセス：本部局の職員は、耐震診断のデー
タを分析し、効率的な改修方法をまとめ、その内容を
出前講座（自治会ごとに職員が出向いて、耐震化の必
要性を伝える講座）を実施し説明する等、所有者の耐
震化の意識を向上させている。
③過去のデジタル技術の変遷
　過去10年間は、市内の建物の登記データと建築確認
データを集計し、市内に存する建物の耐震化率の算定
を行い、地区別に算出していた。
　現在は、過去に抽出したデータを踏まえ、耐震化率
が低い地区に数多く出前講座を実施して、耐震化への
機運を高めている。
　その結果、耐震化率が86％から90％に上昇し、居住
者の安全性を確保した（安全管理）。
　しかし、旧耐震建物（昭和56年以前に建てられた建
物）の居住者の多くは高齢者であった。職員による構
造脆弱性と伝えた結果、改修費用の負担や、地震によ
る建物被害の懸念から、福祉施設に移住し、空家が増
加する結果となった。その後、空家状態が続き、建物
劣化による周辺環境へ悪影響を及ぼす状況となった（
社会環境管理）。
```

●裏面は使用しないで下さい。　●裏面に記載された解答は無効とします。　24字×25行

若干言葉足らずとなっているので、言葉を足してみましょう。
　（例：職員が高齢者に耐震診断結果（脆弱な構造であること）を伝えた結果、）

③においては、問題文にある、
・設定した期間の初期段階でのデジタル技術の利用状況
・現在のデジタル技術の利用状況とこれまでの変遷
・変遷の過程で得られた効用と副作用
の3つの小見出しタイトルを付けて、記述すると試験官が評価しやすくなります。

令和4年度記述式解答例　建設─都市及び地方計画

・添削前（3枚目／5枚目）

これはデジタル技術による変革の利点というよりは、
改修費の助成による利点になっています。

　（2）DXとしての実施している取組
①取組概要等
　取組内容は、「空家予測プログラム」の構築である。
　本システムは、市内の旧耐震基準で建てられた建物
のデータに居住者のデータをリンクさせたものである。
旧耐震建築物の居住者が高齢者の場合は、空家となる
可能性が高く、市は、高齢者の財政負担軽減を図るた
め、その建物に対して改修費の助成を行い、耐震化を
進めた。
②利点・問題点
ⅰ）利点
　高齢者の耐震改修に係る財政負担が減り（経済性管
理）、地震に対する居住者の安全性が確保できた（安全
管理）。さらに、長く居住することにより、空家の発生
を抑制し、建材飛散の防止など周辺環境の悪化を防止
した（社会環境管理）。
ⅱ）問題点
　建物データに加え、居住者のデータが本システムに
登録されるため、個人情報の量が多くなり、流出する
リスクが発生する（情報管理）。
　さらに、建物に加えて居住者のデータを管理する等
本部局の業務量が増大し、職員が疲弊しメンタルヘル
スになるリスクが発生した（安全管理）。

●裏面は使用しないで下さい。　　●裏面に記載された解答は無効とします。　　24字×25行

令和4年度記述式解答例　建設─都市及び地方計画

・添削前（4枚目／5枚目）

（3）DX推進計画
　本部局は、旧耐震の空家を増加させない取組が必要と判断し、私はその計画策定のリーダーであった。
①中核となるメンバー
　耐震化を促進するため、本部局の職員4名を登用する。全員が建築士であり、建築構造の知識が豊富である。
　さらに、空家所有者と利用希望者とを仲介する市内の不動産業者の宅建士を採用する。空家所有者と利用希望者のマッチングを図るノウハウがあり、市内の不動産流通の知識が豊富な者を採用する。
　加えて、本システムは所有者データと利用希望者データとをマッチするシステムであり、情報管理が必須となる。本市の情報デジタル部局の職員に管理を担ってもらうため情報管理に精通した中堅職員を登用する。
②計画策定スケジュール
　工程は、ⅰ）目標・基本方針の策定、ⅱ）具体策の検討、ⅲ）施策の実行体制、ⅳ）進行管理とする。
ⅰ）目標・基本方針の策定は、第1週〜第2週迄とする。市の総合計画の将来都市像を踏まえて、目標や基本的実施方針を策定する。
ⅱ）具体策の検討は、第3週〜第8週迄とする。本工程では、目標達成に向けた具体の施策を検討する。
ⅲ）施策の実行体制は、第9週〜第11週とする。各施策の担当部局の役割分担を決め、施策の実行体制を定

●裏面は使用しないで下さい。　　●裏面に記載された解答は無効とします。　　24字×25行

令和4年度記述式解答例　建設—都市及び地方計画

・添削前（5枚目／5枚目）

このことを見込んで、①中核となるメンバー選定を行うことにしたほうがより
良いです。また、ここでは実現目標を記述するところなので、関係ないことが
記述されている印象を受けてしまいます。

総監（5管理）の観点から理由を挙げるとより良いです。

```
める。
ⅳ）進行管理は、第12週～第13週とする。計画期間内
に施策の進行度を管理する体制を構築する。
③最重要工程
　最重要工程は、ⅱ）具体策の検討である。計画を実
行するためには、実行可能な施策なのか、予算上実施
できる施策なのかを検討する必要があるからである。
④実現目標・取組内容
ⅰ）実現目標
　市内の耐震化率98％、空家率を20％低減する目標と
する。耐震化は建築構造知識が必要であり、空家のマ
ッチングのノウハウも必要となる。幅広い知識が必要
となるが、2名が退職することによる事業進捗が停滞
する。克服策は、本組織に若手2名を登用し、ベテラ
ン職員によるOJTにより、技術継承を図る（人的資
源管理）。
ⅱ）取組内容
　市内の旧耐震の建物の耐震改修の費用を市が負担し、
構造強度を高め、利用者の安全を図る（安全管理）。し
かし、その一方で市の財政負担が大きくなる（安全管
理と経済性管理との相反）。
　そのため、耐震改修に係る国の補助事業を活用し、
国費の導入により市の負担軽減を図る（情報管理・活
用）。
　　　　　　　　　　　　　　　　　　　　　以上
```

● 裏面は使用しないで下さい。　● 裏面に記載された解答は無効とします。　24字×25行

問題文に沿って、「重大な障害は……。この克服策……。」と記述したほうが良いです。

内容が淡白な印象を受けます。もう少し詳述してみましょう。
費用負担だけだと総監技術士として物足りなさを感じます。

〈講評〉
　概ね、題意に沿って書かれていますが、事業内容をもう少し具体
的に絞り込んで示すと、デジタル技術×5つの管理の観点から論文
展開しやすいかと思います。

■令和4年度（2022年度）
　論文事例1（建設─都市及び地方計画）　　　　（問題は162ページ）
・添削後（1枚目／5枚目）

令和4年度　技術士第二次試験答案用紙

受験番号	○○○○○○○○○○○○	技術部門	総合技術監理　　　　　部門
問題番号		選択科目	建設－都市及び地方計画
答案使用枚数	1枚目　5枚中	専門とする事項	

○受験番号、問題番号、答案使用枚数、技術部門、選択科目及び専門とする事項の欄は必ず記入すること。
○解答欄の記入は、1マスにつき1文字とすること。（英数字及び図表を除く。）

　（1）現在までのデジタル技術の利用状況
　①事業及び組織概要・役割・立場
　　本事業は、市内建築物の耐震化を図り、安全な市街地環境を形成する事業である。本組織は、人口15万人の地方都市における市役所の建築部局である。
　　本市は地震が多く、市内4万棟の建物の内、4千棟が旧耐震基準で建てられており、耐震化は急務であった。本組織は、所有者に耐震化への意識の醸成を図り、耐震化率（新耐震基準の建物の割合）を90％から、95％に上昇させる役割を担い、私は総括責任者である。
　　さらに、本市は人口減少、高齢化が進んでおり、人口減少による税収減、空家の増加が課題となっていた。そのため、本部局は、空家対策（利活用）の業務も担うようになり、業務量が多い状況であった。
　②経営資源等
　i）経営資源：本組織は、課長（私）を含め計4名である。全員が建築士で、建物の構造知識が豊富であり、その内2名はベテラン職員であった。現在、建物データ（建物寸法・間取り・耐力壁の位置等）を入力し、耐震強度を数値化する「耐震診断プログラム」を導入し、無料で建物の耐震診断を実施している。
　ii）アウトプット：本プログラムによって建物の耐震強度を見える化し、職員の技術的見地による的確な改修方法を依頼者にアドバイスを行った。その結果、所有者の耐震化への意識が高まり、耐震改修による建物

●裏面は使用しないで下さい。　　●裏面に記載された解答は無効とします。　　24字×25行

令和4年度記述式解答例　建設―都市及び地方計画

・添削後（2枚目／5枚目）

令和4年度　技術士第二次試験答案用紙

受験番号	○○○○○○○○○○○○	技術部門	総合技術監理	部門
問題番号		選択科目	建設－都市及び地方計画	
答案使用枚数	2枚目　5枚中	専門とする事項		

○受験番号、問題番号、答案使用枚数、技術部門、選択科目及び専門とする事項の欄は必ず記入すること。
○解答欄の記入は、1マスにつき1文字とすること。（英数字及び図表を除く。）

の強度化が進み、市内の耐震化率が2％程度上昇した。
iii）業務プロセス：本部局の職員は、過去の診断結果
や職員の暗黙知を形式知に変換した情報をデータベー
ス化している。さらに、当該データを活用し構造不足
となる頻発事例や費用対効果が高い改修方法を分析す
るなど、ナレッジマネジメントを実践し的確なアドバ
イスを行えるよう日々、研鑽している（情報管理）。
③過去のデジタル技術の変遷
i）初期段階の利用状況：過去10年は、建物登記デー
タと建築確認データを集計し、市内に存する建物の耐
震化率の算定を行い、旧耐震の建物数を把握し、本事
業の緊急性を判断していた。
ii）利用状況と変遷：耐震化率が低い結果から、本事
業を街づくりの優先施策と位置付けた。その後、耐震
化率の低い地区に数多くの出前講座（各自治会に職員
が出向いて耐震化の必要性を伝える講座）を実施し、
的確なアドバイスを行い耐震化の機運を高めていった。
iii）効果と副作用：その結果、耐震化率が86％から90
％に上昇し、居住者の安全性を確保した（安全管理）。
しかし、旧耐震建物の居住者の多くは高齢者であった。
職員が高齢者に耐震診断結果や、耐震化の緊急性を説
明した結果、費用負担や、地震時の建物倒壊の懸念か
ら、福祉施設に移住し、空家が増加する結果となった。
その後、空家状態が続き、劣化による周辺環境へ悪影
響を及ぼす状況となった（社会環境管理）。

●裏面は使用しないで下さい。　●裏面に記載された解答は無効とします。　24字×25行

令和4年度記述式解答例　建設─都市及び地方計画

・添削後（3枚目／5枚目）

令和4年度　技術士第二次試験答案用紙

受験番号	○○○○○○○○○○○○	技術部門	総合技術監理	部門
問題番号		選択科目	建設－都市及び地方計画	
答案使用枚数	3 枚目　5 枚中	専門とする事項		

○受験番号、問題番号、答案使用枚数、技術部門、選択科目及び専門とする事項の欄は必ず記入すること。
○解答欄の記入は、1マスにつき1文字とすること。（英数字及び図表を除く。）

　（2）DXとしての実施している取組
①取組概要等
　取組内容は、市内の旧耐震基準の建物データに居住者のデータをリンクさせた「空家予測プログラム」である。本ソフトにより、今後空家となる可能性の高い高齢者が居住する旧耐震建築物の抽出が可能となる。
　この結果、当該建物に対して、改修費の費用助成を行うことによって、耐震強度を確保し長く居住できることが可能となる。本取組は抽出データを活用し、空家の発生抑制と耐震化を同時に促進させる変革である。
②利点・問題点
ⅰ）利点：地震時において避難に時間を要する高齢者が居住する建物を、耐震化することで居住者の安全性が確保できた（安全管理）。また、空家となった場合、管理不全な状態となるケースが多いことから、空家となる可能性の高い建物を優先的に耐震化した。その結果、構造上の不安が解消され、長く居住することにより、空家の発生を抑制し、老朽化による建材飛散の防止など周辺環境の悪化を防止した（社会環境管理）。
ⅱ）問題点：建物データに加え、居住者のデータが本システムに登録されるため、個人情報の量が多くなり、情報が流出するリスクが発生する（情報管理）。
　さらに、建物に加えて居住者のデータを管理する等本部局の業務量が増大し、職員が疲弊しメンタルヘルスになるリスクが発生する（安全管理）。

●裏面は使用しないで下さい。　●裏面に記載された解答は無効とします。　　　　　24字×25行

令和4年度記述式解答例　建設―都市及び地方計画

・添削後（4枚目／5枚目）

令和4年度　技術士第二次試験答案用紙

受験番号	○:○:○:○:○:○:○:○:○:○:○:○	技術部門	総合技術監理	部門
問題番号		選択科目	建設－都市及び地方計画	
答案使用枚数	4 枚目　5 枚中	専門とする事項		

○受験番号、問題番号、答案使用枚数、技術部門、選択科目及び専門とする事項の欄は必ず記入すること。
○解答欄の記入は、1マスにつき1文字とすること。（英数字及び図表を除く。）

（3）DX推進計画
　本組織は、旧耐震の空家を増加させない取組をより一層推進するため、空家の耐震化と利活用を同時に進める事業を推進する。
①中核となるメンバー
　全員が建築士であり、建築構造の知識が豊富な本組織の職員4名を登用する。さらに、空家所有者と利用希望者とを仲介する不動産流通の知識が豊富な宅建士利用希望者を1名登用する。加えて、本事業は所有者データと利用希望者データとをマッチするシステム構築が必要であり、情報管理が必須となる。本市のデジタル部局の情報管理に精通した中堅職員を1名登用する。
②計画策定スケジュール
　工程は、ⅰ）目標・基本方針の策定、ⅱ）具体策の検討、ⅲ）施策の実行体制、ⅳ）進行管理とする。ⅰ）は、第1週～第2週迄とし、市の総合計画の将来都市像を踏まえて、目標や基本的実施方針を策定する。ⅱ）は、第3週～第8週迄とし、目標達成に向けた具体的施策を検討する。ⅲ）は、第9週～第11週迄とし、各担当部局の役割分担を決め、施策の実行体制を定める。ⅳ）は、第12週～第13週迄とし、計画期間内に施策の進行度を管理する体制を構築する。
③最重要工程
　最重要工程は、ⅱ）具体策の検討である。本市は地震が多く、早急に耐震化を促進できる具体策を検討し、

●裏面は使用しないで下さい。　●裏面に記載された解答は無効とします。　　24字×25行

令和4年度記述式解答例　建設―都市及び地方計画

・添削後（5枚目／5枚目）

令和 4 年度　技術士第二次試験答案用紙

受験番号	○○○○○○○○○○○○	技術部門	総合技術監理	部門
問題番号		選択科目	建設－都市及び地方計画	
答案使用枚数	5 枚目　5 枚中	専門とする事項		

○受験番号、問題番号、答案使用枚数、技術部門、選択科目及び専門とする事項の欄は必ず記入すること。
○解答欄の記入は、1マスにつき1文字とすること。（英数字及び図表を除く。）

安全な市街地を形成する必要がある（安全管理）。また、本市は財源も乏しいことから、財政上の負担軽減を図った施策の実行が必要である（経済性管理）。
④実現目標・取組内容
ⅰ）実現目標：市内の建築物の耐震化率98％、空家の発生率を20％低減する目標とする。
ⅱ）取組内容：目標達成に向けては、空家となる前に利用希望者と売却希望者とデータを突合させ、市内の不動産業者へ仲介を委託し、空家の利活用を図る。
　さらに、高齢者が居住する旧耐震建築物を定期的にドローンで劣化状況を把握し、AI分析で建物強度を診断する。劣化状況が著しい順に耐震改修を行政が支援し、耐震化を進める。
　実行に当たり重大な障害は、耐震化による市街地の安全が確保できる一方で、改修費の支援やドローン・AI等施設整備費等財政負担が生じる（安全管理と経済性管理との相反）。さらに、マッチングや定期的な建物状況把握による建物の長寿命化を図る一方で、業務量の増大による職員のモチベーションの維持である（社会環境管理と人的資源管理との相反）。
　克服策は、本取組を国が支援するモデル事業に位置付け、国庫補助金を導入し経済性負担を軽減する。さらに、AIやルールエンジンを備えたソフトウエアのロボットに定型業務を代行させ（RPA）、職員の業務負担の軽減を図る。
　　　　　　　　　　　　　　　　　　　　　以上

●裏面は使用しないで下さい。　●裏面に記載された解答は無効とします。

24字×25行

■令和4年度（2022年度）

論文事例2（建設—道路）　　　　　　　　（問題は162ページ）

・添削前（1枚目／5枚目）

1．事業のデジタル技術の利用状況
①事業、概要、役割、立場
（a）事業
　市道幹線道路の建設事業
（b）概要
　道路種級は第4種第1級、計画交通量11,000台／日
車線数2車線、幅員20〜27m、延長約5km、事業期
間約10年、事業費約80億円の事業である。
（c）役割
　市内中心部に集中する交通を分散できるよう、通過
交通が市内中心部を移動しない円滑な交通の確保と地
域経済を活性化させる道路の役割を果たす。
（d）立場
　私は発注者の総括監督員として、4名の部下を統率
しながら事業全体を管理する立場である。
②事業の経営資源、アウトプット、業務プロセス
（a）経営資源
　経営資源は、長期間に渡る大型事業のため、事業の
円滑な進行を見据え、経験者採用試験をジョブ型雇用
で採用し、即戦力の経験者を複数人配置している。
（b）アウトプット
　アウトプットは、常時における安全、円滑な交通機
能と災害時における緊急輸送道路としての交通機能を
確保し、地域経済の発展を支え、活性化させる道路の
構築である。

●裏面は使用しないで下さい。　　　●裏面に記載された解答は無効とします。　　　24字×25行

人財だけの記述になっているので、設備、技術の観点から加筆してみましょう。

令和4年度記述式解答例　建設─道路

・添削前（2枚目／5枚目）

経済性管理の観点のみなので、他の管理の観点も含めてみましょう。

デジタルカメラや 2D CAD の機能や効果、課題を5つの管理の観点で
もう少し詳しく述べてみると良いです。

```
(c) 業務プロセス
　　高い技術力を持つ職員で事業を進めるため、事業の
進捗を早め、事業効果を早期に発現させることができ
る。
③事業の初期段階でのデジタル技術の利用状況
(a)デジタル技術の利用状況
　　設定期間は、事業開始の5年間とする。
　　デジタル技術の利用状況は、デジタルカメラや2DCA
Dを利用していた。これまでは、施工時に構造物の鉄
筋と埋設物が支障し干渉するなどで、手戻りが発生し
ていた。
(b)現在のデジタル技術利用状況とこれまでの変遷
　　現在は、ICT 技術を活用し、施工の自動化、自律化
で建設現場の作業効率を向上させ、時間的効率化を図
り品質の向上、工期短縮させている。この結果、熟練
の作業員や重機オペレーターでなくても効率的に作業
が可能となった。
(c)変遷の過程で得られた効果と副作用
　　効果は、ICT 技術により、少子高齢化の急速な進行
で建設業従事者が減少している中でも、生産性を向上
し、少ない労働力で成果をあげることができるように
なった。
　　他方、副作用は、利便性が向上したが、熟練作業員
や重機オペレーターの育成ができず、若年作業員への
技術継承ができていないことが不安である。
```

●裏面は使用しないで下さい。　　　●裏面に記載された解答は無効とします。　　　24字×25行

厳密にいうと、発注者というお立場なので、受注者の熟練作業員の教育訓練
の権限はないのでは？　と思います。受注者のことも含めたいのであれば、
①（b）（d）において、発注工事全体を一つのプロジェクトと捉えて記述する
と良いです。※設問2以降も踏まえると、含めたほうが良さそうですね。

令和4年度記述式解答例　建設─道路

・添削前（3枚目／5枚目）

設問1で設定したプロジェクトに関連していることがわかるように記述しましょう。
設問1のプロジェクトを離れて、一般論となっている印象を受けてしまいます。

```
２．DXとして既に実施している取組
①実施している取組
(a)概要
　AIやロボット技術を活用し、品質管理の向上や工程
管理を合理化させている。
(b)活用されるデジタル技術
　AIによる生コン打設の手順計画の作成による品質管
理向上や真夏日に重機の運転、手元作業をロボット作
業とすることで、安全に工程管理を進捗させている。
(c)ビジネスやプロセスに及ぼす影響
　少子高齢化で建設業従事者も減少している中、頻発
する豪雨等による土砂災害や洪水への対応が必要であ
る。このような状況下で、生産性を向上させる技術は
建設業界から求められており、AIやロボット技術の活
用が今後の建設業界を支えるため、影響が大きい。
②その変革でもたらされる利点と問題点
(a)社会環境管理の視点
　ICT施工で建設現場の作業効率が向上し、省エネ化、
省コスト化でCO₂排出量が減少し、地球温暖化の防止
でカーボンニュートラルを実現させることは利点であ
る。
(b)情報管理
　デジタル技術の活用で、様々なデータを取り扱うこ
とになるため、サイバー攻撃による脅威やシステムの
脆弱化、情報漏洩が問題点となる。
```

●裏面は使用しないで下さい。　　●裏面に記載された解答は無効とします。　　24字×25行

183

令和4年度記述式解答例　建設─道路

・添削前（4枚目／5枚目）

```
３．ＤＸ推進計画の策定について
①タスクフォースのメンバーの出身母体等について
　　計画策定するメンバーは私を含めて５名とする。
　　メンバーの出身母体等は下記の通り。
１人目：市の情報政策課に所属し、市内部の情報セキ
ュリティを担当し、パソコンに詳しく経験が豊富。
２人目：市の政策企画課に所属し、市内部の様々な計
画の取りまとめを担当し、コミュニケーション能力が
高く、経験が豊富。
３人目：市の危機管理課に所属し、市内部の災害対応
を担当し、危機管理意識が高く、経験が豊富。
４人目：国のＤＸ推進担当課に所属し、他の自治体の計
画策定に尽力し、高いノウハウを持ち、経験が豊富。
　　なお、４人目は国の職員で外部からの参加である。
②計画策定に向けたスケジュール
　　計画策定のスケジュールは、現状把握→素案作成→
　　勉強会実施→計画（案）作成→パブリックコメント
実施→計画策定とする。
（ａ）現状把握（第１～２週）
　　事業において、ＤＸを推進するための問題点をすべて
洗いだし、課題等を浮き彫りにする。
（ｂ）素案作成（第３～４週）
　　国や県等の先行事例を参考とし、計画素案を作成す
る。その際、事業規模等が同レベルなものを参考とす
ることに留意する。
```

●裏面は使用しないで下さい。　　　●裏面に記載された解答は無効とします。　　　24字×25行

令和4年度記述式解答例　建設─道路

・添削前（5枚目／5枚目）

安全管理上の障害を安全管理単独で克服することになっていて、総監の視点が
抜けています。安全管理以外の管理も活用した克服策を提示しましょう。

取組内容も抽象的で、試験官からすると、何をするのかが見えてきません。
具体的に記述してみましょう。

試験官がイメージしやすいように、システムの内容を具体的に記述しましょう。

（c）勉強会実施、計画（案）作成（第5〜9週）
　　他の自治体の先行事例の計画のみを参考にするだけ
でなく、実際に訪れ事業を経験し、担当者と意見交換
する等で、実現可能性を踏まえて計画作成する。
（d）パブリックコメントの実施（第10〜12週）
　　利害関係者の市民の意見も踏まえ、計画を作成する。
（e）計画策定（第13週）
　　全ての手続きを完了させ、市のホームページで公表
する。
③現実的で実現可能な最も重要と考える工程
　　最も重要だと考える工程は、勉強会の実施である。
　　理由は、他の自治体の取組を見学することで、DX推
進に向けた長期的目標を定めた教育訓練計画の実施や
ジョブローテーションに備えた労務管理、配置転換、
キャリア開発支援等の人的資源開発となるからである。
④現実目標及び取組内容
　　実現目標は、誰もが自由に使いこなせるようシステ
ムの標準化を推進することである。
　　その取組内容は、手順計画を明確化し時間的効率化
を図り進捗管理し、信頼性の高い情報システムの構築
と職場環境の整備である。
　　それらを実行するに当たり最も重大な障害は過重労
働である。その克服策は、業務ローテーションを作成
し、長時間労働や過労死を防止する労働安全計画を作
成することである。　　　　　　　　　　　　以上

● 裏面は使用しないで下さい。　● 裏面に記載された解答は無効とします。　24字×25行

〈講評〉

　　全体的に題意に沿って書かれていると思います。さらにより良い論文と
するために、といった視点で見ますと、全体的に抽象的な記述が多く、試
験官からすると、「プロジェクトで具体的に何をするのかがわかりにくい。
総監の理解度が評価できにくい。」という印象を受けてしまうと思います。
　　また、副作用、問題点、支障において、管理間のトレードオフを1、2つ
抽出できると、総監理解度をアピールできて高評価につながると思います。

■令和4年度（2022年度）
論文事例2（建設—道路）　　　　　　（問題は162ページ）
・添削後（1枚目／5枚目）

令和4年度　技術士第二次試験答案用紙

受験番号	○○○○○○○○○○○○	技術部門	総合技術監理	部門
問題番号		選択科目	建設—道路	
答案使用枚数	1枚目　5枚中	専門とする事項		

○受験番号、問題番号、答案使用枚数、技術部門、選択科目及び専門とする事項の欄は必ず記入すること。
○解答欄の記入は、1マスにつき1文字とすること。（英数字及び図表を除く。）

1．事業のデジタル技術の利用状況
①事業、概要、役割、立場
（a）事業
　　市道幹線道路の建設事業
（b）概要
　　道路種級は第4種第1級、計画交通量11,000台／日
　車線数2車線、幅員20〜27m、延長約5km、事業期
間約10年、事業費約80億円の事業である。
（c）役割
　　市内中心部に集中する交通を分散できるよう、通過
交通が市内中心部を移動しない円滑な交通の確保と地
域経済を活性化させる道路の役割を果たす。
（d）立場
　　私は発注者の総括監督員として、4名の部下を統率
し事業全体を管理し、プロジェクトの進捗を早められ
るよう受発注者一体となり計画する立場である。
②事業の経営資源、アウトプット、業務プロセス
（a）経営資源
　　経営資源は、長期間に渡る大型事業のため、事業の
円滑な進行を見据え、ジョブ型雇用で即戦力経験者の
採用や予算の重点配分、施工事例等の技術ノウハウの
活用、パソコン等の最新機種導入で効率化を図る。
（b）アウトプット
　　アウトプットは、常時における安全、円滑な交通機
能と災害時における緊急輸送道路としての交通機能を

●裏面は使用しないで下さい。　●裏面に記載された解答は無効とします。　　　24字×25行

令和４年度記述式解答例　建設─道路

・添削後（２枚目／５枚目）

令和４年度　技術士第二次試験答案用紙

受験番号	○○○○○○○○○○○	技術部門	総合技術監理	部門
問題番号		選択科目	建設－道路	
答案使用枚数	２枚目　５枚中	専門とする事項		

○受験番号、問題番号、答案使用枚数、技術部門、選択科目及び専門とする事項の欄は必ず記入すること。
○解答欄の記入は、１マスにつき１文字とすること。（英数字及び図表を除く。）

　確保し、地域経済の発展を支え、活性化させる道路の構築である。
（ｃ）業務プロセス
　高い技術力を持つ職員で事業を進めるため、事業進捗を早め、事業効果を早期に発現させることができる。
③事業の初期段階でのデジタル技術の利用状況
（ａ）デジタル技術の利用状況
　設定期間は、事業開始の５年間とする。
　デジタル技術の利用状況は、デジタルカメラや2DCADを利用していた。現場の撮影写真の可視化による不確実性の排除や図面情報の共有化で形式知化した。
（ｂ）現在のデジタル技術利用状況とこれまでの変遷
　現在は、ICT技術を活用し、施工の自動化、自律化で建設現場の作業効率を向上させ、時間的効率化を図り品質の向上、工期短縮させている。また、生産性向上により長時間労働の削減や過労死の防止、OJTやOFF-JTを組み合わせた経験学習を実施している。
（ｃ）変遷の過程で得られた効果と副作用
　効果は、ICT技術により、少子高齢化の急速な進行で建設業従事者が減少中でも、生産性を向上し、少ない労働力で成果をあげることができるようになった。
　他方、副作用は、利便性が向上したが、ICT技術に対応した人材が不足しており、生産の4Mの人材育成が急務である。また、特定職員へ業務が集中するため、職員の健康と労働時間がトレードオフとなる。

●裏面は使用しないで下さい。　●裏面に記載された解答は無効とします。　　24字×25行

令和4年度記述式解答例　建設—道路

・添削後（3枚目／5枚目）

令和4年度　技術士第二次試験答案用紙

受験番号	○○○○○○○○○○○○		技術部門	総合技術監理	部門
問題番号			選択科目	建設－道路	
答案使用枚数	3枚目　5枚中		専門とする事項		

○受験番号、問題番号、答案使用枚数、技術部門、選択科目及び専門とする事項の欄は必ず記入すること。
○解答欄の記入は、1マスにつき1文字とすること。（英数字及び図表を除く。）

2．DXとして既に実施している取組
①実施している取組
（a）概要
　AIやロボット技術を活用し、品質管理の向上や工程管理を合理化させている。
（b）活用されるデジタル技術
　AIによる生コン打設の手順計画の作成による品質管理向上や真夏日に重機の運転、手元作業をロボット作業とすることで、安全に工程管理を進捗させている。
（c）ビジネスやプロセスに及ぼす影響
　長期間に渡る事業のため、職員の健康確保やメンタルヘルスへの対応、業務の合理化等が必要である。
　したがって、生産性を向上させる技術は建設業界から求められており、AIやロボット技術の活用が今後の建設業界を支えるため、影響が大きい。
②その変革でもたらされる利点と問題点
（a）社会環境管理の視点
　ICT施工で建設現場の作業効率が向上し、省エネ化、省コスト化でCO_2排出量が減少し、地球温暖化の防止でカーボンニュートラルの実現が利点である。
（b）情報管理の視点
　デジタル技術の活用で、様々なデータを取り扱うことになるため、サイバー攻撃による脅威やシステムの脆弱化、情報漏洩が発生する等、情報システム構築と費用負担のトレードオフが問題点である。

●裏面は使用しないで下さい。　●裏面に記載された解答は無効とします。　　　　24字×25行

令和4年度記述式解答例　建設─道路

・添削後（4枚目／5枚目）

令和4年度　技術士第二次試験答案用紙

受験番号	○○○○○○○○○○○○	技術部門	総合技術監理	部門
問題番号		選択科目	建設－道路	
答案使用枚数	4枚目　5枚中	専門とする事項		

○受験番号、問題番号、答案使用枚数、技術部門、選択科目及び専門とする事項の欄は必ず記入すること。
○解答欄の記入は、1マスにつき1文字とすること。（英数字及び図表を除く。）

３．DX推進計画の策定について
① タスクフォースのメンバーの出身母体等について
　　計画策定するメンバーは私を含めて5名とする。
　　メンバーの出身母体等は下記の通り。
1人目：市の情報政策課に所属し、市内部の情報セキ
ュリティを担当し、パソコンに詳しく経験が豊富。
2人目：市の政策企画課に所属し、市内部の様々な計
画の取りまとめを担当し、コミュニケーション能力が
高く、経験が豊富。
3人目：市の危機管理課に所属し、市内部の災害対応
を担当し、危機管理意識が高く、経験が豊富。
4人目：国のDX推進担当課に所属し、他の自治体の計
画策定に尽力し、高いノウハウを持ち、経験が豊富。
　　なお、4人目は国の職員で外部からの参加である。
② 計画策定に向けたスケジュール
　　計画策定のスケジュールは、現状把握→素案作成→
　　勉強会実施→計画（案）作成→パブリックコメント
実施→計画策定とする。
（a）現状把握（第1～2週）
　　事業において、DXを推進するための問題点をすべて
洗いだし、課題等を浮き彫りにする。
（b）素案作成（第3～4週）
　　国や県等の先行事例を参考とし、計画素案を作成す
る。その際、事業規模等が同レベルなものを参考とす
ることに留意する。

●裏面は使用しないで下さい。　●裏面に記載された解答は無効とします。　　24字×25行

令和4年度記述式解答例　建設—道路

・添削後（5枚目／5枚目）

令和4年度　技術士第二次試験答案用紙

受験番号	○○○○○○○○○○○○	技術部門	総合技術監理	部門
問題番号		選択科目	建設—道路	
答案使用枚数	5 枚目　5 枚中	専門とする事項		

○受験番号、問題番号、答案使用枚数、技術部門、選択科目及び専門とする事項の欄は必ず記入すること。
○解答欄の記入は、1マスにつき1文字とすること。（英数字及び図表を除く。）

（c）勉強会実施、計画（案）作成（第5～9週）
　他の自治体の先行事例の計画のみを参考にするだけでなく、実際に訪れ事業を経験し、担当者と意見交換する等で、実現可能性を踏まえて計画作成する。
（d）パブリックコメントの実施（第10～12週）
　利害関係者の市民の意見も踏まえ、計画を作成する。
（e）計画策定（第13週）
　全ての手続きを完了させ、市のHPで公表する。
③現実的で実現可能な最も重要と考える工程
　最も重要だと考える工程は、勉強会の実施である。
　理由は、他の自治体の取組を見学することで、DX推進に向けた長期的目標を定めた教育訓練計画の実施やジョブローテーションに備えた労務管理、配置転換、キャリア開発支援等の人的資源開発となるからである。
④現実目標及び取組内容
　実現目標は、工事情報、図面等のシステムの標準化やIT環境構築、IT人材の教育を推進することである。
　その取組内容は、テレワーク環境を整備し時間的効率化を図ることや外部人材を確保する財政措置、IT人材を育成する組織体制の整備である。
　それらを実行するに当たり最も重大な障害は過重労働や労務管理である。その克服策は、業務ローテーションを作成し、長時間労働や過労死を防止する労働安全計画の作成や多様な人材の配置、労働時間の弾力化等働きやすい職場環境の整備である。　　　　以上

●裏面は使用しないで下さい。　●裏面に記載された解答は無効とします。　　　　24字×25行

■令和4年度（2022年度）
　論文事例3（機械─機械設計）　　　　　　（問題は162ページ）

・添削前（1枚目／5枚目）

組織の役割も記述しましょう。

事業の外部環境を丁寧に書かれていて良いですが、組織の概要が記述されていないので、これを加筆しつつ、全体の文量のバランスを整えると良いです。

（1）事業の内容とデジタル技術の利用状況
①-1　事業の概要
　家庭用エアコン生産事業とする。年間880万台生産し、競合他社とシェア競争を展開している。設計、製造、調達、サービス部門が在籍し、シェア拡大のために業務遂行している。一方、国際エネルギー機関によると2050年までにエアコンの世界生産台数は、現在の3倍になると推計している。これは、地球温暖化影響による高温化に伴う冷房需要増加や途上国の経済成長のためである。他方、総務省によると直近20年で製造業の就業者数は約11％減少している。自社においても人材が減少しつつある。これらを踏まえて、旺盛なエアコン需要に省人化で対応するため、顧客ニーズを捉えた商品開発が必要な状況にある。
①-2　役割
　事業を通じて、冷暖房運転による室内環境快適性向上を付与する。
①-3　私の立場
　DXを推進する設計部門の監理責任者である。また、他部門との調整業務も担っている。
②-1　経営資源
　設計人材、関連部門の人材、搭載するデジタル技術である。
②-2　アウトプット
　エアコン機器である。

●裏面は使用しないで下さい。　　●裏面に記載された解答は無効とします。　　24字×25行

淡白な印象を受けます。問題文を踏まえもう少し肉付けすると良いです。
経営資源においては設備の内容も追記すると良いです。

他部門とはどんな部門なのか具体的に示すと良いです。
以降の設問とうまく連携して示せるとより良いです。

令和4年度記述式解答例　機械―機械設計

・添削前（2枚目／5枚目）

②-3　業務プロセス
　顧客ニーズを設計仕様化して、顧客に提供している。設計部門では、製造性や調達性、サービス性を関連部門とすり合わせしている。
③過去のデジタル技術利用の変遷
1)初期段階でのデジタル技術の利用状況
　顧客ニーズを的確に獲得するために、顧客の運転データを収得する必要がある。このため、エアコンに無線通信技術であるWi-Fiを搭載した。Wi-Fiにより、顧客宅のエアコンの運転データが自社サーバーと通信できる。
2)現在のデジタル技術の利用状況とこれまでの変遷
　データが自社サーバーに蓄積され、蓄積データを設計者がデータ解析している。解析結果より、設計者は顧客ニーズの仮説立案した上、設計仕様を決定している。一方、自社は、年間880万台生産しているため、膨大なデータが自社サーバーに蓄積され続けている。
　設計人材の解析量を上回るデータ蓄積量のため、解析が追い付いていない状況にある。
3)効用と副作用
　効用は、Wi-Fi非搭載時に比べ、顧客ニーズを捉えた設計ができたことである（経済性管理）。副作用は、蓄積データが膨大なため、解析する設計者への負担が増加して、長時間労働が慢性化し、労働災害のリスクが高まったことである（安全管理）。

●裏面は使用しないで下さい。　　●裏面に記載された解答は無効とします。　　24字×25行

令和4年度記述式解答例　機械─機械設計

・添削前（3枚目／5枚目）

経済性管理（品質、コスト、工期）の利点もあるかと思います。

> 　（2）直近に始まる予定のDX取組
> ①-1　取組と概要
> 　膨大なデータの解析を設計者からAIに移行する。解析量およびスピードが向上するため、データからAIが法則性を見出し、潜在的な顧客ニーズの提案ができる。
> ①-2　活用されるデジタル技術
> 　Wi-FiデータをAIが機械学習する。学習結果から、顧客ニーズ提案を実行させる。
> ①-3　ビジネスに及ぼす変革の内容
> 　自社で年間に生産する880万台のデータをAIがデータ解析するため、省人化かつ大幅な業務効率化が実現できる。厚労省によると2040年には労働人口が約20％低減すると試算している。このため、AI活用推進により減少する労働力をカバーすることができる。
> ②-1　利点
> 　人の負担を減らす（人的資源管理）ことができ、長時間労働を抑制につながるので、労働災害のリスクが低減する（安全管理）。
> ②-2　問題点
> 　AIが提示する顧客ニーズがブラックボックス的となることである（情報管理）。ニーズの適格性を人が判断できず、商品仕様決定が遅れる。これより、販売機会を逸し、競合他社にシェアを奪われるリスクが高まる（経済性管理）。

●裏面は使用しないで下さい。　　●裏面に記載された解答は無効とします。　　24字×25行

ここを読むと、「とりあえずAIを導入してみたら、こういう問題点が生じてしまいました」という若干場当たりな取組という印象を受けてしまいます。①-1、①-2でもう少しこれらの問題点を抑制したものとし、それでも生じてしまう問題点をここで挙げると良いと思います。

令和4年度記述式解答例　機械―機械設計

・添削前（4枚目／5枚目）

単にITスキルを学ばせる、というよりも、実務経験を積みながら、ITスキルも向上させるとしたほう（OFF-JT、OJTも含めたほう）がタスクフォースで行う意義が高まって、より良いかと思います。

（3）DX推進計画とタスクフォース
①-1　中核メンバーの出身母体
自社で育成するIT人材とする。不足するIT人材を補
うため、自社内にIT大学を開設し、新卒者を中心に2
年間ITスキルを学ばせる。
①-2　スキルと経験
情報通信技術のスキルが必要であり、プログラミン
グや数学の知識が必要である。
②-1　計画策定に必要な工程、時期と期間
ブラックボックスの見える化ならびに将来のエアコ
ン需要増や地球温暖化影響を踏まえた顧客ニーズに対
応した商品設計を行う。まず現状把握工程を第1～2
週で行う。ついで生産性向上のために必要な問題点抽
出工程を第3～4週で行う。そして対応・予算・懸念
事項検討工程を第5～10週で行う。最後に全体計画立
案工程を第11～13週で行う。
②-2　各工程の説明
現状把握では、AIによる現在のWi-Fiデータの活用
状況の把握を行う。問題点抽出工程では、現状把握か
らブラックボックス等の問題点を抽出する。対応・予
算・懸念事項検討工程では、問題点を解消するための
費用対効果（経済性管理）の検討を行う。また新技術
導入や部品追加による電力増加に伴うCO_2発生量増加
への懸念事項を検討する（社会環境管理）。全体計画立
案工程では、第13週経過後の5か年計画を立案する。

●裏面は使用しないで下さい。　　●裏面に記載された解答は無効とします。　　24字×25行

この部分を④-1、④-2に含め、ここでは実現目標・取組内容を具体的に示す形にするとより良いと思います。

令和4年度記述式解答例　機械─機械設計

・添削前（5枚目／5枚目）

外注化だけだと、総監技術士ではなくても提案・実践できそうな克服策といった印象を受けます。
例えば、外注化も含めた上での障害→克服策を、実務経験も踏まえて考えてみると良いかと思います。

自社利益の増大に加えて、技術士法第1条に関連した目標（5つの管理の観点
から）も挙げると良いです。※②-2には社会環境管理の視点が書かれている
ので、この点等も反映させると良いです。

③最重要工程と理由
　対応・予算・懸念事項検討工程である。その理由は、
問題点を解消するための新技術導入や予算等を抽出し、
5か年の実行計画につながる工程だからである。
④-1　実現目標
　競合他社にシェアで優位に立つことであり、自社利
益の増大である。
④-2　取組内容
　まず、ブラックボックスを解明するためにプログラ
ミング技術を活用し、AIシステム内部の演算式を見え
る化するためのシステムを構築する。解明できた後、
エアコンに6Gやセンシング技術を搭載する。6Gは現在
多用されている4Gの100倍の通信量である。よって、
現状よりも精緻化したデータ獲得が実現できる。これ
より、顧客の在・不在情報や位置情報等までもデータ
取得が可能となる。
④-3　最も重大な障害
　自社サーバーに蓄積する顧客の個人情報を守るため
の情報セキュリティへの対応が障害となる。コストを
かけてセキュリティ強化しないと個人情報が流出する
（経済性管理と情報管理のトレードオフ）。
④-4　克服策
　自社サーバーだとセキュリティの維持管理にコスト
がかかり、人員負荷もかかる。よって、個人情報デー
タをクラウドサーバーに移行して外注化を図る。以上

●裏面は使用しないで下さい。　　●裏面に記載された解答は無効とします。　　24字×25行

〈講評〉
　全体的に題意に沿って良く書けていると思います。（2）②の問題点や、（3）④
の障害・克服策については、総監技術士だからこそ抽出できる問題点、障害、総
監技術士だからこそ提案できる克服策といった観点で再考してみると良いです。
　　（3）において、1）タスクフォース中核メンバーの出身母体、スキル、経験等
2）タスクフォースの大まかなスケジュール（工程と時期・期間、各工程の説明）
3）最重要と考える工程
4）実現目標、取組内容、最重大障害と克服策
といった小問があるわけですが、これを、1）→2）→3）→4）の順で論文構成を考えると、
難しくなってしまうと思います。
　例えば、4）目標・内容→2）→3）→1）→4）障害・克服策　の順で考えてみると、展開
しやすいかと思います。

■令和４年度（2022年度）
論文事例３（機械―機械設計）　　　　　（問題は162ページ）
・添削後（1枚目／5枚目）

令和４年度　技術士第二次試験答案用紙

受験番号	○○○○○○○○○○○	技術部門	総合技術監理	部門
問題番号		選択科目	機械－機械設計	
答案使用枚数	1 枚目　5 枚中	専門とする事項		

○受験番号、問題番号、答案使用枚数、技術部門、選択科目及び専門とする事項の欄は必ず記入すること。
○解答欄の記入は、1マスにつき1文字とすること。（英数字及び図表を除く。）

（1）事業の内容とデジタル技術の利用状況
①－1　事業の概要
　家庭用エアコン生産事業とする。国内外向けに年間880万台生産し、競合他社とシェア競争を展開している。開発を担う設計部門では、顧客ニーズを踏まえた商品企画立案および3DCADや3Dプリンタを用いたデジタル技術を活用した設計業務を行っている。一方、総務省は直近20年で製造業の就業者数が約11％減少したと報告している。自社においても人材減少が進行しているため、生産性向上が必要な状況にある。
①－2　役割
　事業を通じて、冷暖房運転による室内環境快適性向上を付与する。設計部門においては、顧客ニーズを踏まえた省エネ設計や各国のニーズに対応した製品開発の役割を担っている。
①－3　私の立場
　生産性向上を遂行するためにDXを推進する設計部門の監理責任者である。
②－1　経営資源
　設計および関連部門の人材、試験設備や生産設備、3DCAD・3Dプリンタ等のデジタル技術である。
②－2　アウトプット
　エアコンおよび据付や修理等のサービス提供である。
②－3　業務プロセス
　エアコン商品化にあたり設計人材が中心となり、関

●裏面は使用しないで下さい。　●裏面に記載された解答は無効とします。　　　24字×25行

令和4年度記述式解答例　機械—機械設計

・添削後（2枚目／5枚目）

令和4年度　技術士第二次試験答案用紙

受験番号	○○○○○○○○○○○○	技術部門	総合技術監理	部門
問題番号		選択科目	機械－機械設計	
答案使用枚数	2枚目　5枚中	専門とする事項		

○受験番号、問題番号、答案使用枚数、技術部門、選択科目及び専門とする事項の欄は必ず記入すること。
○解答欄の記入は、1マスにつき1文字とすること。（英数字及び図表を除く。）

連部門と製造性、調達性、サービス性等について設計
仕様の整合性を調整している。設計段階においては、
3DCAD・3Dプリンタで試作した製品の試験評価を試験
設備で行い、商品仕様を決定している。
③ 過去のデジタル技術利用の変遷
1) 初期段階でのデジタル技術の利用状況
　エアコン拡販のために顧客ニーズを的確に把握する
必要がある。把握には顧客の運転データの獲得が有効
である。運転データ獲得のために自社エアコンに無線
通信技術であるWi-Fiを搭載した。これより、顧客宅
のエアコンの運転データが自社サーバーと通信できる。
2) 現在のデジタル技術の利用状況とこれまでの変遷
　データが自社サーバーに蓄積され、蓄積データを設
計者がデータ解析している。解析結果より、設計者は
顧客ニーズの仮説立案した上、設計仕様を決定してい
る。一方、自社は、年間880万台生産しているため、
膨大なデータが自社サーバーに蓄積され続けている。
　設計人材の解析量を上回るデータ蓄積量のため、解
析が追い付いていない状況にある。
3) 効用と副作用
　効用は、Wi-Fi非搭載時に比べ、顧客ニーズを捉え
た設計ができ、競合よりも拡販できたことである（経
済性管理）。副作用は、蓄積データが膨大なため、解析
する設計者への負担が増加して、労働災害のリスクが
高まったことである（安全管理）。

●裏面は使用しないで下さい。　●裏面に記載された解答は無効とします。　24字×25行

令和4年度記述式解答例　機械―機械設計

・添削後（3枚目／5枚目）

令和4年度　技術士第二次試験答案用紙

受験番号	○○○○○○○○○○○	技術部門	総合技術監理　　　　部門
問題番号		選択科目	機械－機械設計
答案使用枚数	3 枚目　5 枚中	専門とする事項	

○受験番号、問題番号、答案使用枚数、技術部門、選択科目及び専門とする事項の欄は必ず記入すること。
○解答欄の記入は、1マスにつき1文字とすること。（英数字及び図表を除く。）

（2）直近に始まる予定のDX取組

①-1　取組と概要

　データの解析を設計者からAIに移行する。膨大なデータからAIが法則性を見出し、潜在ニーズを提案する。潜在ニーズをもとに設計者が商品仕様を立案し、設計仕様を取り決める。

①-2　活用されるデジタル技術

　Wi-FiデータをAIが機械学習する。学習結果から、顧客ニーズ提案を実行させる。

①-3　ビジネスに及ぼす変革の内容

　国内外で年間に生産する880万台のデータをAIがデータ解析するため、省人化かつ大幅な業務効率化が実現できる。厚労省による2040年には労働人口が約20％低減すると試算している。このため、AI活用推進により減少する労働力をカバーすることができる。

②-1　利点

　AI化でデータの解析品質や人件費低減、商品企画立案までの日数を低減できる（経済性管理）。また、人の負担を減らす（人的資源管理）ことができ、長時間労働による労働災害のリスクを低減できる（安全管理）。

②-2　問題点

　将来的な労働人口減少も相まって、競合他社との間でAI利用を推進するIT人材の取り合いが懸念できる（経済性管理）。このため、自社内でIT人材の育成が必要となる（人的資源管理）。

●裏面は使用しないで下さい。　●裏面に記載された解答は無効とします。　　　　24字×25行

令和4年度記述式解答例　機械―機械設計

・添削後（4枚目／5枚目）

令和4年度　技術士第二次試験答案用紙

受験番号	○○○○○○○○○○○○	技術部門	総合技術監理	部門
問題番号		選択科目	機械－機械設計	
答案使用枚数	4枚目　5枚中	専門とする事項		

○受験番号、問題番号、答案使用枚数、技術部門、選択科目及び専門とする事項の欄は必ず記入すること。
○解答欄の記入は、1マスにつき1文字とすること。（英数字及び図表を除く。）

（3）DX推進計画とタスクフォース

① 中核メンバーの出身母体、スキル、経験

　エアコン設計者の中でWi-Fiデータを活用する運転制御に関わる若手～ベテランメンバーを選定する。幅広い年代を選定することでベテランの知見継承とともに若手育成を図る。また、ITスキルのあるメンバーがDX推進することで、将来的にその他設計者への技術継承につなげる。

② 計画策定に必要な工程、時期と期間、工程説明

　AIによる潜在的な顧客ニーズ提案からAI自らがエアコン運転制御設計や構造設計を行い、生産性向上につなげる業務プロセス変革を5か年計画の目標とする。AIによる設計自動化の目標を実現するために本タスクフォースでは、AI自動設計の実現性の検討を行う。実現性検討のために過去データを有効活用する。具体的には、Wi-Fi蓄積データや過去設計したエアコンの構造および運転制御をAIに学習させ、AI自らが新しい構造設計や制御設計を行えるか否かを把握する。このためにまず、使用する過去データや過去設計機種の選定に第1～4週を費やす（工程1）。次いで、第5～10週で機械学習させたAIの学習結果から3DCAD図面や運転制御設計を構築するシステム化検討を行う（工程2）。最後に構築したシステムで11～13週にAIによる自動設計のシミュレーションを行うとともに得られた結果より、5か年計画の立案準備を行う（工程3）。

●裏面は使用しないで下さい。　●裏面に記載された解答は無効とします。　　　24字×25行

令和4年度記述式解答例　機械―機械設計

・添削後（5枚目／5枚目）

令和 4 年度　技術士第二次試験答案用紙

受験番号	○○○○○○○○○○○○	技術部門	総合技術監理	部門
問題番号		選択科目	機械ー機械設計	
答案使用枚数	5 枚目　5 枚中	専門とする事項		

○受験番号、問題番号、答案使用枚数、技術部門、選択科目及び専門とする事項の欄は必ず記入すること。
○解答欄の記入は、1マスにつき1文字とすること。（英数字及び図表を除く。）

③ 最重要工程と理由
　工程2を最重要工程と考える。その理由は、自動設計のためのシステム化が構築できないと省人化が図れず、業務プロセスの変革が実現できないためである。
④-1　実現目標と取組内容
　実現目標は、生産性向上による業務プロセス変革である。従来、人が行っていた顧客ニーズを踏まえた設計をAIが代替し、設計の自動化を図る。膨大な過去データを利活用できることでニーズを捉えた設計仕様が確定する。これより、設計効率向上（経済性管理）とともに省エネ性向上（社会環境管理）が期待できる。
④-2　最も重大な障害と克服策
　AIを多用した設計を行うと省人化につながるため、長時間労働抑制が期待できる一方、設計者の設計力低下が懸念できる（人的資源管理と経済性管理のトレードオフ）。設計力低下に伴い、AIが提示する設計情報を設計者が過信するため、提示理由を検証しなくなる（情報管理）。これより、仮に製品不具合が発生した際に顧客への説明が不十分となり、顧客の信用を失うリスクが高まる。これらの問題を克服するために、DX推進計画策定のタスクフォースメンバーが中心となり、AIの設計理由を見える化するシステムを構築させる（経済性管理）。構築には、プログラミングや数学に精通した多数のIT人材が必要となるため、計画的に人材育成を図る（人的資源管理）。　　　　　　　　　以上

●裏面は使用しないで下さい。　●裏面に記載された解答は無効とします。　24 字 ×25 行

■令和4年度（2022年度）

論文事例4（電気電子―電気応用）　　　（問題は162ページ）

・添削前（1枚目／5枚目）

組織の概要を追記しましょう。②・人財で記述している文をこちらに移す
と良いです。

---

　(1)事業や組織の概要及び役割と立場
　　過去から現在までのデジタル技術の利用状況
①事業や組織の概要及び役割：
　ガスエンジンを使用し圧縮機を駆動する業務用空調
機である○○○○○○○エアコン（以下、△△）の企
画、開発設計、製造、販売及び、アフターサービスを
行う事業。電気式空調機に対し、電力消費は10分の1
であるため、ピークカットによる電力平準化を実現し、
エネルギーセキュリティの確保ができ、公益に貢献す
る。加えて、監視サーバを利用したIoTシステム及び、
省エネ・メンテナンス等のサービスを提供している。
私は、△△の機能・性能要求を実現する電装ハードウ
ェア開発設計の統括責任者の立場を担っている。
②事業や組織における経営資源：
・人財：△△事業は、企画、開発設計、生産技術、製
造、販売及び、アフターサービスの事業に直接関係す
る機能部門と、シミュレーション技術等の専門機能や
サーバ管理、労務管理等を行うサポート部門の大きく
2つの部門からなるマトリックス組織の形態を取って
いる。上記の直接関係する機能部門は、約700名、サ
ポート部門は約70名の人員構成となっている。
・設備：開発設計に必要なデータサーバ及び、CAD端
末等のデジタル機器類及び、△△の信頼性評価を実施
する環境試験室等の評価設備及び、△△の製造に必要
な一連の生産設備を保有している。

●裏面は使用しないで下さい。　●裏面に記載された解答は無効とします。　24字×25行

人財というよりは、組織の概要が書かれているので、これは①に移して、
人員の特性等を記述しましょう。

令和4年度記述式解答例 電気電子—電気応用

・添削前（2枚目／5枚目）

経済性管理（品質管理）のみの視点となっているので、他の管理の視点でも加筆してみましょう。

> ・技術：△△のガスエンジン技術や空調機能の冷媒制御技術及び、その機能を実現する電装システムに関わる技術や、電気雑音を抑制する技術やシミュレーション技術を有する。その技術を活用し、高効率、高品質、省エネを実現する△△及び、メンテナンスや省エネサービスを行う為のIoT機器がアウトプットとなる。
> ・業務プロセス：△△はガスインフラ事業者を介し販売しており、ガスインフラ事業者の要求から商品企画し、その要求機能・性能から開発設計仕様に落とし込み、評価、検証し、信頼性を確保した図面を後工程の生産側へ提供。図面に基づいて△△を製造・出荷。
> ③事業や組織における過去のデジタル技術の変遷：
> ・初期段階でのデジタル技術の利用（15年程前）：
> 　デジタル技術の利用は、開発設計資料等のデータ化及び、図面は2Dに留まり、シミュレーションの活用範囲も限定的で、精度も低い状態だった。
> ・現在のデジタル技術の利用状況と変遷：
> 　構造・形状に関わる設計データは、CAD及びシミュレーション端末等の高性能化に伴い、3D化が進み、シミュレーションの適用範囲も拡大し、精度も向上。
> ・変遷の過程で得られた効用と副作用：
> ・効用：開発期間の短期化や試作回数の低減等。
> ・副作用：CAD、シミュレーション等のデジタル技術のブラックボックス化に伴い、成長機会の喪失により、技術伝承が停滞する。

●裏面は使用しないで下さい。　●裏面に記載された解答は無効とします。　　24字×25行

若干淡白すぎる印象を受けます。②をもう少しコンパクトな文章量として、効用と副作用を5管理の視点でもう少し詳述してみましょう。

令和4年度記述式解答例　電気電子—電気応用

・添削前（3枚目／5枚目）

個別技術の内容に終始しているので、5つの管理の視点でどのような変革が
あったのかを記述しましょう。

> （2）デジタル技術を活用した変革：
> ①DXの取組：
> ・取組概要：
> 　開発設計から評価、検証及び、生産工程設計に至る
> 一連のプロセスをデジタル空間上で実施。
> ・活用されるデジタル技術：
> 　△△を構成する部品の構造、形状及び、機能動作を
> デジタル空間上へ再現させるデジタルツイン技術。
> ・ビジネスやプロセスに及ぼす変革：
> 　デジタル空間で開発及び生産工程の設計までをデジ
> タル空間で実現可能となり、コンカレントエンジニア
> リングがデジタル空間上で実行可能となるため、トラ
> イアンドエラーのサイクルを高速で実施が容易となる。
> ②変革によってもたらされる利点と問題点：
> ・利点：大幅な開発設計期間の短縮と、試作レス化に
> 伴う開発投資の抑制と省人化が見込める（経済性管理）。
> デジタル空間上で意思決定の為の情報が完結（情報管
> 理）。不安全状態を内包する試作品の実評価が不要とな
> るため、担当者の安全リスク低減可能（安全性管理）。
> 試作時に発生するCO_2削減が可能（社会環境管理）。
> ・問題点：デジタル技術のシステム構築に必要な設備
> 投資、維持・更新費用が嵩み、人材確保も必須（経済
> 性管理・人的資源管理）。デジタル技術がブラックボッ
> クス化し、技術伝承が停滞（人的資源管理）。また、情
> 報セキュリティ強化は必須となる（情報管理）。

●裏面は使用しないで下さい。　　●裏面に記載された解答は無効とします。　　24字×25行

問題点という観点で記述しましょう。

人材確保は経済性管理となりますので、注意しましょう。
人材育成であれば人的資源管理です。

令和4年度記述式解答例　電気電子―電気応用

・添削前（4枚目／5枚目）

（3）DX推進計画の策定
① タスクフォースの中核メンバーの選定：
・出身母体（又は部署等）：企画、営業、開発設計、試作、評価、生産技術、製造、アフターサービス等の事業直系の機能部門に加え、デジタル技術及び、サーバ管理等の専門部門から選出。専門技術は社外コンサルの活用も検討。
・スキル・経験等：新機種開発等のプロジェクトにおける一連の業務を経験し、プロセス上の問題、課題の抽出とその方策検討ができること。
② タスクフォースの大まかなスケジュール：
A：実行目的・有意味性の定義（1週間）
B：中核メンバーの選定と協力要請（2週間）
C：アウトプットイメージ及び、納期の共有（1週間）
D：役割分担（1週間）
E：現状の問題・課題の把握、抽出（2週間）
F：仮計画の立案と試行予算取りと承認活動（1週間）
G：仮計画の試行（3週間）
H：試行結果を踏まえた、仮計画への反映　}
I：策定した計画実行に対する予算検討　}（〜第12週）
J：策定計画及び、予算の承認（〜第13週末）
③②DX推進計画における最も重要な工程：
・重要な工程：工程H、I
・その理由：計画の立案に当たり、初期段階では、ある想定の下での前提条件を置いた計画にならざるを得

●裏面は使用しないで下さい。　　●裏面に記載された解答は無効とします。　　24字×25行

令和4年度記述式解答例　電気電子─電気応用

・添削前（5枚目／5枚目）

誰がどのような拒絶反応を示すのかを5つの管理の観点から具体的に
記述しましょう。

実現目標・取組内容を書くところですが、業務手順が書かれている印象を
受けます。
具体的に何を実現するのか？　そのためにどんな具体的取組を行うのかを
端的に記述しましょう。

> ない状況から、重点と考える実行計画の取組対象に絞
> り込んだ、仮計画による試行の実施により、不確実要
> 素を抽出し、最終的な実行計画に反映していくことが、
> 現実的で実現可能なものとなると考える。
> ④DX推進計画に盛り込む実現目標及び、取組内容：
> ・実現目標と取組内容：
> 　一連の業務プロセスにおいてデジタルツールを用い
> た各プロセスにおける進捗状況、成果物のデータ等を
> クラウドサーバで一括管理し、各プロセスの承認事態
> もそのツール上で完結させる。
> ・実現に当たり最も重大な障害：
> 　上記プロセスに関わる各機能部門の理解と協力が欠
> かせない。往々にしてプロセス変更には拒絶反応を示
> し、実行優先度が下がり、反発が生じる。
> ・克服策：
> 　短期目線ではなく、中長期目線でのアウトプットイ
> メージを共有する。

淡白な印象を受けます。最も重大な障害を克服するために、
5つの管理の観点から具体的にどのようなことを行うのかを
詳述しましょう。

●裏面は使用しないで下さい。　　●裏面に記載された解答は無効とします。　　24字×25行

〈講評〉

　概ね題意に沿って書かれていると感じますが、総監・5つの管理の視点
が弱いところが散見される印象を受けます。設問3は設問順が若干いびつ
なので、混乱してしまうかも知れませんが、④実現目標・取組内容→①→
②→③→④最重大障害・克服策の順で組み立てを考えると書きやすいかと
思います。

■令和4年度（2022年度）
　論文事例4（電気電子—電気応用）　　　　　（問題は162ページ）
・添削後（1枚目／5枚目）

令和4年度　技術士第二次試験答案用紙

受験番号	○○○○○○○○○○○	技術部門	総合技術監理　　部門
問題番号		選択科目	電気電子－電気応用
答案使用枚数	1枚目　5枚中	専門とする事項	

○受験番号、問題番号、答案使用枚数、技術部門、選択科目及び専門とする事項の欄は必ず記入すること。
○解答欄の記入は、1マスにつき1文字とすること。（英数字及び図表を除く。）

　(1) 過去から現在までのデジタル技術の利用状況
① 取上げる事業や組織の概要・役割及び私の立場：
事業：ガスエンジンを使用し圧縮機を駆動する業務用
空調機である○○○○○○エアコン（以下、△△）
の企画、開発設計、製造、販売及び、アフターサービ
スを行う事業。電気式空調機に対し、電力消費は10分
の1であるため、ピークカットによる電力平準化を実
現し、エネルギーセキュリティの確保ができ、公益貢
献。加えて、監視サーバを利用したIoTシステム及び、
省エネ・メンテナンス等のサービスを提供する。
組織：企画、開発設計、生産技術、製造、販売及び、
アフターサービスの事業に直接関係する機能部門（約
700名）と、シミュレーション技術やサーバ管理、労
務管理等を行うサポート部門（約70名）の大きく2つ
の部門から構成するマトリックス組織の形態である。
私は、△△の機能・性能要求を実現する電装ハードウ
ェア開発設計の統括責任者の立場を担っている。
② 事業や組織における経営資源：
・人財：車載品質管理をベースとした製造品質マネジ
メント人財に対し、企画・開発設計や上記サポート機
能部署の競争力を生み出せる人財は相対的に少ない。
・設備：開発設計に必要なデータサーバ及び、CAD端
末等のデジタル機器類及び、△△の信頼性評価を実施
する環境試験室等の評価設備及び、△△の製造に必要
な一連の生産設備を保有している。

●裏面は使用しないで下さい。　●裏面に記載された解答は無効とします。　　24字×25行

令和4年度記述式解答例　電気電子―電気応用

・添削後（2枚目／5枚目）

令和4年度　技術士第二次試験答案用紙

受験番号	○○○○○○○○○○○○		技術部門	総合技術監理	部門
問題番号			選択科目	電気電子－電気応用	
答案使用枚数	2枚目　5枚中		専門とする事項		

○受験番号、問題番号、答案使用枚数、技術部門、選択科目及び専門とする事項の欄は必ず記入すること。
○解答欄の記入は、1マスにつき1文字とすること。（英数字及び図表を除く。）

・技術：△△に関わるガスエンジン、空調機能制御と附随の電装技術及び知財及び、シミュレーション（以下、Sim）技術等である。成果物は、△△及び、メンテナンスや省エネサービス及び附随のIoT機器となる。
・業務プロセス：△△はガス事業者を介した販売形態であり、ガス事業者要求を踏まえた開発設計仕様に落とし、QMS（ISO 9001）に準じたプロセスで品質確保した図面を製造へ提供し、図面に基づき製造・出荷する。
③デジタル技術の変遷（15年程前の初期段階）：設計情報のデータ化や図面の2D化に留まり、Simの活用範囲も限定的且つ精度も低い状態。品質確認は、現物確認が基本。情報管理面では、TV会議は限定的で、基本は面直。コミュニケーションツールはメールが主で、データ容量の制約からテキストベースに留まる。
・現在のデジタル技術の利用状況と変遷：CAD及びSim端末等の高性能化とデータ容量制約の緩和に伴い、3D化とSim適用範囲の拡大、精度も向上。加えて、データ通信速度の向上と、コロナ禍対応も重なり、リモート会議と在宅勤務の形態に働き方がシフトした。
・変遷の過程で得られた効用と副作用：開発期間の短縮と製品開発の投資低減により競争力を強化できた。また、デジタルツール活用の為の専門組織設置と人財育成が進んだ。一方で、デジタル技術のブラックボックス化に伴い、成長機会の喪失とベテラン層のデジタルデバイドが加速し、モチベーションの低下を招いた。

●裏面は使用しないで下さい。　●裏面に記載された解答は無効とします。　　24字×25行

令和4年度記述式解答例　電気電子—電気応用

・添削後（3枚目／5枚目）

令和4年度　技術士第二次試験答案用紙

受験番号	○○○○○○○○○○○○	技術部門	総合技術監理　　　　部門
問題番号		選択科目	電気電子－電気応用
答案使用枚数	3枚目　5枚中	専門とする事項	

○受験番号、問題番号、答案使用枚数、技術部門、選択科目及び専門とする事項の欄は必ず記入すること。
○解答欄の記入は、1マスにつき1文字とすること。（英数字及び図表を除く。）

　（2）デジタル技術を活用した変革：
①DX（直近で始まる）の取組：概要）開発・設計・評価・製造・アフターサービスに至る一連の全プロセスをデジタル空間上で実現し、品質検証を実施する。活用するデジタル技術）△△を構成する部品の構造、形状及び、機能動作をデジタル空間上へ再現させるデジタルツイン、Sim技術及び、クラウドを利用する。ビジネスやプロセスに及ぼす変革）各プロセスにおける移行可否承認はデータを正としたデジタル管理に変わり、紙媒体は廃止。会議形態は、面直からリモート主体の会議体に変わり、勤務地や出社有無の制約の無い業務形態となり、教育もリモート主体にシフトする。
②変革によってもたらされる利点と問題点：
・利点：製品化期間の大幅な短縮及び、開発投資の抑制・省人化が見込める（経済性管理）。また、デジタルツインによりSim範囲の拡大と精度向上が可能となり、試作品評価等における作業安全リスクも低減できる（安全管理）。更に、リアル空間での試作回数低減により試作に伴うCO_2削減が可能となる（社会環境管理）。
・問題点：デジタル技術システムの構築・保全費用が事業利益を圧迫し、対応人財も不足する（経済性管理）。また、情報漏洩リスクの影響は従来比で拡大する（情報管理）。デジタル技術活用とリモート主体の実施が進み、デジタルデバイドが加速する。技術がブラックボックス化し、技術伝承も停滞する（人的資源管理）。

●裏面は使用しないで下さい。　●裏面に記載された解答は無効とします。　24字×25行

令和4年度記述式解答例　電気電子―電気応用

・添削後（4枚目／5枚目）

令和4年度　技術士第二次試験答案用紙

受験番号	0 0 0 0 0 0 0 0 0 0 0	技術部門	総合技術監理	部門
問題番号		選択科目	電気電子－電気応用	
答案使用枚数	4 枚目　5 枚中	専門とする事項		

○受験番号、問題番号、答案使用枚数、技術部門、選択科目及び専門とする事項の欄は必ず記入すること。
○解答欄の記入は、1マスにつき1文字とすること。（英数字及び図表を除く。）

（3）DX推進計画の策定
①タスクフォースの中核メンバーの選定：
・出身母体（又は部署等）：製品化に直接関わる縦串機
能の関連部署と全社横断の横串機能のデジタル技術及
び、サーバ管理等の専門部門から選出する。専門技術
は社外活用も検討する。
・スキル・経験等：新機種開発等のプロジェクトにお
ける一連の業務を経験し、プロセス上の問題、課題の
抽出とその方策検討ができること。
②タスクフォースの大まかなスケジュール：
A：実行目的・有意味性の定義（1週間）
B：中核メンバーの選定と協力要請（2週間）
C：アウトプットイメージ及び、納期の共有（1週間）
D：役割分担（1週間）
E：現状の問題・課題の把握、抽出（2週間）
F：仮計画の立案と試行予算取りと承認活動（1週間）
G：仮計画の試行（3週間）
H：試行結果を踏まえた、仮計画への反映　}（～第12週）
I：策定した計画実行に対する予算検討
J：策定計画及び、予算の承認（～第13週末）
③②DX推進計画における最も重要な工程：
・重要な工程：工程H、I
・その理由：計画初期段階では、ある想定での不確定
要素を含んだ計画にならざるを得ない状況から、重点
と考える実行計画の取組対象に絞り込み、限定的な計

●裏面は使用しないで下さい。　●裏面に記載された解答は無効とします。　24字×25行

令和4年度記述式解答例　電気電子─電気応用

・添削後（5枚目／5枚目）

令和 4 年度　技術士第二次試験答案用紙

受験番号	○○○○○○○○○○○○	技術部門	総合技術監理	部門
問題番号		選択科目	電気電子－電気応用	
答案使用枚数	5 枚目　　5 枚中	専門とする事項		

○受験番号、問題番号、答案使用枚数、技術部門、選択科目及び専門とする事項の欄は必ず記入すること。
○解答欄の記入は、1マスにつき1文字とすること。（英数字及び図表を除く。）

画試行により、不確定要素を抽出し、計画内容へのフィードバックが実現可能性を高めると考える。
④DX推進計画に盛り込む実現目標及び、取組内容：
・実現目標と取組内容：実現目標）製品化期間及び、開発投資の従来比で30％削減する。
取組内容）一連の業務プロセスにおける成果物を全てデジタル空間上で管理・承認を完結できるデジタル管理ツールによる業務遂行の規定化と運用を進める。加えて、QMS規定のプロセスと成果物の種類・内容を一致させるプラットフォームのシステムを構築する。
実現に当たり最も重大な障害）上記取組は、関係者が一体となり、継続的な活用と浸透ができなければ、目標達成は困難となる。特に、現物主義が根強い製造現場やベテラン層は、デジタルツールへの拒絶反応が生じ易く、活用が進まないことが重大な障害と考える。
克服策）上記デジタル管理ツールに備わる機能の活用範囲は、関連部署におけるデジタル技術の浸透具合に応じて強弱を付ける等、導入の負荷計画を行う（経済性管理）。特に、ベテラン層や製造部署等の拒絶反応解消の為、専任サポート体制を設け、重点的な教育プログラムの実施と、部署内の定着を図れる推進者の育成を図る（人的資源管理）。一方で、初期段階では、社内人財だけでは、十分な導入・サポート体制が構築できない可能性もある為、外部コンサルの活用等も検討し、予算計画に盛り込んでおく（経済性管理）。

●裏面は使用しないで下さい。　　●裏面に記載された解答は無効とします。　　24字×25行

■令和3年度（2021年度）
　論文事例1（建設─都市及び地方計画）　　　（問題は156ページ）
・添削前（1枚目／5枚目）

1．取り上げる事業
（1）事業名称・概要
　取り上げる事業は、人口10万人の地方都市における「安全でコンパクトな街づくり推進事業」である。
　当市は、人口減少の進行や、大企業の撤退等による税収減によって、財政状況が厳しい。そのため、都市の運営コストを縮減する必要があった。さらに、駅周辺に利便施設を集約し、街をコンパクトにすることで利便性の高い都市構造を推進し、都市魅力を高め、転入人口の増加を目指している。また、近年、大雪により、公共交通機関の乱れや道路渋滞など市民生活に支障をきたす事態が頻発化している。
　本事業を担当する組織は、課長1名、係長1名、係員2名で構成され、係員は経験年数が少なく事業習熟度が低い状況であり、業務量が多い部署である。
（2）事業目的
　本事業は、鉄道駅周辺地区に、医療・福祉・店舗等の生活利便施設を集約し、郊外地の開発を抑制し、街のコンパクト化により、都市運営コストを低減させる。さらに、道路・上下水道といった都市インフラに老朽化対策を進め、安全な街づくりを目的としている。加えて、利便性の高い街づくりの推進により、転入者の増加を目指し、人口減少の抑制も目的としている。
（3）事業の成果物
　安全で利便性の高い持続可能な都市

●裏面は使用しないで下さい。　　　●裏面に記載された解答は無効とします。　　　24字×25行

設問2において、感染症リスクに言及されているので、
設問1（2）においてもこのことに触れておくと、論文の
整合性が高まって、より高評価が得られると思います。

211

令和3年度記述式解答例 建設─都市及び地方計画

・添削前（2枚目／5枚目）

データを具体的にどう活用するのかに言及できるとより良いです。

（設問1に言及されている）都市運営コストに係るデータ（例えば、エリア・施設単位の維持管理コスト）も加筆すると良いです。設問1において、都市運営コストの縮減の必要性に言及されているので。

（4）データの利用状況
①データの種類
　市街地の土地利用状況（建物の構造・用途・規模、未利用地数）、駅の乗降客数、道路交通量、バス利用状況、インフラの劣化調査、降雪時の道路混雑状況等
②事業における活用方法
・市内に存する駅（鉄道駅5駅）ごとに集計し、周辺地区の現状分析と課題の抽出
・課題を解決するために必要なインフラや土地利用をデータの傾向を見極めて地区整備方針を策定
③利活用の際の留意点
　データ量が多く、業務量も多いため、データの入力ミスが無いように、2重チェック体制で業務を遂行
④利活用に伴う問題点・今後への課題
　業務が多忙なため、都市施設の整備後のフォローアップ調査が行われず、市民満足度などのデータが十分に利用できていない点が問題点であった（経済性管理（負荷計画）と情報管理のトレードオフ）。さらに、ステークホルダーから都市施設の早期着手の要望がある一方で、業務多忙による職員のモチベーション低下が問題であった（経済性管理（工程管理）と人的資源管理のトレードオフ）。加えて、街のコンパクト化による自動車交通の減少等の環境負荷低減を図る一方、駅周辺地区の人密度が高くなり、感染症への懸念があった（社会環境管理と安全管理のトレードオフ）。

●裏面は使用しないで下さい。　●裏面に記載された解答は無効とします。　24字×25行

①②④に比べて淡白な印象を受けます。データ入力ミス以外の留意点を挙げてみるとより良いです。例えば、データ分析の際に生じるミスやバイアスもあるかと思います。

令和3年度記述式解答例　建設─都市及び地方計画

・添削前（3枚目／5枚目）

2．今後導入が可能なデータ利活用方法（その1）
　1つ目は「駅周辺部の人流データを活用した人流抑制策」を取り上げる。
（1）データの内容と利活用方法
　駅周辺部に立地する各施設（利便施設・鉄道駅・交差点・駅前広場等）に人流探知センサーを設置し、人流データを収集する。この際、既存の市街地土地利用状況のデータを活用して、探知センサーの設置位置を決定する。収集したデータをリアルタイムで市民や来訪者にSNSで情報発信する。
（2）期待できる効果・理由
　市民等がリアルタイムでの混雑状況の把握が可能となり、混雑時の来訪を自粛するなどの行動変容を促すことができる。結果、人流を抑え感染症の抑制にもつながり、社会安全・公衆安全に寄与する（安全管理）。
（3）利活用に当たっての課題・リスク
・課題1：人流探知センサーの設置費、人流のビッグデータの収集解析システムなど、多額の設備費用が掛かる（経済性管理（コスト管理））。
・課題2：人流のビッグデータの収集解析システムの誤作動により、誤った情報が発信され、過密状態が発生するなどの感染リスクが生じる（安全管理）。
・課題3：SNSを持たない高齢者に情報が発信されにくいなど、リアルタイムデータの情報共有がなされない可能性がある（情報管理）。

●裏面は使用しないで下さい。　　●裏面に記載された解答は無効とします。　　24字×25行

令和3年度記述式解答例　建設─都市及び地方計画

・添削前（4枚目／5枚目）

3．今後導入が可能なデータ利活用方法（その2）
　2つ目は「大雪時の道路除排雪情報を活用した交通安全推進策」を取り上げる。
(1)データの内容と利活用方法
　市内各所に積雪計測器を設置し、地区ごとの降雪状況を確認する。その際、既存の交通量調査を活用し、降雪データの収集・解析を踏まえて、除排雪すべき道路の優先順位を決定し、効率的な除排雪作業を行う。
(2)期待できる効果・理由
　市内各所に計測器を設置することで、積雪の多い地区に人員・機材を集中配置し、除排雪作業の効率化を図り、大雪時でも安全な交通環境が維持できる。
(3)利活用に当たっての課題・リスク
・課題1：除雪機の台数や必要となる人員などは他部局で行っているため、本組織だけではなく除排雪部局と連携した組織体制の構築が課題となる（人的資源管理（組織管理））。
・課題2：積雪計測器を多数設置するには、多額の費用が掛かる。夏季時の降雨や風力も計測できるような多機能での利活用を検討するなど、設置費に見合う便益性をいかに高めるかが課題となる（経済性管理（品質管理とコスト管理））。
・課題3：データの誤送信により、過度な交通渋滞を招き、バスやタクシーなどの公共交通機関が麻痺するリスクが生じる（情報管理）。

●裏面は使用しないで下さい。　　●裏面に記載された解答は無効とします。　　24字×25行

214

令和3年度記述式解答例　建設―都市及び地方計画

・添削前（5枚目／5枚目）

4．新たに導入可能なデータ利活用方法
　近い将来、導入が可能なものとして「人流・気象予測データを活用した都市政策」を取り上げる。
（1）データの内容と利活用方法
　上述した人流データや降雪データを活用して、ニーズの高い都市施設、大雪等の交通障害が発生しやすい地区を予測する。人流データを活用し、来訪者が求めている施設用途、利用世帯、利用時間を分析し、今後望まれる施設立地、混雑する道路の拡幅、バリアフリー化を進めて、利便性を高める。さらに、降雪データを分析し、大雪による交通障害の可能性が高い地区のインフラを老朽度データを踏まえ、優先的に整備する。
（2）期待できる効果・理由
　市民が望む施設整備と大雪災害への強靱化により、安全で利便性の高い持続可能な都市づくりがより一層、進展する（安全管理・社会環境管理）。
（3）利活用に当たっての課題・リスク
・課題1：利便性の高まった駅周辺地区では、来訪者の増加、土地の高度利用によって、騒音、採光、通風、日照などの都市環境が悪化するリスクが生じる（社会環境管理）。
・課題2：気候変動が著しい昨今では、降雪データを適宜、分析・評価を行い、予測データをアップデートする必要があり、AI機能の導入・維持管理に費用が掛かる（経済性管理（コスト管理））。　　　　　以上

●裏面は使用しないで下さい。　　●裏面に記載された解答は無効とします。　　24字×25行

〈講評〉全体的に大変よく書けていて、今回でA評価に達していると思いますが、設問2～4のデータ利活用がほぼ同じパターンになっている印象を受けます（問題文の3）のパターンのみ）。
　問題文の2行目～7行目において、1）～3）と利活用の例示があto-ますので、1）2）の視点も含めて記述するとさらに素晴らしい論文になるかと思います。
　例えば、新たにキーワード集に追加されたRPA（ロボティック・プロセス・オートメーション）の活用により、事業関連のルーチンワークを自動化・効率化（技術者の負荷・ストレス低減）といった視点で展開しても良いかと思います。

■令和3年度（2021年度）
論文事例1（建設─都市及び地方計画）　　　　（問題は156ページ）
・添削後（1枚目／5枚目）

令和3年度　技術士第二次試験答案用紙

受験番号	○○○○○○○○○○○○	技術部門	総合技術監理　　部門
問題番号		選択科目	建設－都市及び地方計画
答案使用枚数	1枚目　5枚中	専門とする事項	

○受験番号、問題番号、答案使用枚数、技術部門、選択科目及び専門とする事項の欄は必ず記入すること。
○解答欄の記入は、1マスにつき1文字とすること。（英数字及び図表を除く。）

１．取り上げる事業
（1）事業名称・概要
　取り上げる事業は、人口10万人の地方都市における「安全でコンパクトな街づくり推進事業」である。
　当市は、人口減少の進行や、大企業の撤退等による税収減によって、財政状況が厳しい。そのため、都市の運営コストを縮減する必要があった。さらに、駅周辺に利便施設を集約し、街をコンパクトにすることで利便性の高い都市構造を推進し、都市魅力を高め、転入人口の増加を目指している。また、近年、大雪により、公共交通機関の乱れや道路渋滞など市民生活に支障をきたす事態が頻発化している。
　本事業を担当する組織は、課長1名、係長1名、係員2名で構成され、係員は経験年数が少なく事業習熟度が低い状況であり、業務量が多い部署である。
（2）事業目的
　本事業は、鉄道駅周辺に、医療・福祉・店舗等の生活利便施設を集約し、利便性を向上させ、転入者を増加させる。また、郊外地の開発を抑制し、街のコンパクト化により、都市運営コストを低減させる。
　さらに、幹線道路に融雪設備を設置した大雪対策や歩道空間の拡張・公開空地整備による人が密にならない空間整備を進め、安全な街づくりを目的としている。
（3）事業の成果物
　安全で利便性の高い持続可能な都市

●裏面は使用しないで下さい。　●裏面に記載された解答は無効とします。　　　24字×25行

令和3年度記述式解答例　建設―都市及び地方計画

・添削後（2枚目／5枚目）

令和3年度　技術士第二次試験答案用紙

受験番号	○○○○○○○○○○○○	技術部門	総合技術監理	部門
問題番号		選択科目	建設－都市及び地方計画	
答案使用枚数	2 枚目　5 枚中	専門とする事項		

○受験番号、問題番号、答案使用枚数、技術部門、選択科目及び専門とする事項の欄は必ず記入すること。
○解答欄の記入は、1マスにつき1文字とすること。（英数字及び図表を除く。）

　(4) データの利用状況
① データの種類
　市街地の土地利用状況（建物の構造・用途・規模、未利用地数）、駅の乗降客数、道路交通量、バス利用状況、各地区のインフラの維持管理コスト、市民が望む街づくりの要望リスト、降雪時の道路混雑状況等
② 事業における活用方法
・市内に存する駅（鉄道駅5駅）ごとに集計し、周辺地区の現状分析と課題の抽出
・課題を解決するために必要なインフラや土地利用をデータの傾向を見極めて地区整備方針を策定
・各種データの傾向と分析を市民説明会に提示し、分かりやすい資料による整備方針の市民合意の促進
③ 利活用の際の留意点
・データ量が多く、業務量も多いため、データの入力ミスが無いように、2重チェック体制で業務を遂行
・職員の習熟度が低いことに起因する主観的な分析（確証バイアス）を防止するための人材教育
④ 利活用に伴う問題点・今後への課題
　業務が多忙なため、市民へのフォローアップ調査が行われず、満足度データの活用が不十分であった（経済性管理（負荷計画）と情報管理のトレードオフ）。
　コンパクト化による車移動の減少等の環境配慮を図る一方、駅周辺の人流高密度による感染症への懸念があった（社会環境管理と安全管理のトレードオフ）。

●裏面は使用しないで下さい。　●裏面に記載された解答は無効とします。　24字×25行

令和3年度記述式解答例　建設―都市及び地方計画

・添削後（3枚目／5枚目）

令和3年度　技術士第二次試験答案用紙

受験番号	○○○○○○○○○○○○	技術部門	総合技術監理　　　　部門
問題番号		選択科目	建設―都市及び地方計画
答案使用枚数	3 枚目　5 枚中	専門とする事項	

○受験番号、問題番号、答案使用枚数、技術部門、選択科目及び専門とする事項の欄は必ず記入すること。
○解答欄の記入は、1マスにつき1文字とすること。（英数字及び図表を除く。）

2．今後導入が可能なデータ利活用方法（その1）
　1つ目は「駅周辺部の人流データを活用した人流抑制策」を取り上げる。
（1）データの内容と利活用方法
　駅周辺部に立地する各施設（利便施設・鉄道駅・交差点・駅前広場等）に人流探知センサーを設置し、人流データを収集する。この際、既存の市街地土地利用状況のデータを活用して、探知センサーの設置位置を決定する。収集したデータをリアルタイムで市民や来訪者にSNSで情報発信する。
（2）期待できる効果・理由
　市民等がリアルタイムでの混雑状況の把握が可能となり、混雑時の来訪を自粛するなどの行動変容を促すことができる。結果、人流を抑え感染症の抑制にもつながり、社会安全・公衆安全に寄与する（安全管理）。
（3）利活用に当たっての課題・リスク
・課題1：人流探知センサーの設置費、人流のビッグデータの収集解析システムなど、多額の設備費用が掛かる（経済性管理（コスト管理））。
・課題2：人流のビッグデータの収集解析システムの誤作動により、誤った情報が発信され、過密状態が発生するなどの感染リスクが生じる（安全管理）。
・課題3：SNSを持たない高齢者に情報が発信されにくいなど、リアルタイムデータの情報共有がなされない可能性がある（情報管理）。

●裏面は使用しないで下さい。　●裏面に記載された解答は無効とします。　　24字×25行

令和3年度記述式解答例　建設―都市及び地方計画

・添削後（4枚目／5枚目）

令和3年度　技術士第二次試験答案用紙

受験番号	○○○○○○○○○○○○	技術部門	総合技術監理	部門
問題番号		選択科目	建設－都市及び地方計画	
答案使用枚数	4 枚目　5 枚中	専門とする事項		

○受験番号、問題番号、答案使用枚数、技術部門、選択科目及び専門とする事項の欄は必ず記入すること。
○解答欄の記入は、1マスにつき1文字とすること。（英数字及び図表を除く。）

3．今後導入が可能なデータ利活用方法（その2）
　　2つ目は「大雪時の道路除排雪情報を活用した交通安全推進策」を取り上げる。
（1）データの内容と利活用方法
　　市内各所に積雪計測器を設置し、地区ごとの降雪状況を確認する。その際、既存の交通量調査を活用し、降雪データの収集・解析を踏まえて、除排雪すべき道路の優先順位を決定し、効率的な除排雪作業を行う。
（2）期待できる効果・理由
　　市内各所に計測器を設置することで、積雪の多い地区に人員・機材を集中配置し、除排雪作業の効率化を図り、大雪時でも安全な交通環境が維持できる。
（3）利活用に当たっての課題・リスク
・課題1：除雪機の台数や必要となる人員などは他部局で行っているため、本組織だけではなく除排雪部局と連携した組織体制の構築が課題となる（人的資源管理（組織管理））。
・課題2：積雪計測器を多数設置するには、多額の費用が掛かる。夏季時の降雨や風力も計測できるような多機能での利活用を検討するなど、設置費に見合う便益性をいかに高めるかが課題となる（経済性管理（品質管理とコスト管理））。
・課題3：データの誤送信により、過度な交通渋滞を招き、バスやタクシーなどの公共交通機関が麻痺するリスクが生じる（情報管理）。

●裏面は使用しないで下さい。　　●裏面に記載された解答は無効とします。　　24字×25行

令和3年度記述式解答例　建設—都市及び地方計画

・添削後（5枚目／5枚目）

令和3年度　技術士第二次試験答案用紙

受験番号	○○○○○○○○○○○○	技術部門	総合技術監理	部門
問題番号		選択科目	建設－都市及び地方計画	
答案使用枚数	5 枚目　5 枚中	専門とする事項		

○受験番号、問題番号、答案使用枚数、技術部門、選択科目及び専門とする事項の欄は必ず記入すること。
○解答欄の記入は、1マスにつき1文字とすること。（英数字及び図表を除く。）

4．新たに導入可能な技術の利活用方法
　近い将来、導入が可能なものとして「RPAを活用した業務の効率化促進策」を取り上げる。
（1）技術の内容と利活用方法
　RPAシステムは、AIなどの技術を備えたソフトウェアのロボットが、データ入力を代行して行い、定型業務を自動化させ業務の効率化を図るものである。上述した人流データや降雪データは、情報量が膨大となる。本システムを利用し、職員が担っていた入力作業を自動化し、情報発信やデータ解析の迅速化を図る。
（2）期待できる効果・理由
　職員の業務負担が軽減されるため、メンタルヘルスの防止に寄与する（安全管理）。さらに、技術教育の時間が確保できるため、職員の業務習熟度が上がり、定量的な知見に基づく合理的な判断・意思決定が可能となる（人的資源管理）。
（3）利活用に当たっての課題・リスク
・課題1：コンピューターウイルス感染などによりシステムエラーが発生した場合、迅速な市民への情報提供や職員の合理的な判断・意思決定に支障をきたすなど、システム障害への対応が課題である（情報管理）。
・課題2：ロボットが機械的に入力作業を行うため、入力時に計測機器の故障等による明らかな誤データの発見ができず、不正確なデータ解析となってしまうリスクが生じる（経済性管理（品質管理））。　　　　以上

●裏面は使用しないで下さい。　　●裏面に記載された解答は無効とします。　　　　24字×25行

■令和3年度（2021年度）

論文事例2（機械—機械設計） （問題は156ページ）

・添削前（1枚目／5枚目）

これはこのエアコンを購入した家庭における「熱中症リスク低減」でしょうか？
家庭における「生産性向上」が何を指すのかがわかりにくいので、表現を変えて
みると良いかと思います。

設問2以降で、（ベテラン、未熟練技術者が出てきますので）同事業の人員体制
についても触れておくと、論文のつながりが高まってより良いです。

（1）事業内容と現在のデータ利活用の状況
①-1　事業の名称：家庭用エアコン生産事業
①-2　事業の概要：年間80万台のエアコンを生産して
いる。工場には設計、サービス部門等が在籍しており、
設計部門では、年間約50の新機種設計や市場不具合に
対する品質改善業務を遂行している。これに対して、
サービス部門では、顧客宅へ訪問してエアコンの据付
や修理業務を遂行しており、訪問情報を設計部門へフ
ィードバックしている。
②事業の目的：冷暖房による室内環境快適性向上およ
び熱中症リスク低減による生産性向上である。
③成果物：エアコン機器および据付、修理等のサービ
ス提供である。
④現在のデータ利活用の状況
1）収集・解析データ：設計段階において、性能設計や
構造等にCADデータを収集・解析している。一方、販
売後段階において、冷房、暖房、ファン回転数等の顧
客運転データを収集・解析している。
2）事業への活用方法：CADデータより寸法、公差、形
状等を決定し、エアコンを設計している。一方、顧客
運転データはサービス部門から設計部門へフィードバ
ックされ、品質改善や新機種設計に活用している。
3）留意点：CADデータの寸法や形状等の決定理由は、
OJTでベテランから未熟練設計者に指導している（人
的資源管理）。よって、未熟練設計者が自身で設計でき

●裏面は使用しないで下さい。　　●裏面に記載された解答は無効とします。　　24字×25行

「決定理由」→「決定方法」でしょうか？

「CADデータ」だけの表記ですと一般的・抽象的な印象を受けますので、
利活用する具体的内容を加筆したほうが、読み手が理解しやすいと思います。

令和3年度記述式解答例　機械─機械設計

・添削前（2枚目／5枚目）

未熟練設計者の設計にミスがないかのチェックも
必要です（経済性管理（品質管理））。

るよう、説明方法に留意している（情報管理）。一方、顧客運転データには、顧客の個人情報が附帯されている。よって、顧客情報が流失しないようにデータの取り扱いに留意している（情報管理）。

4）問題点・課題
A．技術継承：高齢社会白書によると2065年には65歳以上の高齢者が約38％に達すると推計している。自社においても最近5年程でベテランの定年退職が進行している。CADデータ等の設計ノウハウが消失しないよう、技術継承することが課題である（人的資源管理）。
B．生産性向上：厚労省によると2050年には労働生産人口が約30％減少すると見込んでいる。一方、国際エネルギー機関は、エアコンの生産台数は2050年には約3倍増加すると推計している。よって、人材減少を上回るデータを活用した生産性向上が課題となる（経済性管理）。
C．データ解析力の向上：顧客運転データを解析するためには多岐にわたるエアコンの知見が必要である。よって、教育・訓練等を活用して設計者のデータ解析力を向上することが課題である（人的資源管理）。
D．データ解析時間の短縮化：自社では年間80万台を生産しているため、市場不具合が発生するとサービス工数が増加する。工数増加に伴い、顧客運転データも増大する。よって、サービス工数低減と顧客運転データの解析時間短縮化が課題となる（経済性管理）。

●裏面は使用しないで下さい。　　●裏面に記載された解答は無効とします。　　24字×25行

令和3年度記述式解答例　機械─機械設計

・添削前（3枚目／5枚目）

（2）今後導入可能なデータ利活用の方法
1）ノウハウCADデータベースの構築
①-1　データの内容：寸法や形状等、ベテランのノウハウを付記したCADデータベースを構築する。
①-2　利活用の方法：過去設計で蓄積しているCADデータにベテランが寸法や形状等の決定理由を明記する。理由が明記されたCADデータをデータベースとして確認できることで、未熟練設計者がデータベースを参考に設計ができる。
②効果と理由：ベテランのノウハウを文書化して登録するため、設計時に未熟練設計者が参考とすることができる。これより、設計検討工数を短縮化でき、生産性向上につながる（経済性管理）。また、ノウハウCADデータは自社エアコンの設計情報であるため、教育資料として技術継承に利用できる（人的資源管理）。
③課題・リスク：年間50の機種を設計しているため、過去に蓄積してきたCADデータが膨大である。膨大なCADデータにベテランがノウハウを付記する必要がある。ノウハウ付記のためにベテランに負荷をかけすぎると疲労により労働災害につながるリスクが高まる（経済性管理と安全管理のトレードオフ）。一方、データベースが構築できないと過去のノウハウを活かした設計流用ができなくなり、新機種設計の工数が増加する。よって、工数低減のためには早期にベテランのノウハウをデータベースに登録することが課題となる。

●裏面は使用しないで下さい。　　●裏面に記載された解答は無効とします。　　24字×25行

令和3年度記述式解答例　機械—機械設計

・添削前（4枚目／5枚目）

> 2)Wi-Fi による顧客運転データの獲得
> ①-1　データの内容：無線通信技術であるWi-Fi を活用し、顧客運転データを獲得する。
> ①-2　利活用の方法：エアコンにWi-Fi を搭載し、顧客宅のエアコンと自社サーバー間で運転データの通信を行う。
> ②効果と理由：通信データを自社の設計者が解析することで、顧客に省エネ運転を提案できる。これより、電気代抑制と電力低減によるCO_2発生量抑制につながる（社会環境管理）。また、データ解析により、市場不具合発生時の原因究明が迅速化できるため、サービス工数低減や解析時間の短縮化が図れる（経済性管理）。さらに、データ解析の機会が増えるため、解析する設計者の解析力向上が期待できる（人的資源管理）。
> ③課題・リスク：データ蓄積量が日々増大するため、データ解析を担う設計者の疲労が増える。疲労により、解析時間が増加し、設計者のモチベーションが低下する（経済性管理と人的資源管理のトレードオフ）。モチベーション低下を抑制するために、データ解析量を減らすとデータが蓄積し続け、品質改善や新機種設計にデータ利活用できなくなる。よって、解析する設計者の増員（経済性管理）や解析方法の標準化（情報管理）で、解析量を平準化することが課題である。一方、無線通信量増加による情報漏洩リスクに対するセキュリティ対応も課題となる。

●裏面は使用しないで下さい。　　　●裏面に記載された解答は無効とします。　　　24字×25行

令和3年度記述式解答例　機械─機械設計

・添削前（5枚目／5枚目）

（3）将来導入されうるデータ利活用の方法
1)AI技術を活用した生産性向上
①-1　データの内容：過去に蓄積したCADデータや日々増大する顧客運転データをAIに機械学習させる。
①-2　利活用の方法：ノウハウCADデータベースに登録したCADデータをAIに機械学習させる。AIが過去データとの類似性を見出すため、設計者が新規にCADデータを作成した際に、設計上の留意点やアドバイスを提示する。一方、顧客運転データをAIが機械学習することで、自動的に不具合の原因を提示する。
②効果と理由：CADデータにAIからのアドバイスが提示されることで、未熟練設計者がベテラン設計者の支援無しに設計することができる。一方、顧客運転データをAIが解析することで、設計者の負担が軽減でき、人材抑制が期待できる。
③課題・リスク：AIが提示する情報がブラックボックスとなり、提示理由が不明となるリスクが発生する。CADデータにおいては、未熟練設計者がAI提示情報を過信しすぎるため、自身の設計力が低下するリスクが高まる。AI提示情報を活用しないとCADデータの作成工数が増大する（情報管理と経済性管理のトレードオフ）。一方、顧客運転データにおいては、AI提示情報に誤りがあった場合、顧客に不利益が発生するリスクが高まる。よって、提示情報をブラックボックス化させないシステム構築が課題となる（経済性管理）。

●裏面は使用しないで下さい。　　●裏面に記載された解答は無効とします。　　24字×25行

〈講評〉
　全体的によく書けています。総監の背景、5管理の理解度の高さがうかがえます。
　社会環境管理の観点を入れるとより良いです。例えば、エアコンの排気による外部環境負荷の低減のためにデータの利活用をいかに行うかといった観点で考えてみると良いかと思います。

■令和 3 年度（2021 年度）
　論文事例 2（機械─機械設計）　　　　　　　　（問題は 156 ページ）
・添削後（1 枚目／5 枚目）

令和 3 年度　技術士第二次試験答案用紙

受験番号	O O O O O O O O O O O	技術部門	総合技術監理	部門
問題番号		選択科目	機械－機械設計	
答案使用枚数	1 枚目　5 枚中	専門とする事項		

○受験番号、問題番号、答案使用枚数、技術部門、選択科目及び専門とする事項の欄は必ず記入すること。
○解答欄の記入は、1 マスにつき 1 文字とすること。（英数字及び図表を除く。）

　（1）事業内容と現在のデータ利活用の状況
①-1　事業の名称：家庭用エアコン生産事業
①-2　事業の概要：年間 80 万台のエアコンを生産している。工場には設計、サービス部門等が在籍している。設計部門では、年間約 50 の新機種設計や市場不具合の品質改善業務を遂行している。サービス部門では、顧客宅のエアコン据付や修理業務を遂行している。事業の人員は、未熟練な若手から、熟練のベテラン設計者まで年齢層は幅広い。
②事業の目的：冷暖房や付加機能を活用した室内環境快適性向上である。
③成果物：エアコン機器および据付、修理等のサービス提供である。
④現在のデータ利活用の状況
1）収集・解析データ：設計段階において、CAD データを収集・解析しており、性能や強度シミュレーションの他、設計検証としてデザインレビューに活用している。一方、販売後段階において、冷房、暖房、ファン回転数等の顧客運転データを収集・解析している。
2）事業への活用方法：CAD データより寸法、公差、形状等を決定し、エアコンを設計している。一方、顧客運転データはサービス部門から設計部門へフィードバックされ、品質改善や新機種設計に活用している。
3）留意点：CAD データの作成方法は、OJT でベテランから未熟練設計者に指導している（人的資源管理）。

●裏面は使用しないで下さい。　●裏面に記載された解答は無効とします。　　　　24 字 ×25 行

令和3年度記述式解答例　機械─機械設計

・添削後（2枚目／5枚目）

令和3年度　技術士第二次試験答案用紙

受験番号	○○○○○○○○○○○○	技術部門	総合技術監理	部門
問題番号		選択科目	機械－機械設計	
答案使用枚数	2枚目　5枚中	専門とする事項		

○受験番号、問題番号、答案使用枚数、技術部門、選択科目及び専門とする事項の欄は必ず記入すること。
○解答欄の記入は、1マスにつき1文字とすること。（英数字及び図表を除く。）

　　未熟練設計者が自身で設計できるよう、説明の仕方
（情報管理）や設計ミスが無いよう品質管理に留意し
ている（経済性管理）。一方、顧客運転データの顧客情
報が流失しないようにデータの取り扱いに留意してい
る（情報管理）。
<u>4)問題点・課題</u>
<u>A.技術継承</u>：高齢社会白書によると2065年には65歳
以上の高齢者が約38％に達すると推計している。自社
においても最近5年程でベテランの定年退職が進行し
ている。CADデータ等の設計ノウハウが消失しないよ
う、技術継承することが課題である（人的資源管理）。
<u>B.生産性向上</u>：厚労省によると2050年には労働生産
人口が約30％減少すると推計している。一方、国際エ
ネルギー機関は、エアコンの生産台数は2050年には約
3倍増加すると推計している。よって、データを活用
した生産性向上が課題となる（経済性管理）。
<u>C.データ解析力の向上</u>：顧客運転データを解析する
ためには多岐にわたるエアコンの知見が必要である。
よって、教育・訓練等を活用して設計者のデータ解析
力を向上することが課題である（人的資源管理）。
<u>D.データ解析時間の短縮化</u>：自社では年間80万台を
生産しているため、市場不具合が発生するとサービス
工数が増加する。工数増加に伴い、顧客運転データも
増大する。よって、サービス工数低減と顧客運転デー
タの解析時間短縮化が課題となる（経済性管理）。

●裏面は使用しないで下さい。　●裏面に記載された解答は無効とします。　　　24字×25行

令和3年度記述式解答例　機械─機械設計

・添削後（3枚目／5枚目）

令和3年度　技術士第二次試験答案用紙

受験番号	○○○○○○○○○○○	技術部門	総合技術監理	部門
問題番号		選択科目	機械－機械設計	
答案使用枚数	3 枚目　5 枚中	専門とする事項		

○受験番号、問題番号、答案使用枚数、技術部門、選択科目及び専門とする事項の欄は必ず記入すること。
○解答欄の記入は、1マスにつき1文字とすること。（英数字及び図表を除く。）

　（2）今後導入可能なデータ利活用の方法
1）ノウハウCADデータベースの構築
①－1　データの内容：寸法や形状等、ベテランのノウハウを付記したCADデータベースを構築する。
①－2　利活用の方法：過去設計で蓄積しているCADデータにベテランが寸法や形状等の決定理由を明記する。理由が明記されたCADデータをデータベースとして確認できることで、未熟練設計者がデータベースを参考に設計ができる。
②効果と理由：ベテランのノウハウを文書化して登録するため、設計時に未熟練設計者が参考とすることができる。これより、設計検討工数を短縮化でき、生産性向上につながる（経済性管理）。また、ノウハウCADデータは自社エアコンの設計情報であるため、教育資料として技術継承に利用できる（人的資源管理）。
③課題・リスク：年間50の機種を設計しているため、過去に蓄積してきたCADデータが膨大である。膨大なCADデータにベテランがノウハウを付記する必要があがる。ノウハウ付記のためにベテランに負荷をかけすぎると疲労により労働災害につながるリスクが高まる（経済性管理と安全管理のトレードオフ）。一方、データベースが構築できないと過去のノウハウを活かした設計流用ができなくなり、新機種設計の工数が増加する。よって、工数低減のためには早期にベテランのノウハウをデータベースに登録することが課題となる。

●裏面は使用しないで下さい。　●裏面に記載された解答は無効とします。　　24字×25行

令和3年度記述式解答例　機械―機械設計

・添削後（4枚目／5枚目）

令和3年度　技術士第二次試験答案用紙

受験番号	○○○○○○○○○○○	技術部門	総合技術監理	部門
問題番号		選択科目	機械－機械設計	
答案使用枚数	4枚目　5枚中	専門とする事項		

○受験番号、問題番号、答案使用枚数、技術部門、選択科目及び専門とする事項の欄は必ず記入すること。
○解答欄の記入は、1マスにつき1文字とすること。（英数字及び図表を除く。）

2）Wi-Fi による顧客運転データの獲得
①-1　データの内容：無線通信技術であるWi-Fi を活用し、顧客運転データを獲得する。
①-2　利活用の方法：エアコンにWi-Fi を搭載し、顧客宅のエアコンと自社サーバー間で運転データの通信を行う。
②効果と理由：通信データを自社の設計者が解析することで、顧客に省エネ運転を提案できる。これより、電気代抑制と電力低減によるCO_2 発生量抑制につながる（社会環境管理）。また、データ解析により、市場不具合発生時の原因究明が迅速化できるため、サービス工数低減や解析時間の短縮化が図れる（経済性管理）。さらに、データ解析の機会が増えるため、解析する設計者の解析力向上が期待できる（人的資源管理）。
③課題・リスク：データ蓄積量が日々増大するため、データ解析を担う設計者の疲労が増える。疲労により、解析時間が増加し、設計者のモチベーションが低下する（経済性管理と人的資源管理のトレードオフ）。モチベーション低下を抑制するために、データ解析量を減らすとデータが蓄積し続け、品質改善や新機種設計にデータ利活用できなくなる。よって、解析する設計者の増員（経済性管理）や解析方法の標準化（情報管理)で、解析量を平準化することが課題である。一方、無線通信量増加による情報漏洩リスクに対するセキュリティ対応も課題となる。

●裏面は使用しないで下さい。　●裏面に記載された解答は無効とします。　24字×25行

令和3年度記述式解答例　機械―機械設計

・添削後（5枚目／5枚目）

令和3年度　技術士第二次試験答案用紙

受験番号	○○○○○○○○○○○	技術部門	総合技術監理	部門
問題番号		選択科目	機械－機械設計	
答案使用枚数	5 枚目　　5 枚中	専門とする事項		

○受験番号、問題番号、答案使用枚数、技術部門、選択科目及び専門とする事項の欄は必ず記入すること。
○解答欄の記入は、1マスにつき1文字とすること。（英数字及び図表を除く。）

（3）将来導入されうるデータ利活用の方法
1)AI技術を活用した生産性向上
①-1　データの内容：過去に蓄積したCADデータや日々増大する顧客運転データをAIに機械学習させる。
①-2　利活用の方法：ノウハウCADデータベースに登録したCADデータをAIに機械学習させる。AIが過去データとの類似性を見出すため、設計者が新規にCADデータを作成した際に、設計上の留意点やアドバイスを提示する。一方、顧客運転データをAIが機械学習することで、推奨する運転方法を顧客に提案する。
②効果と理由：CADデータにAIから情報提示されることで、未熟練設計者がベテラン設計者の支援無しに設計することができる。一方、顧客運転に対しては、例えば、エアコンの温度データから室外の温度上昇を抑制する運転をAIが提案する（社会環境管理）。
③課題・リスク：AI提示情報がブラックボックスとなり、提示理由が不明となるリスクが発生する。CADデータにおいては、未熟練設計者がAI提示情報を過信しすぎるため、自身の設計力が低下するリスクが高まる。一方、AI情報を活用しないとCADデータの作成工数が増大する（情報管理と経済性管理のトレードオフ）。また、顧客運転データにおいては、AI情報に誤りがあった場合、顧客に不利益が発生するリスクが高まる。よって、提示情報をブラックボックス化させないシステム構築が課題となる（経済性管理）。　　　　以上

●裏面は使用しないで下さい。　　●裏面に記載された解答は無効とします。　　24字×25行

■令和2年度（2020年度）

論文事例1（建設—都市及び地方計画） （問題は148ページ）

・添削前（1枚目／5枚目）

実務経験を踏まえて設定されていて良いと思いますが、空き店舗の改修・利活用だけだと、設問2以降の論文展開がしづらくなる（主要な被害及びその対策のバリエーションが狭くなる）ので、例えば、事業所である、空き店舗に（利活用の一環として）行政機能の一部、商業・医療施設機能が入居していることを前提にしても良いかと思います。これにより物理的被害以外（例：周辺住民の生活基盤が喪失される）にも言及できやすくなります。

（1）事業場
① 事業場の名称
　地方都市における駅周辺地区の空き店舗
② 目的・成果物
ⅰ）目的
　老朽化した空き店舗の改修・利活用を促進し、地域の活性化に寄与する施設利用を図る。また、地区の土地利用の健全化・増進を図り、地域の安全と経済の発展を図ることを目的とする。
ⅱ）成果物
　施設改修・利活用計画
③ 概要
ⅰ）内部環境
　本施設は木造2階建て、築50年の建築物であり、空き店舗となって3年が経過し、老朽化が著しい。
　所有者は市外に居住しており、金銭的な負担から建物の改修が断続的にしか行われていない。
ⅱ）外部環境
　本施設は、メイン通りに面し立地しており、その老朽化から、地区の景観、防災、市街地環境に悪影響を及ぼしている。周辺には老朽木造建築物が密集しており、他の空き店舗も散在している。また、当該地区は立地適正化計画に基づく、都市機能誘導区域に位置付けられており、準防火地域に指定されている。

●裏面は使用しないで下さい。　　●裏面に記載された解答は無効とします。　　24字×25行

当事業に携わる組織体制に触れると良いです。
これを入れることで、設問2で、人的資源管理（当事業に携わる技術者の能力向上、能力発揮）への言及がしやすくなり、5つの管理の視点からよりバランスよく記述できるようになります。
　（空き店舗の）規模にも触れると、設問2の被害の影響度とも整合性が出てきてより良いです。

令和２年度記述式解答例　建設―都市及び地方計画

・添削前（２枚目／５枚目）

（2）異常な自然現象・主要被害・対策

```
①異常な自然現象と周辺の被害状況
　取り上げる異常な自然現象は、震度６強の大規模地
震とする。周辺地域における被害状況は、当該建物を
含め、老朽木造建物が数棟倒壊し、一部で道路が封鎖
され、都市機能が麻痺する状況を想定する。
②主要な被害と対策
Ａ　：当該空き店舗の倒壊
Ａ０：老朽化による建物の建材飛散、剥落等危険部分
の補修を適宜実施している。しかし、所有者の金銭的
な負担増により、構造躯体の耐震化が行われない経済
性管理と安全管理がトレードオフの状況であった。
Ａ１：耐震改修の実施
　当該建物は、昭和56年以前に建築された旧耐震基準
で設計されており、震度６強の地震には倒壊の恐れが
ある。また、老朽化による強度不足が否めず、新耐震
基準を満たす耐震改修が有効となる。その際、行政が
行っている耐震改修補助金制度などの情報を収集し、
改修費に充てる（経済性管理・情報管理）。その結果、
建物の倒壊を防止することで、安全な市街地環境が確
保できる（安全管理）。
Ａ２：建替えの実施
　当該建物の改修には、多額の費用が掛かる。立地場
所が駅周辺の利便性の高いエリアであることから、需
要を見込み、本施設を除却し、新築する。その際、行
```

●裏面は使用しないで下さい。　　●裏面に記載された解答は無効とします。　　24字×25行

主要な被害 A、B、C がいずれも物理的被害で、似通ってしまっている印象を
受けます。
A　空き店舗の倒壊
B　景観悪化、魅力低下
C　火災発生
もう少し多面的に挙げるとより高評価が得られると思います。

令和2年度記述式解答例　建設─都市及び地方計画

・添削前（3枚目／5枚目）

Ｂにおいては、甚大な被害を被っているので、景観や魅力どころではない……
ということになると思います。

政が行っている空き店舗活用補助金制度などの情報を
収集し、建築費に充てる（経済性管理・情報管理）。そ
の結果、建物の堅牢化に加え、省エネ基準を満たす建
替えにより省エネ化が図られる（社会環境管理）。
　さらに、防火上の既存不適格建築物の更新により、
延焼対策が施され、市街地の防災性も向上する（安全
管理）。
Ｂ　：地震による建物の傾倒・劣化の進行による景観
悪化・まちの魅力の低下
Ｂ０：老朽化による外観部分の補修を適宜実施してい
る。しかし、所有者の金銭的な負担増により、部分的
な補修しか進まず、建物全体の改善が施されず、まち
の景観を損なっている状況であった（経済性管理と社
会環境管理のトレードオフ）。
Ｂ１：テナント誘致
　当該建物の改修には、多額の費用が掛かる。立地場
所が駅周辺の利便性の高いエリアであることから、需
要を見込み、新たなテナントを誘致し、テナント会社
に建物の維持補修を担ってもらう（経済性管理）。
　その結果、外観が改修され、店舗入居により、来訪
者の増加などまちの賑わいが確保され、魅力向上に寄
与できる（社会環境管理）。
Ｃ　：２次災害としての火災の発生
Ｃ０：老朽化した建物倒壊により、２次災害として火
災が想定されるため、建物の不燃化を適宜実施してい

●裏面は使用しないで下さい。　　●裏面に記載された解答は無効とします。　　24字×25行

令和2年度記述式解答例　建設—都市及び地方計画

・添削前（4枚目／5枚目）

C1、C2はいずれも都市計画事業なので、違った切り口でもう一つ挙げる
とより良いです。

る。
　しかし、所有者の金銭的な負担増により、部分的な不燃化しか進まず、建物全体の改善が施されず、防火上の脆弱性が課題となる状況であった（経済性管理と安全管理のトレードオフ）。
C1：市街地再開発事業の実施
　当該地区は、本店舗以外にも周辺には老朽木造建築物が密集しており、他の空き店舗も散在している状況であった。そのため、当該建物を含めた周辺の建物との共同化を市街地再開発事業により実施し、保留床による事業採算性を確保し、建物の不燃化を進める（経済性管理）。さらに、共同化する建物には、公開空地を設けることにより、地域の交流の場として活用され、都市の魅力が向上する（社会環境管理）。その結果、地域の防火上の脆弱性が解消され、安全安心な市街地環境が享受される（安全管理）。
C2：土地区画整理事業の実施
　当該地区は密集市街地であり、地震を含めた大規模災害に対する対策が必要であった。そのため、当該建物を含めた老朽木造建物エリアを施行区域とした土地区画整理事業を実施する。その結果、減歩負担により、各地権者の金銭的な負担がなく市街地の防災性が向上する。さらに、都市計画道路等の広幅員道路が整備されることにより、延焼防止、避難路確保などの市街地環境が改善される（社会環境管理）。

●裏面は使用しないで下さい。　　●裏面に記載された解答は無効とします。　　24字×25行

令和2年度記述式解答例　建設─都市及び地方計画

・添削前（5枚目／5枚目）

コモンズ協定による施設整備・管理がなぜ人的資源管理に該当するのかがわかりにくいです。
※人的資源管理＝人の能力向上、能力発揮　です。

情報共有・発信だと、情報管理に該当すると思います。

優先順位付けの拠り所（軸）を一文入れるとより良いです。

例えば、「リスクの発生確率×発生時の被害の大きさ」としても良いです。

```
（3）追加対策の実施計画
①優先順位
　昨今の自然災害の激甚・頻発化を踏まえ、早急な対
策が可能な対策を優先させる必要があることから、「A」
・「B」・「C」の順で対策を実施する。
②提案内容
ⅰ）「A」
　A1・A2では、所有者が個別に情報収集・建物改
修等を実施するのではなく、他の老朽建物所有者と連
携して、情報共有・発信により対策を実施する（人的
資源管理）。
ⅱ）「B」
　B1では、空家情報バンクを活用して、賃借・購入
希望者を募ることで、迅速化を図る（情報管理）。コモ
ンズ協定による施設整備・管理を実施する（人的資源
管理）。
ⅲ）「C」
　C1・C2では、まちづくり促進期成会を発足させ、
再開発の機運を高める（人的資源管理）。また、有識者
による勉強会を開催し、事業理解を促進させる（情報
管理）。
③留意事項
　技術監理を個別に管理するのではなく、有機的に連
携させ、業務全般を俯瞰的に把握・分析し、総合的な
判断で業務を遂行する必要がある。　　　　　　以上
```

●裏面は使用しないで下さい。　　●裏面に記載された解答は無効とします。　　24字×25行

まちづくり促進期成会の発足がなぜ人的資源管理に該当するのかがわかりにくいです。

〈講評〉
　総監の論文作成が初めてとのことですが、総監論文の高いセンスを感じます。総監のA評価論文と比較しても遜色ないと思います。
　総監において、設問2以降の論文展開をしやすいように（例：題意に沿って書きやすくする、5つの管理の視点を上げやすくする）、設問1の設定を工夫することが高評価のポイントといえます。上記コメントを踏まえて加筆修正していただければ、A評価上位が狙えると思います。

■令和2年度（2020年度）
　論文事例1（建設—都市及び地方計画）　　　　　（問題は148ページ）
・添削後（1枚目／5枚目）

令和2年度　技術士第二次試験答案用紙

受験番号	⓪⓪⓪⓪⓪⓪⓪⓪⓪⓪⓪⓪	技術部門	総合技術監理　　　　部門
問題番号		選択科目	建設—都市及び地方計画
答案使用枚数	1枚目　5枚中	専門とする事項	

○受験番号、問題番号、答案使用枚数、技術部門、選択科目及び専門とする事項の欄は必ず記入すること。
○解答欄の記入は、1マスにつき1文字とすること。（英数字及び図表を除く。）

　（1）事業場
①事業場の名称
　地方都市における駅周辺地区のテナントビル
②目的・成果物
ⅰ）目的：本施設は、1階に物販店、3・4階に医療・福祉施設が入居し、2階が空き店舗となって3年が経過している。また、地域住民の生活基盤を支えている重要な施設であり、地域活性化・生活利便性向上の観点から、テナント誘致の必要性がある。
ⅱ）成果物：地域住民への生活・医療・福祉等の都市機能サービスの提供
③概要
ⅰ）内部環境
　本施設は鉄骨造4階建て、延べ床面積3000㎡、築50年が経過し、老朽化が著しい。所有者は金銭的な負担から建物の改修が断続的にしか行われていない。テナント誘致に向け、入居者による誘致活動が実施されており、構成員は各テナント会社の役員15名で、全員が70代である。
ⅱ）外部環境
　本施設は、メイン通りに面し立地している。周辺には生活基盤を支える施設が少なく、老朽化した他の空き店舗も散在している。また、当該地区は老朽建築物が密集して立地しており、準防火地域に指定されている。

●裏面は使用しないで下さい。　　●裏面に記載された解答は無効とします。　　　24字×25行

令和２年度記述式解答例　建設―都市及び地方計画

・添削後（２枚目／５枚目）

令和２年度　技術士第二次試験答案用紙

受験番号	○○○○○○○○○○○	技術部門	総合技術監理	部門
問題番号		選択科目	建設－都市及び地方計画	
答案使用枚数	２枚目　５枚中	専門とする事項		

○受験番号、問題番号、答案使用枚数、技術部門、選択科目及び専門とする事項の欄は必ず記入すること。
○解答欄の記入は、１マスにつき１文字とすること。（英数字及び図表を除く。）

　（２）異常な自然現象・主要被害・対策
①異常な自然現象と周辺の被害状況
　　取り上げる異常な自然現象は、震度６強の大規模地震とする。周辺地域における被害状況は、当該建物を含め、老朽建築物が数棟倒壊し、一部で道路が封鎖され、都市機能が麻痺する状況を想定する。
②主要な被害と対策
Ａ　：当該施設の倒壊
Ａ０：老朽化による建物の建材飛散、剥落等危険部分の補修を適宜実施している。しかし、所有者の金銭的な負担増により、構造躯体の耐震化が行われない経済性管理と安全管理がトレードオフの状況であった。
Ａ１：耐震改修の実施
　　当該建物は、昭和56年以前に建築された旧耐震基準で設計されており、震度６強の地震には倒壊の恐れがある。また、老朽化による強度不足が否めず、新耐震基準を満たす耐震改修が有効となる。その際、行政が行っている耐震改修補助金制度などの情報を収集し、改修費に充てる（経済性管理・情報管理）。その結果、建物の倒壊を防止することで、安全な市街地環境が確保できる（安全管理）。
Ａ２：建替えの実施
　　当該建物の改修には、多額の費用が掛かる。立地場所が駅周辺の利便性の高いエリアであることから、需要を見込み、本施設を除却し、新築する。その際、行

●裏面は使用しないで下さい。　　●裏面に記載された解答は無効とします。　　24字×25行

令和2年度記述式解答例　建設—都市及び地方計画

・添削後（3枚目／5枚目）

令和2年度　技術士第二次試験答案用紙

受験番号	○○○○○○○○○○○	技術部門	総合技術監理　　　　部門
問題番号		選択科目	建設－都市及び地方計画
答案使用枚数	3枚目　5枚中	専門とする事項	

○受験番号、問題番号、答案使用枚数、技術部門、選択科目及び専門とする事項の欄は必ず記入すること。
○解答欄の記入は、1マスにつき1文字とすること。（英数字及び図表を除く。）

政が行っている空き店舗活用補助金制度などの情報を
収集し、建築費に充てる（経済性管理・情報管理）。そ
の結果、建物の堅牢化に加え、省エネ基準を満たす建
替えにより省エネ化が図られる（社会環境管理）。
　さらに、防火上の既存不適格建築物の更新により、
延焼対策が施され、市街地の防災性も向上する（安全
管理）。
B　：地域の生活基盤の喪失
B0：地震による建物倒壊・道路封鎖により地域住民
の移動手段が限られ、生活に支障をきたす恐れがある。
そのため、事前の備えとして、地区内の生活利便施設
の増設に向け、入居者による空き店舗の誘致活動によ
り、生活利便施設の誘致を行っている。しかし、高齢
者が多く情報発信を上手に行うことができず、生活利
便施設誘致が進まない状況であった（情報管理と社会
環境管理のトレードオフ）。
B1：防災備蓄倉庫の設置
　2階の空き店舗部分を、食料・水・日用品のほか、
毛布・自家用発電機などの防災品の備蓄倉庫に活用す
る（安全性管理）。その際、当該施設のテナントである
物販店、医療・福祉施設の在庫保管庫としても活用す
る。その結果、在庫スペースの拡張により、各テナン
トの販売品等の輸送コストが低減される（経済性管理）。
さらに、災害時に、各テナントの在庫品を避難生活物
資として活用することで、避難生活時の物資の滞りを

●裏面は使用しないで下さい。　●裏面に記載された解答は無効とします。　　　24字×25行

令和2年度記述式解答例　建設─都市及び地方計画

・添削後（4枚目／5枚目）

令和2年度　技術士第二次試験答案用紙

受験番号	○○○○○○○○○○○○	技術部門	総合技術監理	部門
問題番号		選択科目	建設－都市及び地方計画	
答案使用枚数	4枚目　5枚中	専門とする事項		

○受験番号、問題番号、答案使用枚数、技術部門、選択科目及び専門とする事項の欄は必ず記入すること。
○解答欄の記入は、1マスにつき1文字とすること。（英数字及び図表を除く。）

防ぐことが可能となる（安全管理）。
B2：地域の避難所の設置
　2階の空き店舗部分を、地域の避難施設として活用する（安全性管理）。さらに、平時は地域住民の交流の場として有償で貸し、その費用の積立金を施設改修費に充てる（経済性管理）。その結果、地域の防災性向上とコミュニティの形成に寄与する。
C　　：2次災害としての火災の発生
C0：地震時の建物倒壊による油漏れや電線のショートなどを原因とした火災が想定される。また、本地区は密集市街地であることから、延焼遮断帯となる公園や広幅員道路が不足しているため、大規模火災が想定される。そのため、事前の備えとして、建物の不燃化を各所有者が適宜実施している。しかし、金銭的な負担増により、部分的な不燃化しか進まず、防火上の脆弱性が課題となる状況であった（経済性管理と安全管理のトレードオフ）。
C1：事前防災の実施
　災害脆弱性をソフト面から改善することが被害軽減には有効であることから、自治会による防災避難訓練を定期的に開催する。その際、防災コーディネーターを招き、アドバイスをもとに最適な避難計画を作成する（情報管理）。その結果、早期の避難による被害軽減につながる。

●裏面は使用しないで下さい。　●裏面に記載された解答は無効とします。　　　24字×25行

令和2年度記述式解答例　建設─都市及び地方計画

・添削後（5枚目／5枚目）

令和2年度　技術士第二次試験答案用紙

受験番号	○○○○○○○○○○○○	技術部門	総合技術監理	部門
問題番号		選択科目	建設－都市及び地方計画	
答案使用枚数	5枚目　5枚中	専門とする事項		

○受験番号、問題番号、答案使用枚数、技術部門、選択科目及び専門とする事項の欄は必ず記入すること。
○解答欄の記入は、1マスにつき1文字とすること。（英数字及び図表を除く。）

　（3）追加対策の実施計画
①優先順位
　昨今の災害の頻発化・激甚化を踏まえ、対策の迅速性を優先させる必要がある。対策の費用が安価であれば迅速化がより可能となる。さらに、その対策が事業場周辺の地区にも波及すれば、対策の効果が大きい。
　以上より、対策の優先順位を、C1＞B1・B2＞A1＞A2とする。
②提案内容
・C1：地域の避難訓練を四季ごとの特徴を踏まえた避難計画とするため、年4回実施する（安全性管理）。その際、本施設構成員から防災士を育成し、主導的な立場で避難計画を策定する（人的資源管理）。
・B1・B2：備蓄品の在庫管理や平時の際の貸出収益の管理は、本施設構成員が担う。さらに、本スペースをC1実行時の避難訓練本部や地域の防災教室など様々な防災情報の伝達の場として活用（経済性管理）し、マイタイムラインの作成などを行う（情報管理）。
・A1：上記B1・B2の対策に当たっては、防災施設として建物の耐震性を高める必要がある。そのため、外部ブレース補強等の改修工事により、施設を利用しながらの耐震施工とする（経済性管理・安全管理）。
・A2：時間と費用を相当程度要することから、上記対策の効果を踏まえて、実施時期を判断する（経済性管理）。　　　　　　　　　　　　　　　　　　　　　以上

●裏面は使用しないで下さい。　●裏面に記載された解答は無効とします。　　　　　24字×25行

■令和2年度（2020年度）

論文事例2（建設―建設環境）　　　　　　（問題は148ページ）

・添削前（1枚目／5枚目）

目的について、抽象的な印象を受けます（試験官が、具体的に何を行っているのかが掴めない）。事業概要を含めてもう少し具体的に記述されると良いと思います。

（1）事業場とその概況
① 事業場の名称
　○○○○環境技術センター
② 事業の目的及び創出している成果物
　事業の目的は環境影響評価や環境測定を通じて、環境保全を実現することである。
　成果物は環境影響評価書や環境計量証明書である。
③ 事業場の概要
ア 所在地
　○○県○○市内の1級河川○○川の中流域の近傍に所在する。工場の敷地内にあり、電気はここから100％受電している。工場自体は自家発電70％、○○電力からの受電30％である。
イ 従業員
　全員が昼間勤務である。外部勤務である営業部と調査部が15名、内部勤務である管理者、総務部、分析部で25名である。
　半数は徒歩圏内に住居があり、残り半数は電車と自家用車で通勤している。
ウ 所有設備
　外部勤務用の業務用車両7台所有している。外部勤務者には個別に携帯電話を持たせている。
　内部勤務用のデータサーバーが1台、システムサーバーが3台稼働している
　屋外調査やラボ分析用の測定機材と試薬庫がある。

●裏面は使用しないで下さい。　　　●裏面に記載された解答は無効とします。　　　24字×25行

事業の実施体制・執務環境（経済性管理、人的資源管理、情報管理、安全管理の視点）についても適宜触れてみましょう（設問2、3と連動させる）。

令和2年度記述式解答例　建設─建設環境

・添削前（2枚目／5枚目）

A0：なされていない対策があれば、その理由（管理間のトレードオフ等）も
挙げてみましょう。（B0、C0も同じです）

> （2）異常な自然現象とそれによる想定被害
> ①異常な自然現象と事業場周辺の被害状況
> ア異常な自然現象
> 　　東日本大震災クラスの巨大地震が未明に発生
> イ事業場周辺における被害状況
> ・道路：地盤変動により事業場周辺の道路が寸断
> ・電気：地震動により工場の自家発電が緊急停止
> ・通信：通信回線の混雑により通話不能
> ②事業場が受ける被害とその内容
> Ａ：物的被害による出社困難
> 　　道路の寸断や家屋の倒壊により、約半数の社員が出
> 社困難になる。
> Ａ０：緊急連絡網による安否確認
> 　　以下の手順で安否確認して、設備の安全確認を実施
> する。安否確認は自身や家族の安全、住居の安全、通
> 勤ルートの確保を含む。
> Ｓ１：部長が組織内の社員に電話で安否確認
> Ｓ２：部長は事業所長に電話で組織内の安否報告
> Ｓ３：事業所長は出社可能な社員数を把握
> Ｓ４：事業所長は指名する社員に出社指示
> Ｓ５：部長は出社指示者と自宅待機者を選別して連絡
> Ａ１：安否確認システムの導入
> 　　セキュリティ会社等が提供する携帯メールを使った
> 安否確認システムを導入する。電話網とは違う回線で
> 安否確認できるため、電話網のように混線や不通にな

●裏面は使用しないで下さい。　　　●裏面に記載された解答は無効とします。　　　24字×25行

令和2年度記述式解答例　建設─建設環境

・添削前（3枚目／5枚目）

A1〜A2、B1 について、情報管理に偏った視点になっているので、他の管理の視点も含めると、バランスが良いです（特定の管理に偏らず、5つの管理を理解しバランス良く使いこなせることを試験官にアピールしたいところです）。

> ることなく、情報を速やかに収集できるメリットがある。
> A2：チャットサービスの活用
> 　LINEWORKS やTEAMS のように会社専用のチャットサービスを導入する。電話網よりもつながりやすく、テキストで確実に状況を連絡して、社内でその内容を速やかに共有できるメリットがある。

> B：停電によるサーバーの損傷
> 　停電によりサーバーが損傷し、データやシステムが利用できなくなる。
> B0：UPS によるサーバーの自動シャットダウン
> 　サーバーにはすべてUPS を接続している。これにより自家発電の電圧変動による動作不良や停電時の一定時間の稼働を保証している。UPS の電源が残っている時間内にサーバーを自動でシャットダウンするプログラムを設定している。

> B1：クラウドサーバーへの移行
> 　サーバー一式をすべてクラウドサービスに移行する。データ損失の確率を減らし、自宅待機者でも自宅のパソコンやスマートフォンを用いて社内データにアクセス可能となる。

> C：地震動による建物の損壊
> 　立地が河川に近い軟弱地盤のため、地震動により建

●裏面は使用しないで下さい。　　●裏面に記載された解答は無効とします。　　24字×25行

令和2年度記述式解答例　建設─建設環境

・添削前（4枚目／5枚目）

物が損壊して、分析機器が使えなくなる。
C0：建物診断
　工場内の設備管理部門による建物診断を実施し、建物内の損壊可能性を把握している。コンクリート造りで強固な箇所に重要な分析機器を設置して被害の可能性を少なくしている。
C1：相互協力協定による外注先の確保
　近隣の同業他社と協定を結び、緊急時の相互協力体制を確保する。このことで、設備が使えないことにより分析が停止する可能性を減らすことが出来る。
C2：事業場の移転
　建物診断により、耐震補強も難しい古い建物であることが判明しており、近隣の適地に耐震基準を満たした建物内に事業場を移転する。地震による損壊の可能性を最小化して、事業の継続性が確保できる。

令和２年度記述式解答例　建設―建設環境

・添削前（５枚目／５枚目）

　優先順位の理由については、わかりやすくて良いです。ただ、上述したとおり、情報管理の視点からの対策に若干偏っていますので、他の管理からの対策も含めたうえで、再検討していただければと思います。
　また、設問１③イ・ウとうまく連携させて論文展開できると、ある対策の優先順位が低くなったり、高くなったりすることの論理的整合が高まると思います。

（3）将来に備えた対策の実施計画の提案
　事業の継続の観点で「リスク値＝発生確率（１点～３点）×影響度（１点～３点）」を判断した場合、Ｂは９点であり、Ａ（３×２＝６点）やＣ（２×２＝４点）より優先して対策する必要がある。
　また、投資判断においても、ＡやＣは社外のリソースを使うことは可能であるが、Ｂは顧客情報、契約情報、測定情報等、すべて内部で管理して、社外に漏洩させない必要がある。Ｃ２は高額すぎるため、検討から除外する。
　Ｂ１により、データ損失の確率を１点、リスク値を３点とできる。情報漏洩対策のため、クラウドサーバーへアクセスするルール等も事前に定めておく（情報管理）。社用ＰＣを可搬型にして、在宅勤務でも事務作業が出来るようにする（経済性管理）。テレワーク就業規則も整備し、在宅勤務における費用負担や勤怠管理を明確にする（人的資源管理）。
　Ａ１とＡ２により、災害初期段階の点検要員を判断でき（情報管理、安全管理）、さらに事業所近隣の社員が試薬庫の漏洩も含めた点検作業できるように訓練して（人的資源管理、安全管理、社会環境管理）設備損傷の確率を１点、リスク値２点とできる。
　Ｃ１により、自社設備を使えない影響度を１点、リスク値を２点とできる（工程管理）。協定先の品質を確認する仕組みも必要である（経済性管理）。　　　　以上

●裏面は使用しないで下さい。　　●裏面に記載された解答は無効とします。　　24字×25行

〈講評〉

　題意に沿って書かれています。上記コメントを踏まえて加筆修正していくと、Ａ評価を得られる確率が着実に上がっていくと思います。

■令和2年度（2020年度）
論文事例2（建設―建設環境）　　　　　　　（問題は148ページ）
・添削後（1枚目／5枚目）

令和2年度　技術士第二次試験答案用紙

受験番号	○○○○○○○○○○○○	技術部門	総合技術監理	部門
問題番号		選択科目	建設－建設環境	
答案使用枚数	1 枚目　5 枚中	専門とする事項		

○受験番号、問題番号、答案使用枚数、技術部門、選択科目及び専門とする事項の欄は必ず記入すること。
○解答欄の記入は、1マスにつき1文字とすること。（英数字及び図表を除く。）

（1）事業場とその概況
① 事業場の名称
　　○○○○環境技術センター
② 事業の目的及び創出している成果物
　環境影響評価を通じて、事業者が事業活動に伴う環境負荷を把握できる情報を提供することである。
　成果物は環境影響評価書や環境計量証明書である。
③ 事業場の概要
ア 所在地
　　○○県○○市内の1級河川の中流域の近傍に所在する。工場の敷地内にあり、電気はここから100％受電している。
イ 従業員
　全員が昼間勤務で、男女比率は2対8である。外部勤務である営業部と調査部が15名、内部勤務である管理者、総務部、分析部で25名である。
　半数は徒歩圏内に住居があり、残りは電車と自家用車で通勤している。8割の社員が共働き世帯である。
ウ 所有設備
　外勤用に営業や調査部が使う業務用車両や携帯電話、試料採取用器具、現地測定機器を所有している。
　内勤用にデスクトップPC、化学分析用の測定器や器具、毒劇物や危険物を含む化学物質を保管する試薬庫がある。情報基盤として、データサーバーが1台、システムサーバーが3台稼働している。

●裏面は使用しないで下さい。　●裏面に記載された解答は無効とします。　　　　24字×25行

令和2年度記述式解答例　建設―建設環境

・添削後（2枚目／5枚目）

令和2年度　技術士第二次試験答案用紙

受験番号	○○○○○○○○○○○○		技術部門	総合技術監理	部門
問題番号			選択科目	建設－建設環境	
答案使用枚数	2枚目　5枚中		専門とする事項		

○受験番号、問題番号、答案使用枚数、技術部門、選択科目及び専門とする事項の欄は必ず記入すること。
○解答欄の記入は、1マスにつき1文字とすること。（英数字及び図表を除く。）

（	2	）		異	常	な	自	然	現	象	と	そ	れ	に	よ	る		想	定	被	害	
①		異	常	な	自	然	現	象	と	事	業	場	周	辺	の	被	害	状	況				
ア		異	常	な	自	然	現	象															
		東	日	本	大	震	災	ク	ラ	ス	の	巨	大	地	震	が	未	明	に	発	生	
イ		事	業	場	周	辺	に	お	け	る	被	害	状	況								
・		道	路	：	地	盤	変	動	に	よ	り	事	業	場	周	辺	の	道	路	が	寸	断
・		電	気	：	地	震	動	に	よ	り	工	場	の	自	家	発	電	が	緊	急	停	止
・		通	信	：	通	信	回	線	の	混	雑	に	よ	り	通	話	不	能				
②		事	業	場	が	受	け	る	被	害	と	そ	の	内	容							
A	：	物	的	被	害	に	よ	る	出	社	困	難										
		道	路	の	寸	断	や	家	屋	の	倒	壊	に	よ	り	、	約	半	数	の	社	員	が	出
社	困	難	に	な	る	。																
A	0	：	緊	急	連	絡	網	に	よ	る	安	否	確	認								
		以	下	の	手	順	で	安	否	確	認	し	て	、	設	備	の	安	全	確	認	を	実	施
す	る	。	安	否	確	認	は	自	身	や	家	族	の	安	全	、	住	居	の	安	全	、	通
勤	ル	ー	ト	の	確	保	を	含	む	。												
S	1	：	部	長	が	組	織	内	の	社	員	に	電	話	で	安	否	確	認			
S	2	：	部	長	は	事	業	所	長	に	電	話	で	組	織	内	の	安	否	報	告	
S	3	：	事	業	所	長	は	出	社	可	能	な	社	員	数	を	把	握				
S	4	：	事	業	所	長	は	指	名	す	る	社	員	に	出	社	指	示				
S	5	：	部	長	は	出	社	指	示	者	と	自	宅	待	機	者	を	選	別	し	て	連	絡
		な	お	、	社	用	の	ス	マ	ー	ト	フ	ォ	ン	を	配	付	し	て	連	絡	手	段	を
確	保	（	情	報	管	理	）	す	べ	き	と	こ	ろ	で	あ	る	が	、	維	持	費	（	経
済	性	管	理	）	と	ト	レ	ー	ド	オ	フ	に	な	る	た	め	断	念	し	て	い	る	。
A	1	：	「	携	帯	緊	急	カ	ー	ド	」	に	よ	る	初	動	対	応	訓	練		

●裏面は使用しないで下さい。　　●裏面に記載された解答は無効とします。　　24字×25行

令和2年度記述式解答例　建設―建設環境

・添削後（3枚目／5枚目）

令和2年度　技術士第二次試験答案用紙

受験番号	〇〇〇〇〇〇〇〇〇〇〇〇		技術部門	総合技術監理	部門
問題番号			選択科目	建設－建設環境	
答案使用枚数	3 枚目　5 枚中		専門とする事項		

○受験番号、問題番号、答案使用枚数、技術部門、選択科目及び専門とする事項の欄は必ず記入すること。
○解答欄の記入は、1マスにつき1文字とすること。（英数字及び図表を除く。）

　　初動対応を記載した「携帯緊急カード」を全社員に配布し、在宅を想定した初動対応訓練を年1回実施する。分厚いマニュアルではなく、本当に必要な事項だけをカードに記載することで、実際の行動に移すことが出来る確率を高めるメリットがある。
　　個々の従業員にとって、自身や家族の安全を優先すべきか、出社して会社の業務を優先すべきか、判断しかねることが想定される。そこでカードには「個人の判断を優先し、会社はその判断を尊重する」旨を明記して、行動基準を明示しておく。
A2：最小人員による化学物質の漏洩点検訓練
　　最小限の出社社員により、試薬庫周辺に化学物質が漏洩していないか点検を行う。試薬瓶の破損・転倒による漏洩で、復旧作業時に中毒事故を起こさないために行う。
　　薬品の安全情報シートや防護服は事業場内の薬品庫から離れた屋外倉庫に保管しておく。
B：停電によるサーバーの損傷
　　停電によりサーバーが損傷し、データやシステムが利用できなくなる。
B0：UPSによるサーバーの自動シャットダウン
　　サーバーにはすべてUPSを接続している。これにより自家発電の電圧変動による動作不良や停電時の一定時間の稼働を保証している。UPSの電源が残っている時間内にサーバーを自動でシャットダウンするプログ

●裏面は使用しないで下さい。　●裏面に記載された解答は無効とします。　　　　24字×25行

令和2年度記述式解答例　建設—建設環境

・添削後（4枚目／5枚目）

令和2年度　技術士第二次試験答案用紙

受験番号	○○○○○○○○○○○○	技術部門	総合技術監理	部門
問題番号		選択科目	建設－建設環境	
答案使用枚数	4枚目　5枚中	専門とする事項		

○受験番号、問題番号、答案使用枚数、技術部門、選択科目及び専門とする事項の欄は必ず記入すること。
○解答欄の記入は、1マスにつき1文字とすること。（英数字及び図表を除く。）

ラムを設定している。非常用電源としての自家発電装
置は高額のため導入を見送っている。
B1：クラウドサーバーへの移行
　サーバー一式をすべてクラウドサービスに移行する。
データ損失の確率を減らし、自宅待機者でも自宅のパ
ソコンやスマートフォンを用いて社内データにアクセ
ス可能となる。
C：地震動による建物の損壊
　立地が河川に近い軟弱地盤のため、地震動により建
物が損壊して、分析機器が使えなくなる。
C0：建物診断
　工場内の設備管理部門による建物診断を実施（情報
管理）し、建物内の損壊可能性を把握している（安全
管理）。コストとのトレードオフで全面的に安全確保で
きないため、コンクリート造りで強固な箇所に重要な
分析機器を設置して被害の可能性を少なくしている。
C1：相互協力協定による外注先の確保
　近隣の同業他社と協定を結び、緊急時の相互協力体
制を確保する。このことで、設備が使えないことによ
り分析が停止する可能性を減らすことが出来る。
C2：事業場の移転
　建物診断により、耐震補強も難しい古い建物である
ことが判明しており、近隣の適地に耐震基準を満たし
た建物内に事業場を移転する。地震による損壊の可能
性を最小化して、事業の継続性が確保できる。

●裏面は使用しないで下さい。　●裏面に記載された解答は無効とします。　　24字×25行

令和２年度記述式解答例　建設―建設環境

・添削後（5枚目／5枚目）

令和２年度　技術士第二次試験答案用紙

受験番号	○○○○○○○○○○○○	技術部門	総合技術監理　　　　部門
問題番号		選択科目	建設－建設環境
答案使用枚数	5 枚目　　5 枚中	専門とする事項	

○受験番号、問題番号、答案使用枚数、技術部門、選択科目及び専門とする事項の欄は必ず記入すること。
○解答欄の記入は、１マスにつき１文字とすること。（英数字及び図表を除く。）

（3）将来に備えた対策の実施計画の提案
　事業の継続の観点で「リスク値＝発生確率（１点～３点）×影響度（１点～３点）」を判断した場合、Bは９点であり、A（３×２＝６点）やC（２×２＝４点）より優先して対策する必要がある。
　また、投資判断においても、AやCは社外のリソースを使うことは可能であるが、Bは顧客情報、契約情報、測定情報等、すべて内部で管理して、社外に漏洩させない必要がある。C2は高額のため、除外する。B1により、データ損失の確率を１点、リスク値を３点とできる。情報漏洩対策のため、クラウドサーバーへアクセスするルール等も事前に定めておく（情報管理）。社用PCを可搬型にして、在宅勤務でも事務作業が出来るようにする（経済性管理）。テレワーク就業規則も整備し、在宅勤務における費用負担や勤怠管理を明確にする（人的資源管理）。
　A1とA2により、社員の安全を確保し（情報管理、安全管理）、化学物質による二次災害の確率を１点、リスク値２点とできる（安全管理、社会環境管理）。
　点検マニュアルの整備（経済性管理）や使用している化学物質の定期的見直し（情報管理）が必要になる。C1により、自社設備を使えない影響度を１点、リスク値を２点とできる（工程管理）。協定先の品質を確認する仕組みも必要である（経済性管理）。
　　　　　　　　　　　　　　　　　　　　　　　　　　　　以　上

●裏面は使用しないで下さい。　　●裏面に記載された解答は無効とします。　　24 字 ×25 行

■令和2年度（2020年度）
　論文事例3（建設─鉄道）　　　　　　　（問題は148ページ）
・添削前（1枚目／5枚目）

> （1）①事業場の名称
> 　事業場として、○○○○○駅を取り上げる。
> ②事業場で行われている事業の目的・成果物
> 　本事業場では、○○○線、○○○○線の鉄道ネットワークを通じて、鉄道輸送サービスを提供している。また、安全かつ快適な移動を通じて、通勤、通学、出張、旅行等、都市内・都市間の移動を伴う社会経済活動の機会を創出することにより、これらの活動の基盤を支え、提供している。
> ③事業場の概要
> 　○○○○○駅は我が国で最も古くに建設された鉄道駅の1つであり、周辺は○○湾や河川に近い低地に建築されている。地下鉄及び○○空港に向かうモノレールとの乗換駅となっており、○○圏における主要な交通結節点の1つである。
> 　近年、周辺の再開発が進んでおり、ビルの建て替えや高層化により通勤利用客が増加している。またインバウンドによる海外からの旅行客の増加に伴い、乗降及び乗換によるホームや階段の混雑が一層激しくなっている。
> 　これまで古い駅舎を改築しながら使用してきたため、設備の老朽化が激しく、エレベーター等のバリアフリー設備が未整備である。駅の改札は、線路下にある北口と、線路より上のレベルにある南口とに分断され、コンコースも十分な広さがなく、常に混雑している。

●裏面は使用しないで下さい。　　　●裏面に記載された解答は無効とします。　　24字×25行

令和2年度記述式解答例　建設—鉄道

・添削前（2枚目／5枚目）

---

(2)① 取り上げる自然現象と被害状況

　異常な自然現象として、台風を取り上げる。

　当事業場は、海と河川が近く一帯が低地となる場所に設置されており、主要な改札口である北口改札は線路下の高さで道路に面している。また、地下鉄や周辺のビルに接続する地下デッキが整備されており、台風による大雨で近くを流れる河川が氾濫した場合、北口改札及び地下デッキが冠水、水没する被害が生じる恐れがある。

　さらに、周辺では再開発により高層ビルが多く、台風による強風がより一層風速を増す恐れがあるほか、強風による飛散物、飛来物が発生する被害が生じることが想定される。

② 主要な被害及び現況の対策、追加する対策

A：強風による列車の横転、脱線…強風により、走行する列車が横転、脱線する被害である。

A0：計画運休の実施…台風により上記被害が想定される場合、あらかじめ列車を運休し、運行中の列車の脱線、横転による被害を防ぐ対策が講じられている。

A1：帰宅困難者対策…台風の進路や速度に関して予想が外れた場合や、運休のアナウンスが不足していた場合、昼間人口の多い○○○○○では、駅での帰宅困難者が生じる可能性がある。そのため、事前対策として帰宅困難者受け入れ態勢を整える対策が必要となる。毛布や食料など災害予備品の備蓄や、駅係員による安

●裏面は使用しないで下さい。　　●裏面に記載された解答は無効とします。　　24字×25行

問題文に「対策がなされていなければその理由を記せ」とありますので、（対策ができていないまたは不十分な点があれば、）ここで管理間のトレードオフを記載しましょう。

令和２年度記述式解答例　建設―鉄道

・添削前（３枚目／５枚目）

全な場所への誘導・アナウンスの訓練を行う。
Ｂ：強風による駅、列車の破損、故障…台風による強
風が発生し設置物の転倒や飛散、また外部からの飛散
物による破損が生じる被害が想定される。
B0：防風柵や防護柵の整備…沿岸部の風が強い箇所で
は、防風柵や風速計が設置されている。
B1：都市部における防風柵や防護柵の整備…年中を通
じて強風が観測される沿岸部の一部地域には風速計、
防風柵が設置されているものの、都市部における設置
は少ない。利用者の多い首都圏の主要線区・駅に対し
て、主要な信号設備や電気設備、構造物の破損を防止
するための防風柵の整備を進めることが望ましいと考
える。
B2：復旧の早期化のための体制づくり…事業場の外部
からの飛来物・飛散物は、台風の風速や周辺の状況に
も左右され、完全に予測・対策することは困難である。
そこで、上記のリスクは保有した上で、台風が通過し
た後、駅や線路内への飛散物や被害の状況を点検・診
断し、必要な場合は早期に復旧工事を実施できる体制
づくりを行う。具体的には、事前対策として、応急・
復旧資材の準備や人員の手配等が有効である。特に異
常時に迅速に構造物の健全度を判定するために、人的
資源管理の観点から、事前に必要な教育・訓練を行う
ことが求められる。
Ｃ：大雨による浸水被害…大雨により周辺の河川が氾

●裏面は使用しないで下さい。　　●裏面に記載された解答は無効とします。　　24字×25行

問題文に「対策がなされていなければその理由を記せ」とありますので、
（対策ができていないまたは不十分な点があれば、）ここで管理間のト
レードオフを記載しましょう。

令和2年度記述式解答例　建設─鉄道

・添削前（4枚目／5枚目）

濫した場合、線路より下の高さにある北口改札及び改札に面する道路、地下鉄への連絡デッキが浸水する被害が生じる。浸水による停電発生により駅の機能が停止した場合、復旧に時間を要する。

C0：駅係員による避難訓練…大雨による北口への浸水を想定し、浸水被害が想定される北口改札・駅舎からより上の階にある南口改札へ避難・誘導する異常時訓練を実施している。

C1：非常用電源の確保…当該事業所周辺一帯は低地が広がっており、冠水した場合、復旧までに時間を要することが想定される。また、他箇所への避難が困難であることから、復旧までの間、非常用電源設備の整備及び燃料の配備を行うことが有効である。約3日間を目安に、稼働できる電源装置を整備する。

C2：駅舎の改造、移転…浸水リスク抜本的な対策として、駅全体を改築し、浸水リスクの高い地下階にある駅設備・機能を上部の階へ新設し移転させる対応策である。長期にわたり多額のコストがかかるという経済性管理の観点からの課題があるものの、（1）にて述べたような現在の○○○○○駅が抱える混雑、老朽化等の課題についても併せて改善を見込めるような全体計画として計画することで、実現可能な案を構築することができると考える。

●裏面は使用しないで下さい。　　　●裏面に記載された解答は無効とします。　　　24字×25行

問題文に「対策がなされていなければその理由を記せ」とありますので、（対策ができていないまたは不十分な点があれば、）ここで管理間のトレードオフを記載しましょう。

令和２年度記述式解答例　建設─鉄道

・添削前（5枚目／5枚目）

（3）将来の被害の発生に備えとるべき実施計画
　台風は毎年のように激甚化しており、被害発生のリスクは高いといえる。そのため、経済性管理の観点からすぐに対応可能な施策から順に実施する対応とする。対応策の中では被害規模の大きい順にC＞A＞Bとして優先順位を付した。
（Ⅰ）短期的に実施すべき対策（0〜5年以内）
①C1…持ち運びが可能な非常用電源装置を整備する。
②A1…周辺のビル事業者と協同し、エリアマネジメントの一環として駅周辺エリア全体の避難計画や事業継続計画（BCP）を策定のうえ、帰宅困難者対策を講じることが有効である。
③B2…応急資機材の準備や、健全度判定の対応人員を確保する。
　①②③各対策を講じるにあたり、人的資源の観点から、必要な訓練、教育を実施することが必要である。
（Ⅱ）中長期的に実施すべき対策（5年以上）
C2は抜本的対策となるためを最終的な対策とした。
④B1…路線全体や設備の重要度に鑑み、優先順位を考えた上で防風柵を整備する。
⑤C2…（2）にて述べた通り、災害時の被害軽減に留まらず、駅全体の課題の改善を目指す計画として、経済性管理の観点から検討、構築を行う。
　以上の対策を実施することにより、将来台風による被害の軽減及び課題の改善を図ることができる。以上

●裏面は使用しないで下さい。　●裏面に記載された解答は無効とします。　24字×25行

講評
　題意に沿って、とても読みやすく、5つの管理の視点でバランス良く書けています。
　管理間のトレードオフを書くチャンスは、（2）A0〜C0 かと思いますので、ここでトレードオフに言及しましょう。

255

■令和2年度（2020年度）
論文事例3（建設─鉄道）　　　　　　　　　（問題は148ページ）
・添削後（1枚目／5枚目）

令和2年度　技術士第二次試験答案用紙

受験番号	○:○:○:○:○:○:○:○:○:○:○:○	技術部門	総合技術監理	部門
問題番号		選択科目	建設─鉄道	
答案使用枚数	1枚目　5枚中	専門とする事項		

○受験番号、問題番号、答案使用枚数、技術部門、選択科目及び専門とする事項の欄は必ず記入すること。
○解答欄の記入は、1マスにつき1文字とすること。(英数字及び図表を除く。)

　(1)　①　事業場の名称
　　事業場として、○○○○○駅を取り上げる。
②　事業場で行われている事業の目的・成果物
　　本事業場では、○○○○線、○○○○線の鉄道ネットワークを通じて、鉄道輸送サービスを提供している。また、安全かつ快適な移動を通じて、通勤、通学、出張、旅行等、都市内・都市間の移動を伴う社会経済活動の機会を創出することにより、これらの活動の基盤を支え、提供している。
③　事業場の概要
　　○○○○○駅は我が国で最も古くに建設された鉄道駅の1つであり、周辺は○○湾や河川に近い低地に建築されている。地下鉄及び○○空港に向かうモノレールとの乗換駅となっており、○○圏における主要な交通結節点の1つである。
　　近年、周辺の再開発が進んでおり、ビルの建て替えや高層化により通勤利用客が増加している。またインバウンドにより海外からの旅行客の増加に伴い、乗降及び乗換によるホームや階段の混雑が一層激しくなっている。
　　これまで古い駅舎を改築しながら使用してきたため、設備の老朽化が激しく、エレベーター等のバリアフリー設備が未整備である。駅の改札は、線路下にある北口と、線路より上のレベルにある南口とに分断され、コンコースも十分な広さがなく、常に混雑している。

●裏面は使用しないで下さい。　●裏面に記載された解答は無効とします。　　　　24字×25行

令和2年度記述式解答例　建設─鉄道

・添削後（2枚目／5枚目）

令和2年度　技術士第二次試験答案用紙

受験番号	○○○○○○○○○○○○	技術部門	総合技術監理	部門
問題番号		選択科目	建設－鉄道	
答案使用枚数	2枚目　5枚中	専門とする事項		

○受験番号、問題番号、答案使用枚数、技術部門、選択科目及び専門とする事項の欄は必ず記入すること。
○解答欄の記入は、1マスにつき1文字とすること。（英数字及び図表を除く。）

　（2）①取り上げる自然現象と被害状況
　　異常な自然現象として、台風を取り上げる。
　　当事業場は、海と河川が近く一帯が低地となる場所に設置されており、主要な改札口である北口改札は線路下の高さで道路に面している。また、地下鉄や周辺のビルに接続する地下デッキが整備されており、台風口による大雨で近くを流れる河川が氾濫した場合、北口改札及び地下デッキが冠水、水没する被害が生じる恐れがある。
　　さらに、周辺では再開発により高層ビルが多く、台風による強風がより一層風速を増す恐れがあるほか、強風による飛散物、飛来物が発生する被害が生じることが想定される。
②主要な被害及び現況の対策、追加する対策
Ａ：強風による列車の横転、脱線…強風により、走行する列車が横転、脱線する被害である。
A0：計画運休の実施…台風による上記被害を防ぐため、計画運休が講じられている。台風の進路や速度に関して予想が外れた場合や、昼間人口の多い当事業場では、帰宅困難者が生じる可能性がある。台風の進路や被害情報は刻々と変化し取り扱いが難しく、又事業者としては運休範囲を最小限としたい意向がある。経済性管理と情報管理のトレードオフが発生している。
A1：帰宅困難者対策…事前対策として帰宅困難者受け入れ態勢を整える対策が必要となる。毛布や食料など

●裏面は使用しないで下さい。　●裏面に記載された解答は無効とします。　24字×25行

令和2年度記述式解答例　建設—鉄道

・添削後（3枚目／5枚目）

令和2年度　技術士第二次試験答案用紙

受験番号	０００００００００００	技術部門	総合技術監理	部門
問題番号		選択科目	建設－鉄道	
答案使用枚数	3 枚目　5 枚中	専門とする事項		

○受験番号、問題番号、答案使用枚数、技術部門、選択科目及び専門とする事項の欄は必ず記入すること。
○解答欄の記入は、1マスにつき1文字とすること。（英数字及び図表を除く。）

災害予備品の備蓄や、駅係員による安全な場所への誘
導・アナウンスの訓練を行う。
B：強風による駅、列車の破損、故障…台風による強
風が発生し設置物の転倒や飛散、また外部からの飛散
物による破損が生じる被害が想定される。
B0：防風柵や防護柵の整備…沿岸部の風が強い箇所で
は、防風柵や風速計が設置されている。年間を通じ強
風が観測される沿岸部は、強風による運休・点検とい
う課題が生じており、改善のため防風柵や風速計を高
密度に設置してきた。配備拡大は経済性管理の観点か
ら課題があり、都市部の設置は少数にとどまっている。
B1：都市部における防風柵や防護柵の整備利用者の多
い首都圏の主要線区・駅に対して、主要な信号設備や
電気設備、構造物の破損を防止するための防風柵の整
備を進めることが望ましいと考える。
B2：復旧の早期化のための体制づくり…事業場の外部
からの飛来物・飛散物は、台風の風速や周辺の状況に
も左右され、完全に予測・対策することは困難である。
そこで、上記のリスクは保有した上で、台風が通過し
た後、駅や線路内への飛散物や被害の状況を点検・診
断し、必要な場合は早期に復旧工事を実施できる体制
づくりを行う。具体的には、事前対策として、応急・
復旧資材の準備や人員の手配等が有効である。特に異
常時に迅速に構造物の健全度を判定するために、人的
資源管理の観点から、事前に必要な教育・訓練を行う

●裏面は使用しないで下さい。　●裏面に記載された解答は無効とします。　24字×25行

令和2年度記述式解答例　建設─鉄道

・添削後（4枚目／5枚目）

令和2年度　技術士第二次試験答案用紙

受験番号	○○○○○○○○○○○○	技術部門	総合技術監理	部門
問題番号		選択科目	建設－鉄道	
答案使用枚数	4枚目　5枚中	専門とする事項		

○受験番号、問題番号、答案使用枚数、技術部門、選択科目及び専門とする事項の欄は必ず記入すること。
○解答欄の記入は、1マスにつき1文字とすること。（英数字及び図表を除く。）

> ことが求められる。
> C：大雨による浸水被害…大雨により周辺の河川が氾
> 濫した場合、線路より下の高さにある北口改札及び改
> 札に面する道路、地下鉄への連絡デッキが浸水する被
> 害が生じる。浸水による停電発生により駅の機能が停
> 止した場合、復旧に時間を要する。
> C0：駅係員による避難訓練…大雨による北口への浸水
> を想定し、浸水被害が想定される北口改札・駅舎から
> より上の階にある南口改札へ避難・誘導する異常時訓
> 練を実施している。
> C1：非常用電源の確保…当該事業所周辺一帯は低地が
> 広がっており、冠水した場合、復旧までに時間を要す
> ることが想定される。また、他箇所への避難が困難で
> あることから、復旧までの間、非常用電源設備の整備
> 及び燃料の配備を行うことが有効である。約3日間を
> 目安に、稼働できる電源装置を整備する。
> C2：駅舎の改造、移転…浸水リスク抜本的な対策とし
> て、駅全体を改築し、浸水リスクの高い地下階にある
> 駅設備・機能を上部の階へ新設し移転させる対応策で
> ある。長期にわたり多額のコストがかかるという経済
> 性管理の観点からの課題があるものの、（1）にて述べ
> たような現在の○○○○○駅が抱える混雑、老朽化等
> の課題についても併せて改善を見込めるような全体計
> 画として計画することで、実現可能な案を構築するこ
> とができると考える。

●裏面は使用しないで下さい。　●裏面に記載された解答は無効とします。　　　24字×25行

令和2年度記述式解答例　建設─鉄道

・添削後（5枚目／5枚目）

令和2年度　技術士第二次試験答案用紙

受験番号	０:０:０:０:０:０:０:０:０:０:０:０			技術部門	総合技術監理	部門
問題番号				選択科目	建設－鉄道	
答案使用枚数	5 枚目　5 枚中			専門とする事項		

○受験番号、問題番号、答案使用枚数、技術部門、選択科目及び専門とする事項の欄は必ず記入すること。
○解答欄の記入は、1マスにつき1文字とすること。（英数字及び図表を除く。）

（3）将来の被害の発生に備えとるべき実施計画
　台風は毎年のように激甚化しており、被害発生のリスクは高いといえる。そのため、経済性管理の観点からすぐに対応可能な施策から順に実施する対応とする。対応策の中では被害規模の大きい順にC＞A＞Bとして優先順位を付した。
（Ⅰ）短期的に実施すべき対策（0～5年以内）
①C1…持ち運びが可能な非常用電源装置を整備する。
②A1…周辺のビル事業者と協同し、エリアマネジメントの一環として駅周辺エリア全体の避難計画や事業継続計画（BCP）を策定のうえ、帰宅困難者対策を講じることが有効である。
③B2…応急資機材の準備や、健全度判定の対応人員を確保する。
　①②③各対策を講じるにあたり、人的資源の観点から、必要な訓練、教育を実施することが必要である。
（Ⅱ）中長期的に実施すべき対策（5年以上）
　C2は抜本的対策となるため、最終的な対策とした。
④B1…路線全体や設備の重要度に鑑み、優先順位を考えた上で防風柵を整備する。
⑤C2…（2）にて述べた通り、災害時の被害軽減に留まらず、駅全体の課題の改善を目指す計画として、経済性管理の観点から検討、構築を行う。
　以上の対策を実施することにより、将来台風による被害の軽減及び課題の改善を図ることができる。以上

●裏面は使用しないで下さい。　　●裏面に記載された解答は無効とします。　　24字×25行

■令和2年度（2020年度）
　論文事例4（上下水道―下水道）　　　　　（問題は148ページ）

・添削前（1枚目／5枚目）

（1）経験した事業場の名称・目的・成果物
①事業場の名称
　事業場の名称としては、「下水道汚水ポンプ場施設」である。
②事業場の目的及び創出している成果物
　事業の目的としては、都市の浸水防除、公衆衛生の向上、水質保全に対する貢献、安心・安全の暮らしの確保、下水道の効率的な事業運営である。
　創出している成果物としては、汚水幹線管渠を下水道処理場に流入させるにあたり、河川・鉄道の横断が必要になったことから、中継となる汚水ポンプ場を設置し、流入汚水を圧送方式で流下させ、下水道処理場との接続を可能とさせた。
③事業場の概要
　下水道汚水ポンプ場の流入管渠は、φ1100mmのヒューム管で自然流下公式である。流出管渠は、φ800mmのダクタイル管で圧送方式となる。この圧送区間については、L＝100mの延長となり、その間は、管理用のマンホールがなく、河川と鉄道を下越しで横断し処理場と接続する構造となる。
　当初、圧送管については、対象ルート上に河川や鉄道の重要施設があったことから、安全性や維持管理性を考慮し、2条管を提案したが、施工性と経済性の観点から1条管として、将来的には2条管とする位置付けとした。

令和2年度記述式解答例　上下水道―下水道

・添削前（2枚目／5枚目）

機能停止の結果、どのような影響があるかを（5管理の視点で）
具体的に挙げてみてください。

（2）被害を及ぼす現象と被害状況・対策事例
① 取り上げる異常な自然現象と想定される被害状況
　 取り上げる異常な自然現象は、地震被害である。
　 想定される被害状況は、ポンプ流入地区の全域にあ
たる下水道汚水流下機能の停止、汚水ポンプ場の機能
停止、圧送管の破損による機能停止である。
② この異常な自然現象でうける被害と事前対策
（被害・対策）
A：ポンプ場流入地区の汚水流下停止
　 全域において下水道機能が停止し、その他地震被害
等も合わせて、住民は避難所での生活をおくることが
想定される。そのため、下水道の長期間におよぶ機能
停止を防ぐ目的から早急な復旧が必要となる。
A0：ストックマネジメントによる耐震対策
　 ストックマネジメントが採用され、これによる耐震
診断計画が実施されており、問題個所の抽出や耐震対
策の必要箇所についても抽出されている。更に重要幹
線については、耐震対策もすでに実施されており、こ
れにより、地震被害の軽減に繋がり、下水道機能停止
を防ぐ要因となる。
A1：下水道継続計画（BCP）の導入
　 下水道継続計画（BCP）の導入については、優先
順位をつけて事業継続を図ることが可能となるため、
重要な箇所から対策を施していき、被災状況から早急
な復旧が期待できる。

●裏面は使用しないで下さい。　　●裏面に記載された解答は無効とします。　　24字×25行

効果について、早急な復旧だけだと抽象的なので、5管理の視点で
具体的に挙げてみてください。

262

令和2年度記述式解答例　上下水道—下水道

・添削前（3枚目／5枚目）

> B：ポンプ場の機能停止
> 　ポンプ場の機能停止では、汚水流入地区全域で機能停止になった場合は、流入汚水が入ってこないため、早急な対応の必要がない。ただし、汚水流入地区が機能停止になっていない場合や機能停止になっていても早期復旧がすでに完了した場合には、通常通りに汚水が流下してくるため、ポンプ場が機能停止の状態であれば、流入地区全域においても機能停止となってしまう。
> B0：ポンプ場の減災対策
> 　ポンプ場の完全な機能復旧を求めた場合には、かなりの時間を要してしまうことから、減災対策を施し、部分的な復旧を早期に目指す。減災対策としては、以下の通りとなる。
> ・予備ポンプの備蓄
> ・仮設電力の設置
> ・その他設備等の用意
> 　以上の減災対策により、流入地区の機能停止が防がれることとなる。
> B1：下水道継続計画（BCP）の導入
> 　下水道継続計画（BCP）の導入については、対象範囲内にポンプ場も入っており、ポンプ場を踏まえた優先順位をつけて事業継続を図ることが可能となり、重要な箇所から対策を施していき、被災状況から早急な復旧が期待できる。

●裏面は使用しないで下さい。　　●裏面に記載された解答は無効とします。　　24字×25行

効果について、早急な復旧だけだと抽象的なので、5管理の視点で
具体的に挙げてみてください。

令和2年度記述式解答例　上下水道─下水道

・添削前（4枚目／5枚目）

C：圧送管の破損に伴う機能停止
　　圧送管の破損による機能停止は、汚水流入地区から汚水が流下し、ポンプ場が減災対策により対応したとしても、流出の圧送管が破損し、使用することができなければ、ポンプ場自体も汚水流入地区も機能停止となってしまう。
C0：ポンプ場の敷地内の仮設対応
　　圧送管自体が破損により機能停止していることから、圧送できないため、ポンプ場の敷地内に仮設の貯留施設（ビニールシート）を設置し、貯留することで対応する。ただし、施設の貯留形状も限定され、貯留量もすぐにいっぱいになってくる。その場合は、バキューム車により、溜まった汚水を運搬することとなる。
C1：下水道継続計画（BCP）の導入
　　下水道継続計画（BCP）の導入については、対象範囲内に圧送管も入っており、圧送を踏まえた優先順位をつけて事業継続を図ることとなる。ただし、圧送管の復旧については、横断路線上に河川や鉄道の重要施設があるため、復旧にはかなりの時間を要することが想定される。
C2：ドローンによる日常点検
　　災害時の復旧に時間を要すことから、日常点検を実施し、被害の軽減を図る。ただし、現状ではL＝100mの圧送管の全線を調査する方法がないことから、将来的にドローンによる調査が有効となる。

●裏面は使用しないで下さい。　　　●裏面に記載された解答は無効とします。　　　24字×25行

対策の効果の説明を追記してください。

令和2年度記述式解答例　上下水道―下水道

・添削前（5枚目／5枚目）

総監の視点から、優先順位の理由が問われていますので、そこを加筆してください。

> （3）将来の被害発生に対する事前対策計画
> 　事前対策計画を立てるにあたり、優先順位としては、事業目的として挙げた、安心・安全の暮らしの確保の観点から、ポンプ場流入地域に対する復旧の優先順位を高く設定した。よって、優先順位は、地域の復旧→ポンプ場復旧→圧送管の復旧となる。
> 　また、追加すると良い対策としては、A1B1C1で挙げたBCP計画が重要な計画となってくる。更に、C2も踏まえ、メリットとデメリットを以下に示す。
> BCPメリット：BCPは防災計画と異なり、優先順位を決めて対応するため、早急な復旧が可能となる。デメリット：BCPでは、計画の見直しや勉強会、避難訓練など実施していく必要があるが、採用する自治体は経済性の観点が実施していないのが実情である。これにより、安全管理と経済性管理の間にトレードオフが発生する。
> ドローン対策メリット：ドローン調査では、省人化・省力化を図ることから、安全管理に人数や時間をかけないで対応可能となる。デメリット：導入・維持管理コストが発生するため、経済性管理と安全管理との間にトレードオフが発生する。
> 　また、今後の課題としては、施設復旧・維持管理が増加するため、コンパクトシティ化による既存施設の見直しも念頭に置いておく。　　　　　　　　　以上

●裏面は使用しないで下さい。　　●裏面に記載された解答は無効とします。　　24字×25行

メリット、デメリットは問われていないので、これらは削除し、（問われている）優先順位を含めた実施計画を書いてください。

講評
　設問1は良く書けています。設問2は、題意に沿って書けているのですが、5管理の視点が弱い印象を受けます。設問3は問われていることに答えられていない印象です。
　被害については、機能停止の結果、（5管理の視点で）事業場内外に、どんな影響を与えてしまうかを挙げましょう。

265

■令和2年度（2020年度）
　論文事例4（上下水道―下水道）　　　　　　　　（問題は148ページ）
・添削後（1枚目／5枚目）

令和2年度　技術士第二次試験答案用紙

受験番号	００００００００００	技術部門	総合技術監理 部門
問題番号		選択科目	上下水道－下水道
答案使用枚数	1 枚目　5 枚中	専門とする事項	

○受験番号、問題番号、答案使用枚数、技術部門、選択科目及び専門とする事項の欄は必ず記入すること。
○解答欄の記入は、1マスにつき1文字とすること。（英数字及び図表を除く。）

　（1）経験した事業場の名称・目的・成果物
① 事業場の名称
　事業場の名称としては、「下水道汚水ポンプ場施設」である。
② 事業場の目的及び創出している成果物
　事業の目的としては、都市の浸水防除、公衆衛生の向上、水質保全に対する貢献、安心・安全の暮らしの確保、下水道の効率的な事業運営である。
　創出している成果物としては、汚水幹線管渠を下水道処理場に流入させるにあたり、河川・鉄道の横断が必要になったことから、中継となる汚水ポンプ場を設置し、流入汚水を圧送方式で流下させ、下水道処理場との接続を可能とさせた。
③ 事業場の概要
　下水道汚水ポンプ場の流入管渠は、φ1100mmのヒューム管で自然流下公式である。流出管渠は、φ800mmのダクタイル管で圧送方式となる。この圧送区間については、L＝100mの延長となり、その間は、管理用のマンホールがなく、河川と鉄道を下越しで横断し処理場と接続する構造となる。
　当初、圧送管については、対象ルート上に河川や鉄道の重要施設があったことから、安全性や維持管理性を考慮し、2条管を提案したが、施工性と経済性の観点から1条管として、将来的には2条管とする位置付けとした。

●裏面は使用しないで下さい。　●裏面に記載された解答は無効とします。　　24字×25行

令和２年度記述式解答例　上下水道─下水道

・添削後（２枚目／５枚目）

令和２年度　技術士第二次試験答案用紙

受験番号	○○○○○○○○○○○○	技術部門	総合技術監理　　　　部門
問題番号		選択科目	上下水道－下水道
答案使用枚数	２枚目　５枚中	専門とする事項	

○受験番号、問題番号、答案使用枚数、技術部門、選択科目及び専門とする事項の欄は必ず記入すること。
○解答欄の記入は、１マスにつき１文字とすること。（英数字及び図表を除く。）

（２）	被	害	を	及	ぼ	す	現	象	と	被	害	状	況	・	対	策	事	例
①	取	り	上	げ	る	異	常	な	自	然	現	象	と	想	定	さ	れ	る	被	害	状	況
	取	り	上	げ	る	異	常	な	自	然	現	象	は	、	地	震	被	害	で	あ	る	。	想
定	さ	れ	る	被	害	状	況	は	、	ポ	ン	プ	流	入	地	区	の	全	域	に	あ	た	る
下	水	道	汚	水	流	下	機	能	の	停	止	、	汚	水	ポ	ン	プ	場	の	機	能	停	止、
圧	送	管	の	破	損	に	よ	る	機	能	停	止	で	あ	る	。	こ	れ	に	よ	り	、	地
域	住	民	の	日	常	生	活	の	確	保	が	困	難	と	な	る	ほ	か	、	汚	水	の	溢
水	に	よ	る	公	衆	衛	生	の	問	題	、	河	川	等	へ	の	流	出	に	伴	う	水	質
へ	の	問	題	な	ど	環	境	負	荷	に	対	す	る	影	響	が	生	じ	て	く	る	。
②	こ	の	異	常	な	自	然	現	象	で	う	け	る	被	害	と	事	前	対	策
Ａ	：	ポ	ン	プ	場	流	入	地	区	の	汚	水	流	下	停	止
	全	域	に	お	い	て	下	水	道	機	能	が	停	止	し	、	そ	の	他	地	震	被	害
等	も	合	わ	せ	て	、	住	民	は	避	難	所	で	の	生	活	を	お	く	る	こ	と	が
想	定	さ	れ	る	。	そ	の	た	め	、	下	水	道	の	長	期	間	に	お	よ	ぶ	機	能
停	止	を	防	ぐ	目	的	か	ら	早	急	な	復	旧	が	必	要	と	な	る	。
Ａ０	：	ス	ト	ッ	ク	マ	ネ	ジ	メ	ン	ト	に	よ	る	耐	震	対	策
	ス	ト	ッ	ク	マ	ネ	ジ	メ	ン	ト	が	採	用	さ	れ	、	こ	れ	に	よ	る	耐	震
診	断	計	画	が	実	施	さ	れ	て	お	り	、	問	題	個	所	の	抽	出	や	耐	震	対
策	の	必	要	箇	所	に	つ	い	て	も	抽	出	さ	れ	て	い	る	。	更	に	重	要	幹
線	に	つ	い	て	は	、	耐	震	対	策	も	す	で	に	実	施	さ	れ	て	お	り	、	こ
れ	に	よ	り	、	環	境	負	荷	や	地	震	被	害	の	軽	減	、	こ	れ	に	伴	う	復
旧	期	間	や	コ	ス	ト	の	縮	減	に	繋	が	る	。
Ａ１	：	下	水	道	継	続	計	画	（	Ｂ	Ｃ	Ｐ	）	の	導	入
	下	水	道	継	続	計	画	（	Ｂ	Ｃ	Ｐ	）	の	導	入	に	つ	い	て	は	、	優	先
順	位	を	つ	け	て	事	業	継	続	を	図	る	こ	と	が	可	能	と	な	る	た	め	、

●裏面は使用しないで下さい。　●裏面に記載された解答は無効とします。　　　　　24字×25行

令和2年度記述式解答例　上下水道—下水道

・添削後（3枚目／5枚目）

令和2年度　技術士第二次試験答案用紙

受験番号	○:○:○:○:○:○:○:○:○:○:○:○	技術部門	総合技術監理	部門
問題番号		選択科目	上下水道－下水道	
答案使用枚数	3 枚目　5 枚中	専門とする事項		

○受験番号、問題番号、答案使用枚数、技術部門、選択科目及び専門とする事項の欄は必ず記入すること。
○解答欄の記入は、1マスにつき1文字とすること。（英数字及び図表を除く。）

重要な箇所から対策を施していき、被災時から復旧期間の短縮とコスト縮減が期待できる。
B：ポンプ場の機能停止
　ポンプ場の機能停止では、汚水流入地区全域で機能停止になると流入してくる汚水がないため、早急な対応の必要がない。ただし、地区が機能停止になっていない場合や早期復旧が完了した場合には、通常通りに汚水が流入してくるため、ポンプ場が機能停止であれば、流入地区全域においても機能停止となってしまう。
B0：ポンプ場の減災対策
　ポンプ場の完全な機能復旧を求めた場合には、かなりの時間を要してしまうことから、減災対策を施し、部分的な復旧を早期に目指す。減災対策としては、予備ポンプの備蓄、仮設電力の設置、関連設備等の用意が挙げられる。これにより、地区の機能停止が免れ、汚水溢水等の環境負荷を抑制し、危機管理に繋がる。
B1：下水道継続計画（BCP）の導入
　下水道継続計画（BCP）の導入については、対象範囲内にポンプ場も入っており、ポンプ場を踏まえた優先順位をつけて事業継続を図ることが可能となり、重要な箇所から対策を施すことで、被災時からの復旧期間の短縮とコスト縮減が期待できる。
C：圧送管の破損に伴う機能停止
　圧送管の破損による機能停止は、汚水流入地区から汚水が流下し、ポンプ場が減災対策により対応したと

●裏面は使用しないで下さい。　●裏面に記載された解答は無効とします。　　24字×25行

令和2年度記述式解答例　上下水道─下水道

・添削後（4枚目／5枚目）

令和2年度　技術士第二次試験答案用紙

受験番号	○○○○○○○○○○○○	技術部門	総合技術監理	部門
問題番号		選択科目	上下水道－下水道	
答案使用枚数	4枚目　5枚中	専門とする事項		

○受験番号、問題番号、答案使用枚数、技術部門、選択科目及び専門とする事項の欄は必ず記入すること。
○解答欄の記入は、1マスにつき1文字とすること。（英数字及び図表を除く。）

しても、流出の圧送管が破損し、使用することができなければ、ポンプ場自体も汚水流入地区も機能停止となってしまう。
C0：ポンプ場の敷地内の仮設対応
　圧送管自体が破損により機能停止していることから、圧送できないため、ポンプ場の敷地内にビニールシート等を用いた仮設の貯留施設を設置し対応する。ただし、敷地状況によっては貯留形状も限定され、貯留量も少量の確保に留まってしまう。その場合は、バキューム車により、溜まった汚水を運搬することとなる。これにより、汚水溢水等の環境負荷への抑制に繋げる。
C1：下水道継続計画（BCP）の導入
　下水道継続計画（BCP）の導入については、対象範囲内に圧送管も入っており、圧送を踏まえた優先順位をつけて事業継続を図ることとなる。ただし、圧送管の復旧については、横断路線上に河川や鉄道の重要施設があるため、復旧にはかなりの時間を要することが想定される。そこで圧送管を2条化することで、危機管理対策を図る。
C2：ドローンによる日常点検
　災害時の復旧に時間を要することから、日常点検を実施し、被害の軽減を図る。ただし、現状ではL＝100mの圧送管の全線を調査する方法がないことから、将来的にドローンによる調査を実施し、省人化・省力化を図る。

●裏面は使用しないで下さい。　●裏面に記載された解答は無効とします。　　24字×25行

令和2年度記述式解答例　上下水道—下水道

・添削後（5枚目／5枚目）

令和2年度　技術士第二次試験答案用紙

受験番号	○○○○○○○○○○○○	技術部門	総合技術監理　部門
問題番号		選択科目	上下水道－下水道
答案使用枚数	5枚目　5枚中	専門とする事項	

○受験番号、問題番号、答案使用枚数、技術部門、選択科目及び専門とする事項の欄は必ず記入すること。
○解答欄の記入は、1マスにつき1文字とすること。（英数字及び図表を除く。）

（3）将来の被害発生に対する事前対策計画
　　事前対策計画を立てるにあたり、優先順位としては、A1、B1、C1で挙げたBCPが優先される。実施計画については、A、B、Cの順に計画を立案することとなる。
　　Aについては、対象が広範囲であること、住民へ直接的な被害が明確になってしまうことから、災害後の復旧を考えた場合、復旧期間の縮小や安全性の向上から最優先となってくる。Bについては、減災対策に挙げた各種設備を事前に備蓄しておくことで、緊急時の対策が図られ、経済的にも安価となることから、優先的なAの次の対応となる。最後にCについては、対策として2乗化によって危機管理対策は図れる。ただし、2乗目の施工性が困難で経済的にも高額となることから、対策が先延ばしになるため、優先順位が最後になってしまう。Cについては、安全性と経済性の面でトレードオフが発生してくる。
　　また、BCPについても被害に対する安全性の確保は可能となるが、立案後の計画年数による計画の見直しや日常訓練などが必要となり、採用後は経済的側面から、計画自体が形骸化してくる可能性が出てくる。これについても、安全性と経済性の面でトレードオフとなる。今後は、経済的な側面を重視して対象範囲を縮小していくなど、コンパクトシティ化による既存施設の見直しも念頭に置いておく。　　　　　　以上

●裏面は使用しないで下さい。　●裏面に記載された解答は無効とします。　　24字×25行

■令和元年度（2019年度）
論文事例1（建設─都市及び地方計画）　　　　（問題は143ページ）

・添削前（1枚目／5枚目）

設問2以降を想定して、技術的に難易度の高い設計業務であったことを
もっとアピールしましょう。
標準的な業務でヒューマンエラーが発生すると初歩的・単純ととられて
しまいます。

```
（1）－①　　事業の名称
　　都市公園整備における調査・計画・設計業務
　事業の概要
　　都市公園整備に必要な調査・計画を実施し、工事発
注に必要な設計図書の作成を行う。
（1）－②　　事業の目的
　　誰もが平等に受けることができる公共事業サービス
の一つである都市公園を整備することで、人々の生活
を豊かにし、地域活動の場の提供や都市の魅力アップ、
防災や環境面で社会に貢献することである。
（1）－③　　事業の成果物
　　都市公園整備に伴う様々な課題を抽出し、その解決
策を提案するコンサルティングサービス。
（1）－④－①　　計画段階
　ヒューマンエラーの内容と影響
　　スポーツ広場の計画で、当初の使用目的はフットサ
ルコートのみの計画であったが、計画が進んだ段階で、
テニスコートも兼用することとなった。必要施設とし
てナイター照明設備を設置する必要があったが、ナイ
ターの照度基準をフットサルコートの照度基準のまま
計画を進めてしまい、テニスコートに必要な照度を満
たさないまま成果品を提出してしまった。
　　テニスコートはフットサルコートの2倍の照度が必
要であり、ナイター照明にかかる費用に大幅な変更が
生じてしまい、それを成果として提出したことで、組
```

●裏面は使用しないで下さい。　　●裏面に記載された解答は無効とします。　　24字×25行

── 抽象的な印象なので、調査・計画・設計業務のアウトプット（成果物）を
　　書きましょう。
技術士法第1条や5管理の視点を意識して書かれていてとても良いです。

271

令和元年度記述式解答例　建設—都市及び地方計画

・添削前（2枚目／5枚目）

情報管理の視点から、設計図に設計条件を明記するとミスを防ぎやすくなります。

口伝になっていた背景にも触れましょう。例えば、
工期がタイトで、設計技術者は複数業務を掛け持ち
していたといったことも加筆すると良いです。

```
織の信用も損ねてしまうこととなった。
　発生した原因
　発生した原因としては、与条件の確定が遅れ、変更
内容の指示を口伝で受けており、その変更内容の影響
の範囲の確認不足と、照査体制の不完全さが考えられ
る。
　取られた対応
　ミス発覚後の対応として、早急に必要条件と予算を
再検討し、修正を行い、ミスが起きた経緯と原因の説
明を発注者に対して実施した。
　再発防止策
　その後の再発防止策として、口伝での指示内容の明
文化と影響範囲の確認、必要な基準類の確認を行った
かどうかの社内照査体制の見直しを行い、それを全社
員にも報告し、再発防止に努めた。
（1）－④－②　実施段階
　ヒューマンエラーの内容と影響
　都市公園の実施設計では、工事発注に必要な数量の
計算や入力があり、その中で計算ミスや入力ミスが発
生していた。数量のミスは工事費用の変更に直結して
おり、工事予算の変更や、工事入札の不調等の影響が
生じる。
　発生した原因
　発生した原因としては、見間違い、書き間違い、操
作の間違い、複数人で作業分担することの手戻り、チ
```

●裏面は使用しないで下さい。　　●裏面に記載された解答は無効とします。　　24字×25行

発生原因が初歩的な印象を受けます。代表的なものを特定して掘り下げて
書きましょう。

令和元年度記述式解答例　建設─都市及び地方計画

・添削前（3枚目／5枚目）

応急措置として行ったことも書いてください。工事予算の変更が生じたとなると、
チェックだけでなく、諸々対応すべきことが出てくるかと思います。

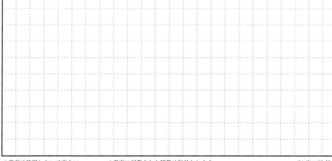

　ェック体制の不完全さが考えられる。
　取られた対応
　ミス発覚後の対応として、全ての数量の見直しを実
施し、誰がいつ何のチェックを行ったのか、チェック
リストを作成し、チェックの抜けや不足が無いかを可
視化して確認した。
　再発防止策
　その後の再発防止策として、実施設計のような定型
的な事業は、手順の標準化、マニュアル化を行い、作
業時間の短縮を図り、チェックや照査に十分時間を確
保するよう、他の事業においても工程計画の見直しを
実施し、再発防止に努めた。

●裏面は使用しないで下さい。　　　●裏面に記載された解答は無効とします。　　　24字×25行

令和元年度記述式解答例　建設─都市及び地方計画

・添削前（4枚目／5枚目）

```
(2)─(a)─①　ヒューマンエラーの概略と事業への
影響
　都市公園においては求められる機能が近年多様化し、
関係する事業も多岐に渡ることから求められる技術力
も高度化している。
　その中で重大な影響をもたらすと思われるヒューマ
ンエラーは、例えば防災調整池、擁壁、堤体、建築物
等の構造計算や設計条件の間違い、法令上必要な手続
きや協議の抜け等が考えられ、これら土木構造物の設
計においてミスが発生すると、事業そのものの実効性
や人命に関わり、社会的責任や信用を失う可能性があ
る。
(2)─(a)─②　ヒューマンエラーの発生する原因
　今後、熟練技術者の退職により、社内技術力の低下
や現在30代から40代の世代が新卒時に採用を控えてい
たことによる中堅世代の不足、少子化による人手不足、
若者の業界離れ等により、社内での技術の継承が困難
となっていくことが原因としてあげられる。
　標準化やマニュアル化できない部分程、ミスの影響
は大きく今後、幅広い知識と経験を有する技術者がよ
り一層求められる。
(2)─(b)─①　新たな技術や方策
　AI-CADの導入により、設計の一部を人工知能により
自動で行う。
　設計の一部を自動で行うことにより、危険個所の検
```

●裏面は使用しないで下さい。　　●裏面に記載された解答は無効とします。　　24字×25行

この段落は発生原因ではないので、不要です。そのぶん、
概略と事業への影響、発生原因を詳述しましょう。

令和元年度記述式解答例　建設─都市及び地方計画

・添削前（5枚目／5枚目）

出や細部設計の納まりの検討等、ミスの防止や技術の補完につながる。

（2）－（b）－②　課題、障害、デメリット

　使用するソフトやシステムを新規に導入するため、社内設備や技術取得にコストと時間を要する。

　導入するソフトの費用や教育をあらかじめ組み込んだ導入管理計画が必要となり、イニシャルコスト、ランニングコストの確保や軽減が必要となる。

　また、情報や技術データの流出防止等、新たな管理が必要となる。

　日々進化するソフトやシステムを導入できない企業は、事業が立ち行かなくなる可能性もあり、業界や官庁の協働による支援システムも必要である。

以上

講評
　全体的に題意に沿って良く書けています。骨子は OK ですので、5 つの管理の視点で肉付けしましょう。

■令和元年度（2019年度）
論文事例1（建設—都市及び地方計画）　　　（問題は143ページ）
・添削後（1枚目／5枚目）

令和元年度　技術士第二次試験答案用紙

受験番号	○○○○○○○○○○○○	技術部門	総合技術監理	部門
問題番号		選択科目	建設—都市及び地方計画	
答案使用枚数	1枚目　5枚中	専門とする事項		

○受験番号、問題番号、答案使用枚数、技術部門、選択科目及び専門とする事項の欄は必ず記入すること。
○解答欄の記入は、1マスにつき1文字とすること。（英数字及び図表を除く。）

　(1)－①　　事業の名称
　都市公園整備における調査・計画・設計業務
　事業の概要
　　都市部の公園では敷地条件や近隣への配慮等が必要な一方、公園に求められる機能は多様化しており、様々な課題を解決した上で、都市公園整備に必要な調査計画を実施し、工事発注に必要な設計図書を作成する。
　(1)－②　　事業の目的
　　誰もが平等に受けることができる公共事業サービスの一つである都市公園を整備することで、人々の生活を豊かにし、地域活動の場の提供や都市の魅力アップ、防災や環境面で社会に貢献することである。
　(1)－③　　事業の成果物
　　都市公園整備に伴う様々な課題を抽出し、その解決策を提案するコンサルティングサービス。与条件整理・現況調査・設計方針・課題解決策を示した報告書、工事発注・施工に必要な数量・図面等の提出である。
　(1)－④－①　　計画段階
　　ヒューマンエラーの内容と影響
　　スポーツ広場の計画で、当初の使用目的はフットサルコートのみであったが、計画が進んだ段階で、テニスコートも兼用することとなった。ナイター照明設備を設置する必要があったが、ナイターの照度基準をフットサルコートの照度基準（テニスコートの1/2）のまま計画を進めてしまい、必要な照度を満たさない成

●裏面は使用しないで下さい。　　●裏面に記載された解答は無効とします。　　　　　　24字×25行

令和元年度記述式解答例　建設―都市及び地方計画

・添削後（2枚目／5枚目）

令和元年度　技術士第二次試験答案用紙

受験番号	○○○○○○○○○○○○	技術部門	総合技術監理	部門
問題番号		選択科目	建設－都市及び地方計画	
答案使用枚数	2 枚目　5 枚中	専門とする事項		

○受験番号、問題番号、答案使用枚数、技術部門、選択科目及び専門とする事項の欄は必ず記入すること。
○解答欄の記入は、1マスにつき1文字とすること。（英数字及び図表を除く。）

果品を提出した。ナイター照明設備費用に変更が生じてしまい、成果として提出したことで、事業の手戻りと組織の信頼性の低下（経済性管理）を招いた。
　発生した原因
　業務工期が短く、設計技術者は複数業務をかけ持ちしていた（経済性管理）、十分な照査十分な打合せ時間を設けられず、変更内容の指示を口伝で行っていたことによる情報不足（情報管理）が考えられる。
　取られた対応
　ミス発覚直後の対応として、必要条件と予算を再検討し修正を行い、ミスが起きた経緯と原因の説明を発注者に対して実施した。
　再発防止策
　口伝での指示内容を報告書や設計図面に設計条件を明記し伝達することとし、社内照査内容の見直しと社員への周知（情報管理）を実施し、再発防止に努めた。ことで再発防止に努めた。照査を実施できるよう他業務との調整を行い、人員配置を見直し、技術者の照査時間を確保した（人的資源管理）。
（1）－④－②　実施段階
　ヒューマンエラーの内容と影響
　都市公園の実施設計では、工事発注に必要な数量の計算や入力が多くあり、短工期によるケアレスミスが発生していた。数量のミスは工事費用の変更に直結しており、工事予算の変更や工事入札の不調等の影響が

●裏面は使用しないで下さい。　●裏面に記載された解答は無効とします。　　　24字×25行

令和元年度記述式解答例　建設―都市及び地方計画

・添削後（3枚目／5枚目）

令和元年度　技術士第二次試験答案用紙

受験番号	○○○○○○○○○○○○	技術部門	総合技術監理	部門
問題番号		選択科目	建設－都市及び地方計画	
答案使用枚数	3 枚目　5 枚中	専門とする事項		

○受験番号、問題番号、答案使用枚数、技術部門、選択科目及び専門とする事項の欄は必ず記入すること。
○解答欄の記入は、1マスにつき1文字とすること。（英数字及び図表を除く。）

生じ事業の手戻りと組織の信頼性の低下を招く（経済
性管理）。社内で業務を分担する職員の他業務の圧迫と
それによる士気低下に繋がることも考えられる（人的
資源管理）。
　発生した原因
　業務委託費の予算と設計内容が合わず（経済性管理）、
十分な人員を確保できない（人的資源管理）ことによ
る成果の質の低下から、初歩的な見間違い、書き間違
い、操作の間違い等の小さなミスを招き、実施段階で
はそれが大きな手戻りや信頼性の損失につながる。
　取られた対応
　ミス発覚直後の対応として、数量の見直しを実施し、
チェックリストを作成し、チェックの抜けや不足が無
いかを可視化して確認した（情報管理）。
　その後、工事発注時の変更に対応する図面作成等の
対応を実施するため、新たにアシスタントを増やし社
内人材配置を調整し、新たに発生した作業へのフォロ
ーを行った（人的資源管理）。
　再発防止策
　実施設計のような定型的な事業は、手順の標準化、
マニュアル化を行い、作業時間の短縮を図り、チェッ
クや照査に十分時間を確保するよう、他の事業におい
ても工程計画の見直しを実施し、再発防止に努めた。

●裏面は使用しないで下さい。　　●裏面に記載された解答は無効とします。　　24字 ×25行

令和元年度記述式解答例　建設─都市及び地方計画

・添削後（4枚目／5枚目）

令和元年度　技術士第二次試験答案用紙

受験番号	○○○○○○○○○○○○	技術部門	総合技術監理	部門
問題番号		選択科目	建設－都市及び地方計画	
答案使用枚数	4 枚目　5 枚中	専門とする事項		

○受験番号、問題番号、答案使用枚数、技術部門、選択科目及び専門とする事項の欄は必ず記入すること。
○解答欄の記入は、1マスにつき1文字とすること。（英数字及び図表を除く。）

（2）－（a）－① ヒューマンエラーの概略と事業への影響
　都市公園においては求められる機能が近年多様化し、関係する事業も多岐に渡ることから求められる技術力も高度化している。
　その中で重大な影響をもたらすと思われるヒューマンエラーは、例えば防災調整池、擁壁、堤体、建築物等の構造計算や設計条件の間違い、法令上必要な土木構造物の実効性きや協議の抜け等が考えられ、これら土木構造物の実効性の喪失（経済性管理）や、事故発生や人命に関わり（安全管理）、会社全体が社会的責任や信用を失う（経済性管理）可能性がある。
（2）－（a）－② ヒューマンエラーの発生する原因
　今後、熟練技術者の退職により、社内技術力の低下や現在30代から40代の世代が新卒時に採用を控えていたことによる中堅世代が新卒時に採用を控えていた不足、少子化による人手や教育若者の業界離れ等により、社内での技術の継承や熟練技術者がいなくなることで、知識と経験を持って業務を遂行し人手不足による設計技術者の負担増によるミスの発生を生むことが想定される（人的資源管理）。
　情報化社会による情報過多や煩雑になることで必要な情報を見落としや、情報伝達の不備等によるエラー

●裏面は使用しないで下さい。　●裏面に記載された解答は無効とします。　　　　24字×25行

令和元年度記述式解答例　建設─都市及び地方計画

・添削後（5枚目／5枚目）

令和元年度　技術士第二次試験答案用紙

受験番号	○○○○○○○○○○○	技術部門	総合技術監理　　部門
問題番号		選択科目	建設－都市及び地方計画
答案使用枚数	5 枚目　5 枚中	専門とする事項	

○受験番号、問題番号、答案使用枚数、技術部門、選択科目及び専門とする事項の欄は必ず記入すること。
○解答欄の記入は、1マスにつき1文字とすること。（英数字及び図表を除く。）

> が発生することが想定される（情報管理）。
> 　（2）－（b）－①　新たな技術や方策
> 　　AI-CADの導入により、設計の一部を人工知能により自動で行う。
> 　　設計の一部を自動で行うことにより、危険個所の検出や細部設計の納まりの検討等、ミスの防止や技術の補完につながる。
> 　（2）－（b）－②　課題、障害、デメリット
> 　　使用するソフトやシステムを新規に導入するため、社内設備や技術取得にコストと時間を要する。
> 　　導入するソフトの費用や教育をあらかじめ組み込んだ導入管理計画が必要となり、イニシャルコスト、ランニングコストの確保や軽減が必要となる。
> 　　また、情報や技術データの流出防止等、新たな管理が必要となる。
> 　　日々進化するソフトやシステムを導入できない企業は、事業が立ち行かなくなる可能性もあり、業界や官庁の協働による支援システムも必要である。
> 　　　　　　　　　　　　　　　　　　　　　　以上

●裏面は使用しないで下さい。　●裏面に記載された解答は無効とします。　　24字×25行

■令和元年度（2019年度）

論文事例2（機械─情報・精密機器） 　　　（問題は143ページ）

・添削前（1枚目／5枚目）

センサの機能の説明を（5管理の視点で）加筆しましょう。

（1）①取り上げる事業の名称及び概要
【名称】自動車用センサの計画、設計、製造
【概要】自動車各部の物理的機械的状態を検知し、制御ユニットに電気信号として伝送するものであり、高い信頼性と高寿命が求められる。カーメーカや自社システムに納入する。
②事業の目的
昨今の自動車は安全、燃費、利便の向上のため電子制御されており、そのインプット情報であるセンサを供給することで車の性能向上に貢献する。
③事業が創出している成果物
■■■センサ、■■用電流センサ、■■■■■■、■■／■■■■■センサ等を設計、製造し供給する。
④－1）計画段階で発生したヒューマンエラーの事例
●ヒューマンエラーの内容
■■■■センサの圧電振動子の感度測定ミス
サプライヤに要求する圧電振動子に求める音圧レベルの要求仕様をrmsで定義していたが、素子メーカAはP–Pで測定し、合格との報告を受けた。仕入先選定ではA社が最も性能がよいとし選定してしまった。
●もたらされた影響
当社で■■■ASSYに組付けたところ、S/Nが小さく電気ノイズを受けた時に誤作動をしてしまった。
●それが発生した原因
A素子メーカでは慣例的にP–Pで音圧測定すること

●裏面は使用しないで下さい。　　　●裏面に記載された解答は無効とします。　　　24字×25行

専門用語 rms や P–P の説明を入れましょう。

令和元年度記述式解答例　機械―情報・精密機器

・添削前（2枚目／5枚目）

5 管理の視点でどういう影響があったのかも加えましょう。
専門用語 ASSY や S／N の説明を入れましょう。

になっており、我社からの仕様がrms であることを見
落としてしまった。また上司など複数の技術者による
チェックがなされていなかった。
●その時とられた対応
　音圧アップ策についてFTA、連関図を使い、A社
と共同して案出しし、検証を進めた。内部充填材のダ
ンピング性能を変えることで対策した。
●その後の再発防止対策
　①当社から要求仕様書を受領したら、内容を確認し
疑問点がないか報告をいただく。②報告書を提出する
ときは、上司とともに誤記がないかチェックをする。
完全な再発防止とはならないが、工数増の観点から以
上2点をルールとした。
④－2）実施段階で発生したヒューマンエラーの事例
●ヒューマンエラーの内容
　　　■■■センサを試作車搭載したとき、微振動で誤信
号を出し続けたことを担当者が観察したが、報告を忘
れてしまった。車体を揺することでセンサＩＣが学習
モードに入り■■中も誤信号を出し続けてしまった。
●もたらされた影響
　カーメーカ試作車両で発覚、■■中に■■■■■が
作動、■■■■■■が作動しない、など不具合が発生
してしまった。
●それが発生した原因
　①実車試験で担当者が疲れており、報告を忘れた。

●裏面は使用しないで下さい。　　●裏面に記載された解答は無効とします。　　24字×25行

令和元年度記述式解答例　機械―情報・精密機器

・添削前（3枚目／5枚目）

②担当者は異常を発見したが、大した影響はないと判断してしまった。
●その時とられた対応
　車両量産の半年前であったので、早急な対応を求められた。FTA、ICアルゴリズム検証などにより原因を究明した。ICのアルゴリズム変更により対策に至った。
●その後の再発防止対策
　①前週に評価、検討した内容を担当に報告させ、次の進め方を決める週ミーティングを設定。②小さなレビューを気軽に行うよう働きかけ、報連相がしやすい風土作りを実施。③技術報告書を承認するハードルを低くし、発行しやすい雰囲気作りを行った。

（2）（a）①今後さらに発生する可能性があるヒューマンエラーの概要と事業への影響
●概要
　中国との共同開発品における要求仕様と設計折込み内容のアンマッチ。当社から設計仕様を出した内容を、誤解、読み違いにより、仕様と異なった設計としてしまうことを懸念する。
●事業への影響
　数値化できる仕様については設計内容が対応しているか確認できるが、数値化できていない暗黙の内容は設計内容がアンマッチでも気づきにくく、開発の後半

●裏面は使用しないで下さい。　　●裏面に記載された解答は無効とします。　　24字×25行

令和元年度記述式解答例　機械―情報・精密機器

・添削前（4枚目／5枚目）

で発覚することがありうる。早急な対策など自社と取り巻くステークホルダに与える影響は大きい。
②ヒューマンエラーの発生する原因
　以下「情報管理」、「経済性管理」、「人的資源管理」の問題があげられる。
　1）日本語は表現があいまいなところがあり、主語、述語が明確な中国には通じないことがある。
　2）中国では品質よりも価格を重視するため、数値化できていない暗黙の仕様は価格に対応した設計となりがち。
　3）中国人大卒技術者の技術スキルが低く、品質達成するための技術的方策がわかっていない。
（b）①ヒューマンエラーの防止、もしくは発生時の影響を軽減させることが期待できる技術や方策
　1）主語、述語を明確にした表現とし、数量、期限、レベルを明確にし、記録を残すこととする。具体的には「5W1Hの徹底」、「議事録を発行し共有化する」等。（情報管理）
　2）明記されない仕様は品質重視とすることを伝えるとともに、一般仕様として製品の前提となる品質を規定する。使用条件（温度、振動、飛水など）、寿命（年数、走行距離）などを折りこむ。（経済性管理）
　3）中国人技術者をOJTにより育成する。設計レビューを通じて品質達成への技術的考えを伝授する。（人的資源管理）

●裏面は使用しないで下さい。　　　●裏面に記載された解答は無効とします。　　　24字×25行

令和元年度記述式解答例　機械─情報・精密機器

・添削前（5枚目／5枚目）

②実現するために乗り越えるべき課題や障害
　1）中国の経営トップに品質重視の考えが通じないと支障となる恐れがある。日本へ参入するためには品質重視が必須であることを繰り返し伝える必要がある。
　2）中国の大卒技術者の技術レベルが低く、技術内容を教えても理解できない場合がある。しかし中には才能のある若手もいるので、才能者の発見と育成を行い、その者が周囲にもたらす波及効果に期待したい。
　3）中国技術者を育成するうちに彼らがレベルアップし、「品質＋コスト」で日本が逆転されてしまう可能性がある。中国に進出すべき分野の再見直し、育成のレベル（単なる指摘か技術育成か）など改めて見直しする時期に来ていると考える。
　　　　　　　　　　　　　　　　　　　　　　　　以上

●裏面は使用しないで下さい。　　　●裏面に記載された解答は無効とします。　　　24字×25行

講評
　全体的に良く書けています。
　空白行が多いので、5管理の視点で肉付けしてみると良いです。

285

■令和元年度（2019年度）

論文事例2（機械─情報・精密機器）　　　（問題は143ページ）

・添削後（1枚目／5枚目）

令和元年度　技術士第二次試験答案用紙

受験番号	０ ０ ０ ０ ０ ０ ０ ０ ０ ０	技術部門	総合技術監理	部門
問題番号		選択科目	機械－情報・精密機器	
答案使用枚数	1 枚目　5 枚中	専門とする事項		

○受験番号、問題番号、答案使用枚数、技術部門、選択科目及び専門とする事項の欄は必ず記入すること。
○解答欄の記入は、1マスにつき1文字とすること。（英数字及び図表を除く。）

　(1)　① 取り上げる事業の名称及び概要
【名称】自動車用センサの計画、設計、製造
【概要】自動車各部の物理的機械的状態を検知し、制御ユニットに電気信号として伝送するものである。センサ機能が自動車に貢献するものは① 燃費向上等の経済性管理② 事故防止や事故時の衝撃緩和などの安全性管理③ 快適な空間移動などの人的資源管理④ ナビや各種HMI（human machine interface）等情報管理⑤ 排ガス低減の社会環境管理があげられ、5管理全般に寄与する。
　② 事業の目的
　昨今の自動車は安全、燃費、利便の向上のため電子制御されており、そのインプット情報であるセンサを供給することで車の性能向上に貢献する。
　③ 事業が創出している成果物
　■■■センサ、■■用■■センサ、■■■■■、■■／■■■■■センサ等を設計、製造し供給する。
　④－1）計画段階で発生したヒューマンエラーの事例
●ヒューマンエラーの内容
　■■■センサの圧電振動子の感度測定ミス
　サプライヤに要求する圧電振動子に求める音圧レベルの要求仕様を実効値（rms）で定義していたが、素子メーカAは両振幅（P-P）で測定し、合格との報告を受けた。仕入先選定ではA社が最も性能がよいとし選定してしまった。

●裏面は使用しないで下さい。　　●裏面に記載された解答は無効とします。　　　24字 ×25行

令和元年度記述式解答例　機械─情報・精密機器

・添削後（2枚目／5枚目）

令和元年度　技術士第二次試験答案用紙

受験番号	○○○○○○○○○○○○		技術部門	総合技術監理	部門
問題番号			選択科目	機械－情報・精密機器	
答案使用枚数	2 枚目　5 枚中		専門とする事項		

○受験番号、問題番号、答案使用枚数、技術部門、選択科目及び専門とする事項の欄は必ず記入すること。
○解答欄の記入は、1マスにつき1文字とすること。（英数字及び図表を除く。）

●もたらされた影響
　当社で■■■ASSY（組付製品状態）にしたところS/N（信号対比）が小さく電気ノイズにより誤作動をしてしまった。品質要求事項未達に関し対策が必要となる。開発工期遅延の懸念、経済性管理の問題となった。
●それが発生した原因
　A素子メーカでは慣例的にP-Pで音圧測定することになっており、我社からの仕様がrmsであることを見落としてしまった。また上司など複数の技術者によるチェックがなされていなかった。
●その時とられた対応
　音圧アップ策についてFTA、連関図を使い、A社と共同して案出しし、検証を進めた。内部充填材のダンピング性能を変えることで対策した。
●その後の再発防止対策
　①当社から要求仕様書を受領したら、内容を確認し疑問点がないか報告をいただく。②報告書を提出するときは、上司とともに誤記がないかチェックをする。完全な再発防止とはならないが、工数増の観点から以上2点をルールとした。
　④－2）実施段階で発生したヒューマンエラーの事例
●ヒューマンエラーの内容
　■■■センサを試作車搭載したとき、微振動で誤信号を出し続けたことを担当者が観察したが、報告を忘れてしまった。車体を揺することでセンサICが学習

●裏面は使用しないで下さい。　●裏面に記載された解答は無効とします。　　　24字×25行

令和元年度記述式解答例　機械—情報・精密機器

・添削後（3枚目／5枚目）

令和元年度　技術士第二次試験答案用紙

受験番号	○○○○○○○○○○○○	技術部門	総合技術監理　　　　部門
問題番号		選択科目	機械—情報・精密機器
答案使用枚数	3 枚目　5 枚中	専門とする事項	

○受験番号、問題番号、答案使用枚数、技術部門、選択科目及び専門とする事項の欄は必ず記入すること。
○解答欄の記入は、1マスにつき1文字とすること。（英数字及び図表を除く。）

モードに入り■■中も誤信号を出し続けてしまった。
●もたらされた影響
　カーメーカ試作車両で発覚、■■中に■■■■■が作動、■■■■■■が作動しない、など不具合が発生してしまった。
●それが発生した原因
　①実車試験で担当者が疲れており、報告を忘れた。②担当者は異常を発見したが、大した影響はないと判断してしまった。
●その時とられた対応
　車両量産の半年前であったので、早急な対応を求められた。FTA、ICアルゴリズム検証などにより原因を究明した。ICのアルゴリズム変更により対策に至った。
●その後の再発防止対策
　①前週に評価、検討した内容を担当に報告させ、次の進め方を決める週ミーティングを設定。②小さなレビューを気軽に行うよう働きかけ、報連相がしやすい風土作りを実施。③技術報告書を承認するハードルを低くし、発行しやすい雰囲気作りを行った。

●裏面は使用しないで下さい。　●裏面に記載された解答は無効とします。　　　　24字×25行

令和元年度記述式解答例　機械─情報・精密機器

・添削後（4枚目／5枚目）

令和元年度　技術士第二次試験答案用紙

受験番号	○○○○○○○○○○○○	技術部門	総合技術監理　　　部門
問題番号		選択科目	機械─情報・精密機器
答案使用枚数	4 枚目　5 枚中	専門とする事項	

○受験番号、問題番号、答案使用枚数、技術部門、選択科目及び専門とする事項の欄は必ず記入すること。
○解答欄の記入は、1マスにつき1文字とすること。（英数字及び図表を除く。）

　(2)　(a)①今後さらに発生する可能性があるヒューマンエラーの概要と事業への影響
●概要
　中国との共同開発品における要求仕様と設計折込み内容のアンマッチ。当社から設計仕様を出した内容を、誤解、読み違いにより、仕様と異なった設計としてしまうことを懸念する。
●事業への影響
　数値化できる仕様については設計内容が対応しているか確認できるが、数値化できていない暗黙の内容は設計内容がアンマッチでも気づきにくく、開発の後半で発覚することがありうる。早急な対策など自社と取り巻くステークホルダに与える影響は大きい。
②ヒューマンエラーの発生する原因
　以下「情報管理」、「経済性管理」、「人的資源管理」の問題があげられる。
　1）日本語は表現があいまいなところがあり、主語、述語が明確な中国には通じないことがある。
　2）中国では品質よりも価格を重視するため、数値化できていない暗黙の仕様は価格に対応した設計となりがち。
　3）中国人大卒技術者の技術スキルが低く、品質達成するための技術的方策がわかっていない。
　(b)①ヒューマンエラーの防止、もしくは発生時の影響を軽減させることが期待できる技術や方策

●裏面は使用しないで下さい。　●裏面に記載された解答は無効とします。　　　24字×25行

令和元年度記述式解答例　機械─情報・精密機器

・添削後（5枚目／5枚目）

令和元年度　技術士第二次試験答案用紙

受験番号	０００００００００００	技術部門	総合技術監理　　　　　部門
問題番号		選択科目	機械ー情報・精密機器
答案使用枚数	5 枚目　　5 枚中	専門とする事項	

○受験番号、問題番号、答案使用枚数、技術部門、選択科目及び専門とする事項の欄は必ず記入すること。
○解答欄の記入は、1マスにつき1文字とすること。(英数字及び図表を除く。)

　1）主語、述語を明確にした表現とし、数量、期限、レベルを明確にし、記録を残すこととする。具体的には「5W1Hの徹底」、「議事録を発行し共有化する」等。（情報管理）
　2）明記されない仕様は品質重視とすることを伝えるとともに、一般仕様として製品の前提となる品質を規定する。使用条件（温度、振動、飛水など)、寿命（年数、走行距離）などを折りこむ。（経済性管理）
　3）中国人技術者をOJTにより育成する。設計レビューを通じて品質達成への技術的考えを伝授する。（人的資源管理）
②実現するために乗り越えるべき課題や障害
　1）中国の経営トップに品質重視の考えが通じないと支障となる恐れがある。日本へ参入するためには品質重視が必須であることを繰り返し伝える必要がある。
　2）中国の大卒技術者の技術レベルが低く、技術内容を教えても理解できない場合がある。しかし中には才能のある若手もいるので、才能者の発見と育成を行い、その者が周囲にもたらす波及効果に期待したい。
　3）中国技術者を育成するうちに彼らがレベルアップし、「品質＋コスト」で日本が逆転されてしまう可能性がある。中国に進出すべき分野の再見直し、育成のレベル（単なる指摘か技術育成か）など改めて見直しする時期に来ていると考える。
　　　　　　　　　　　　　　　　　　　　　　　　以上

●裏面は使用しないで下さい。　●裏面に記載された解答は無効とします。　　　　24字×25行

■令和元年度（2019年度）
論文事例3（建設―鉄道）　　　　　　（問題は143ページ）
・添削前（1枚目／5枚目）

（1）本論文において取り上げる事業・プロジェクトの内容、それに関する過去に発生したヒューマンエラーの事例

①事業・プロジェクト等の名称
　首都圏鉄道駅の自由通路整備・駅改良工事

②事業・プロジェクト等の目的
　駅の東西を結び、まちから人の流動を活性化するとともに、線路上空にスペースを増築し機能性を高めることにより利便性を向上する。

③事業・プロジェクト等が創出している成果物
　自由通路、駅舎・駅ビルの新設構造物、及びそれらが提供する交通、交流、商業サービス

④ヒューマンエラーの事例
<u>計画段階</u>
　・ヒューマンエラーの内容とそれによってもたらされた影響

　ヒューマンエラーの内容：工事途中段階のステップの確認漏れによる建築限界支障
　・それが発生した原因
　駅改良工事で軌道部や駅舎部での工事を行う際は、列車を運行させながら改良するため、エリアごとに部分的な撤去・新設工事を繰り返し、構築したスペースに機能を移転させながら最終的な構造物に仕上げていくという手法が一般的である。鉄道事業法や建築基準法上の規定から定めた社内規定を守るために審査を行

●裏面は使用しないで下さい。　　　　●裏面に記載された解答は無効とします。　　　24字×25行

良く書けていますが、計画段階ではなく実施段階の内容になっている印象を受けます。あと5管理のうち、どの管理の視点かを明確に示しましょう。

令和元年度記述式解答例　建設─鉄道

・添削前（2枚目／5枚目）

うが、部分的な改築の途中時点でのチェックを行わなかったため、一時的に基準に不適合な状態となっていた。
　・その時取られた対応
　線路や駅舎が切換を行うごとの施工ステップ、改良計画に併せてチェックを行う体制づくり、教育の実施
　・その後の再発防止対策
　3D-CAD等を活用した施工ステップなど、改良前・改良後だけでなく各時点での施工ステップやステップ毎の構造物、列車、お客さま動線の位置関係を把握できるようなデータの構築。
実施段階
　・ヒューマンエラーの内容とそれによってもたらされた影響
　ヒューマンエラーの内容：線路内での工事を実施する際には、所定の手続きを履行、確認し線路内に列車が運行しない状況を確保したうえで工事を行う。線路内での作業に必要なトラック等の工事用車両を軌道内に走行させる際、車両を誘導する係員が誤って列車が運行しない措置が取られていない線路に誘導してしまった。
　ヒューマンエラーによってもたらされた影響：回送列車と工事用車両が衝突して回送列車が脱線・横転
　・それが発生した原因
　根本的な原因としては、事故・事象発生や発生した

令和元年度記述式解答例　建設—鉄道

・添削前（3枚目／5枚目）

管理間のトレードオフの内容をもう少し具体的に書きましょう。
3つあるので主なもの1〜2つに絞って詳述しても良いかと思います。

際に被害を拡大させないために定められたルールが徹
底されていなかったこと。ルールが守れなかった背後
要因としては、ルールに対する理解不足・訓練不足（
＝経済性管理と人的資源管理とのトレードオフ）、納期
を優先するために当初計画を変更したことで不安全な
環境を誘発したこと（＝経済性管理と安全管理のトレ
ードオフ）、ルール履行状況を確認できる人員を配置し
なかったこと（＝経済性管理と安全管理のトレードオ
フ）、が挙げられる。
　・その時取られた対応
　・ルールに対する理解不足、異常発生時の訓練不足
　⇨定められたルールを理解させるための再教育、異
常時に列車を停止する訓練の実施
　・同種の工事、施工環境の調査による同種の事象発
生の定量化
　⇨同種・同条件の作業のリスクの把握、優先的に訓
練を実施

　・その後の再発防止対策
　・ルールに対する理解不足・訓練不足
　⇨①リスクマネジメントの観点から、事故発生防止
　　を未然に防ぐための安全教育・訓練のための環境
　　整備（安全性管理）
　　②ICT等を活用した訓練の実施（情報管理）
　・納期を優先するために当初計画を変更したことに

●裏面は使用しないで下さい。　　●裏面に記載された解答は無効とします。　　24字×25行

令和元年度記述式解答例　建設─鉄道

・添削前（4枚目／5枚目）

人的資源管理というより、経済性管理（品質管理）かと思います。

> より、不安全な環境を生み出したこと
> ・現地においてルールの履行状況を確認できるための人員を割いていなかったこと
> 　⇨同種・同条件の作業を実施することに対するリスクの共有。
> 　具体的には、①元請業者の現場や発注者のプロジェクトチームだけではなく支店や本社の担当部門による施工計画書や履行状況の確認、サポートなど現場の支援体制を強化（人的資源管理）②特定条件での立合いを義務付けるなど、安全管理ルールの明確化、チェック体制の構築（情報管理）
> ※計画段階と実施段階の例
> ＝システムの設計と実装（異なる工程）
> 　設計段階における現地調査と設計作業（単一の工程内）
> 　（2）さらに今後発生する可能性があると思われるヒューマンエラー
> 　（a）今後さらに発生する可能性があり、かつ重大な影響をもたらすと思われるヒューマンエラー
> 　①取り上げたヒューマンエラーの概略と事業・プロジェクト等への影響
> 安全性の低下
> 　②ヒューマンエラーの発生する原因として考えられること
> 　業務量が時間に対して多い（キャパシティの限界）、

●裏面は使用しないで下さい。　　●裏面に記載された解答は無効とします。　　24字×25行

どのような重大な影響か、もう少し具体的に書けると良いです。

令和元年度記述式解答例　建設─鉄道

・添削前（5枚目／5枚目）

各管理の視点を明確にして技術的、組織的、経済的等の観点から
網羅的に書けると良いです。

疲れや眠気など健康面の問題、背景として過重労働など労働環境の悪さ、誤りを誘発しやすい仕組みとなっているなどシステム設計の不備、組織・個人としてのチェック機能の不足

（b）（a）で記したヒューマンエラーに対して、その防止や影響の軽減が期待できる状況について

① ヒューマンエラーの防止、若しくはその発生による事業・プロジェクト等への影響を軽減させることが期待できる新たな技術や方策
　VRやICTの技術を活用することにより、時間的制約や空間的制約に縛られずにより簡単に訓練、教育を行うことができる。例として、現地に行かずに線路内の手続きなどに関する安全教育を模擬的に実施することができる。実際の事故状況を再現したプログラムを作成することで実際に事故を経験しなくても知見や教訓を得やすくなる。ICTは座学のプログラムを必ずしも集合研修や講師を招いて実施しなくても学習できるツールとして活用でき、より広範囲かつ短時間に基礎的な知識を身に着けられることにつながる。

② 実現するために乗り越えなければならない課題や障害、若しくは実現させることのデメリット
　・教育体制の確保のために時間がかかる
　・情報を的確に管理することが必要

以上

●裏面は使用しないで下さい。　　●裏面に記載された解答は無効とします。　　24字×25行

各管理の視点を明確にして示せるとより良いです。管理間の
トレードオフがあることを挙げても良いです。

（a）②の発生原因とのつながりが弱い印象です。例えば、教育が行き届いていないことを挙げるとつながります。学習者の受講進捗状況や理解度・習熟度を把握することもできますし、教育の費用対効果の確認もできます。教育以外の視点（例：安全管理や情報管理の視点での新技術・方策）もあると思いますので、考えてみてください。

■令和元年度（2019年度）
論文事例3（建設─鉄道）　　　　　　　（問題は143ページ）
・添削後（1枚目／5枚目）

令和元年度　技術士第二次試験答案用紙

受験番号	○○○○○○○○○○○○	技術部門	総合技術監理	部門
問題番号		選択科目	建設─鉄道	
答案使用枚数	1 枚目　5 枚中	専門とする事項		

○受験番号、問題番号、答案使用枚数、技術部門、選択科目及び専門とする事項の欄は必ず記入すること。
○解答欄の記入は、1マスにつき1文字とすること。（英数字及び図表を除く。）

（1）①事業・プロジェクト等の名称及び概要：
　私が取り上げる事業は、首都圏鉄道駅の自由通路整備・駅改良事業である。この事業は、自治体が主導となって推進する駅周辺再開発事業の一環として、地平レベルにある鉄道線路上空に、幅10ｍ、延長90ｍの自由通路、500㎡の人工地盤を整備し、駅本屋を改良・増築、商業施設を構築する。
②事業・プロジェクト等の目的：
　線路に隔てられていた駅の東西を結ぶことによってまちへ向かう人の流動を活性化するとともに、線路上空にスペースを生み出し駅の機能性を向上する。これらを通じ、鉄道利用者、地域住民、来街者の利便性向上を図る。
③事業・プロジェクト等が創出している成果物：
　本事業により、自由通路、駅舎・駅ビル等の新設構造物が新たに構築されるとともに、交通、交流、商業サービスが創出される。
④-1計画段階で発生したヒューマンエラー
ヒューマンエラーの内容及び影響：現地条件の考慮不足により、人工地盤橋脚位置の設計ミスが生じた。支障する既設構造物の切り回し工事が追加され事業費のコスト増となった。
発生した原因：人工地盤の橋脚位置決定にあたり、現地調査の結果を踏まえ既設構造物に支障しない場所としたが、その後上載荷重の変更により橋脚のスパン・

●裏面は使用しないで下さい。　●裏面に記載された解答は無効とします。　　24字×25行

令和元年度記述式解答例　建設―鉄道

・添削後（2枚目／5枚目）

令和元年度　技術士第二次試験答案用紙

受験番号	○○○○○○○○○○○	技術部門	総合技術監理　　　部門
問題番号		選択科目	建設－鉄道
答案使用枚数	2 枚目　5 枚中	専門とする事項	

○受験番号、問題番号、答案使用枚数、技術部門、選択科目及び専門とする事項の欄は必ず記入すること。
○解答欄の記入は、1マスにつき1文字とすること。（英数字及び図表を除く。）

位置を変更した。計画を変更した時に現地状況との照合を行わなかったため、計画後の橋脚が既存構造物に支障することに気づかず、設計成果物と現地状況の不整合が発生した。経済性管理と情報管理とのトレードオフである。

その時取られた対応：経済性（工程）管理の観点から、納期を考慮すると更なる位置変更は困難であったため、支障する既設構造物の支障移転工事を行った。設計内容変更により同様のリスクがあるプロジェクトについて、図面と現地の整合性の再確認を組織的に実施した。

再発防止対策：情報管理の観点から、「設計を変更する場合」に対し過去の失敗事例等を取集し、チェックすべき項目に関する情報を集約、共有した。人的資源管理の観点から、設計業務全般の業務フロー、各時点でチェックすべき項目に関する教育体制を構築した。

④-2 実施段階で発生したヒューマンエラー

ヒューマンエラーの内容及び影響：人工地盤の杭構築工事において、列車運行終了後の線路内作業に必要な工事用車両等の工事用車両を侵入させる際、車両を誘導する係員が誤って列車が運行しない措置が取られていない線路に誘導してしまった。その結果、回送列車と工事用車両が衝突、回送列車が脱線・横転する事故が発生した。

発生した原因：これまでに事故・事象発生防止、被害を拡大させないことを目的に定めたルールを正しく理

●裏面は使用しないで下さい。　●裏面に記載された解答は無効とします。　　24字×25行

令和元年度記述式解答例　建設─鉄道

・添削後（3枚目／5枚目）

令和元年度　技術士第二次試験答案用紙

受験番号	○○○○○○○○○○○○		技術部門	総合技術監理	部門
問題番号			選択科目	建設－鉄道	
答案使用枚数	3 枚目　5 枚中		専門とする事項		

○受験番号、問題番号、答案使用枚数、技術部門、選択科目及び専門とする事項の欄は必ず記入すること。
○解答欄の記入は、1マスにつき1文字とすること。（英数字及び図表を除く。）

解し守らなかったため。背後要因としては一つ目に、ルールに対する理解不足・訓練不足があり経済性管理と人的資源管理とのトレードオフが発生していた点が挙げられる。二つ目としては、ルール履行状況を確認できる人員を配置していなかった、経済性管理と安全管理のトレードオフとなっていた点が挙げられる。その時取られた対応：まず一つ目のルールに対する理解不足、異常発生時の訓練不足に対しては、これまで定めたルールに関する緊急の再教育と異常時に列車を停止する訓練を実施した。二つ目のルール履行確認については、安全パトロールの実施や工事車両侵入時の発注者の立ち合い条件を新たに設定し確認体制を構築、明確化した。
再発防止対策：一つ目に、安全管理の観点から、事故発生防止を未然に防ぐための安全教育・訓練を実施する仕組みを構築した。入社時や現場管理業務発令時の安全大会などを契機としてルールを周知徹底する。二つ目に、経済性（品質）管理の観点から、チェック体制の構築・強化を行った。工事実施時や現場担当者という限られた場面、視点のみによるチェックを行うではなく、元請会社や発注者の支店・本社の担当部門により施工計画書や履行状況の確認、サポートを行うなど支援、チェック体制を強化した。

●裏面は使用しないで下さい。　●裏面に記載された解答は無効とします。　24字×25行

令和元年度記述式解答例　建設―鉄道

・添削後（4枚目／5枚目）

令和元年度　技術士第二次試験答案用紙

受験番号	○○○○○○○○○○○○	技術部門	総合技術監理　　部門
問題番号		選択科目	建設－鉄道
答案使用枚数	4 枚目　5 枚中	専門とする事項	

○受験番号、問題番号、答案使用枚数、技術部門、選択科目及び専門とする事項の欄は必ず記入すること。
○解答欄の記入は、1マスにつき1文字とすること。（英数字及び図表を除く。）

（2）今後発生する可能性があるヒューマンエラー
（a）①今後さらに発生するヒューマンエラー：工事用車両の誤侵入に関する安全対策は徹底してきたが、列車を長期運休せず日々工事を行う環境であれば、一つルールの取り扱いを誤るというヒューマンエラーが発生した場合は、事故が発生の恐れがある。
②ヒューマンエラーの発生原因：ヒューマンエラー発生の原因としては、一つ目に、安全教育、訓練の実施不足といった経済性管理と人的資源管理のトレードオフが挙げられる。二つ目に、誤りを誘発しやすい仕組みとなっているというシステム設計の不備が経済性管理と安全管理のトレードオフとして挙げられる。
（b）①新たな技術や方策：一つ目に、安全に関する教育、訓練の不足について、VRやICTといった情報技術の活用により影響の軽減を図ることができる。VRにより現地に行かずに線路内手続きなどに関する安全教育を実施する等、時間的・空間的な制約に縛られずに訓練や教育の実施が可能となる。ICTは職場の育成環境を問わず手軽に学習できるツールとしてOFF-JT講習プログラム等に活用でき、ルールを正しく理解し守るために必要な安全教育・訓練を効果的に実施可能である。二つ目に、誤りを誘発するシステム設計の不備に関しては、情報管理の観点から、必要なデータを集約した包括的な安全支援ツールを構築することが有効である。安全に関するルールは、仕様書、指導文書や現

●裏面は使用しないで下さい。　　●裏面に記載された解答は無効とします。　　24字×25行

令和元年度記述式解答例　建設―鉄道

・添削後（5枚目／5枚目）

令和元年度　技術士第二次試験答案用紙

受験番号	⃝⃝⃝⃝⃝⃝⃝⃝⃝⃝⃝⃝	技術部門	総合技術監理	部門
問題番号		選択科目	建設―鉄道	
答案使用枚数	5 枚目　　5 枚中	専門とする事項		

○受験番号、問題番号、答案使用枚数、技術部門、選択科目及び専門とする事項の欄は必ず記入すること。
○解答欄の記入は、1マスにつき1文字とすること。(英数字及び図表を除く。)

場独自のルールブックに点在している。関係するルールを集約、データベース化して汎用性の高い情報ツールとして整備し、現地条件から必要なルールを検索できるようにすることで、包括的に計画を策定できる支援システムを構築する。様々なルールを網羅した総合的な安全計画を短時間で策定でき、リスクの低下および安全性を図ることができる。
②乗り越えなければならない課題や障害、デメリット：一つ目のVRやICT技術を活用した訓練、教育の実施について、デジタルツールの整備・維持に必要な費用及び人員確保が経済的な課題である。組織的な課題としては、デジタルツールを使用・改良できる人材の育成が課題となる。二つ目の情報システムを活用した安全ルールの集約、安全計画支援については、システムの構築にあたり、安全ルール同士の優先順位や競合が発生する場合、経験に基づく取捨選択の暗黙知を課題にツールに盛り込むという安全技術上の課題のある。また構築して策定した安全計画に関する品質の確保が経済的な課題である。安全性の確保を念頭に置いたシステムのアウトプットが、経済的側面を考慮するとリスクに対し過大な安全対策となっている可能性がある。また、品質確保のためには日々更新される安全に関する知識やデータアップデートすることが必要で全に関する知識やデータアップデートすることが必要だが、そのための人材育成が人的資源管理上の課題である。
　　　　　　　　　　　　　　　　　　　　　　以上

●裏面は使用しないで下さい。　●裏面に記載された解答は無効とします。　　　　24 字 ×25 行

■令和元年度（2019年度）

論文事例4（上下水道—下水道）　　　　　（問題は143ページ）

・添削前（1枚目／5枚目）

プロジェクトの人員態勢や制約条件にも触れましょう。
（（1）④と（2）の論文展開を踏まえて）

（1）プロジェクト内容
①プロジェクト名称と概要
1．プロジェクト名称
プロジェクト名称は、「下水道管渠施設改築業務」
2．プロジェクト概要
プロジェクト概要は、老朽化した下水道管渠内の調査、診断、改築業務。

②プロジェクトの目的
　標準耐用年数を超過した下水道管渠施設が急増し、経年劣化やそれに伴う地震被害への対応が必要となった。更に下水道施設の被害は、新たな道路陥没事故を引き起こす要因となり、重要度の高い緊急輸送路下に埋設されたものに対しては、早急な対策が求められている。よって、当該プロジェクトを実行することは、将来的なインフラの安定化に寄与することとなり、国民経済の発展にも繋がる。
③プロジェクトが創出した成果物
　当該プロジェクトが創出した成果物としては、次のものがある。
・都市の浸水防除、公衆衛生向上、水質保全への貢献
・安全・安心な暮らしの確保
・下水道の効率的な事業運営
④プロジェクトにおける計画段階と実施段階におけるヒューマンエラーについて
1．計画段階について（管渠内調査）

●裏面は使用しないで下さい。　　●裏面に記載された解答は無効とします。　　24字×25行

インフラの安定化を具体的に書きましょう。技術士法第1条にある科学技術の向上・国民経済の発展につながる（社会的意義）ことをアピールしてください。

令和元年度記述式解答例　上下水道―下水道

・添削前（2枚目／5枚目）

a.で書かれた管理間のトレードオフが原因だと思いますので、トレードオフの内容を具体的にして、こちらに書きましょう。

発生原因が書かれています。内容（ヒューマンエラーの事例）とその影響を端的に書きましょう。

a．ヒューマンエラーの内容とその影響
　管路内調査では、業務量の多さから人材不足が発生し、熟練技術者の採用が困難となり、経験の浅い技術者の配置となった。そのため、経験不足人員（人的資源管理）の対応は、調査準備等（安全管理）に時間を要し、工程管理（経済性管理）に遅れが生じることとなり、各管理間のトレードオフが発生する。

b．それが発生した原因
　工程管理に遅れが生じる原因としては、管路内調査対象の下水道環境において下水量の著しい変化や硫化水素発生などが懸念され、そこに経験不足人員を配置することは、事故に繋がるリスクが発生する。このリスクを回避するためには、通常よりも調査準備に時間を要してしまう。

c．そのときに取られた対応
　調査工程遅れの対応策は以下のとおりである。①人的資源管理：他業務から作業員の増員。②安全管理：事前調査による下水量の把握。換気設備、ガス検知器設置による硫化水素対策。その結果、調査工程の最小限の遅れに留めた。

d．その後の再発防止対策
　経験不足から発生する工程の遅れについては、十分な調査経験を積んだアウトソーシングを採用することにより、管路内調査の安全性が確保され、トレードオフ課題が改善される。

●裏面は使用しないで下さい。　●裏面に記載された解答は無効とします。　24字×25行

再発防止のために何をしたかを具体的かつ各管理の視点を明確にして書いてください。

人員を増やすことは経済性管理（負荷計画等）となります。

令和元年度記述式解答例　上下水道―下水道

・添削前（3枚目／5枚目）

発生要因を具体的かつ端的に書きましょう。

内容と影響を端的に書きましょう。

2．実施設計について（構造評価）
a．ヒューマンエラーによってもたらせた影響
　業務量の多さから経験不足人員の作業となった構造評価は、教育不足（人的資源管理）、情報が煩雑で一元化されていない（情報管理）ことから、構造評価に対する間違えなどの品質面（経済性管理）に課題が発生する。
b．発生した要因
　品質面に課題が発生した要因としては、構造評価を行う上で、充分な経験値と情報の有効活用が必要となる。そこに経験不足人員を配置することは、構造評価を行う上で品質面に課題が生じる。
c．そのときに取られた対応
　品質面の対策としては、新たな人材活用を企画し、熟練作業員を指導役として配置した結果、経験不足人員への教育指導や適切な情報提供により、正確な構造評価に繋がった。
d．その後の再発防止対策
　今後の品質面の確保については、経験不足人員への教育的指導と有効な情報提供が必要となる。教育的指導については、社内勉強会やQCサークル活動を実施し、補足としてOFF-JTに参加させる。情報提供については、社内LANの活用やデータベースの共有化を基に、より早く正確に情報が提供できるツールの確立を提案した。

●裏面は使用しないで下さい。　●裏面に記載された解答は無効とします。　24字×25行

再発防止について
端的に書きましょう。

「経験不足人員」と書くと若干わかりにくいので、例えば「習熟度の低い技術者」といった書き方のほうが伝わりやすいと思います。

対応に特化して書きましょう。

令和元年度記述式解答例　上下水道─下水道

・添削前（4枚目／5枚目）

ヒューマンエラーの内容を具体的に例示しましょう。

（2）今後発生するヒューマンエラーについて
（a）今後発生する可能性があるヒューマンエラー
①ヒューマンエラーの概略とプロジェクトの影響
　標準耐用年数が超過した下水道施設が急増する中で、下水道事業では、熟練技術者の高齢化に伴う経験不足人員の作業による課題が発生してくる。これにより、今後下水道事業が継続していく上では、工程の遅れ（経済性管理）、教育不足（人的資源管理）、重大事故発生（安全管理）がヒューマンエラーとして影響してくる可能性がある。
②ヒューマンエラーの発生する原因
　今後、人口構造の変化、高齢者人口の増加、生産年齢人口の減少により、下水道事業の担い手不足からの経験不足人員が影響するヒューマンエラーは、以下の通りとなる。
　教育不足が作業時間の増加となり、工程が遅れてしまう。更に作業ミスが発生し、重大事故に繋がってくる。
（b）今後新たな技術や方策の導入
①影響を軽減できる技術や方策
・ICT調査による省人化・省力化
　ドローンによる管路内調査やICタグマンホール調査を実施することで、省人化・省力化を図る。これにより、経験不足人員の作業では、QCDバランスの確保、重大事故の抑制に貢献できる。

●裏面は使用しないで下さい。　　●裏面に記載された解答は無効とします。　　24字×25行

発生原因を端的に書きましょう。

ヒューマンエラーの発生及びその影響をどう軽減できるかを書きましょう。

令和元年度記述式解答例　上下水道―下水道

・添削前（5枚目／5枚目）

ICT 技術を繰返し挙げられていますが、問題文に「新しい技術・方策は具体的な
ものであることが望ましい」とありますので、もう少し具体的にしてください。

ICT 技術採用により、なぜ高齢者・女性の活用が可能となるかを
少し丁寧に説明しましょう。

・高齢者や女性の活用
　ＩＣＴ技術を採用することで、高齢者や女性の活用
が可能となり、従来の作業員に対しては作業時間に余
裕が生まれ、作業ミスの防止対策や教育時間に割り当
てられる。

・ＩＣＴ導入による働き方の変化
　テレワークやＷｅｂ会議などのＩＣＴ技術を導入す
ることは、移動時間等が無くなり、労働時間が有効活
用され、教育不足や重大事故の解消に繋がる。

②技術の方策による乗り越えなければならない課題
　ヒューマンエラーを解消するためには、ＩＣＴ技術
だけでは乗り越えられない経験的な要素があり、この
部分は、熟練技術者からの技術継承が必要となってく
る。ただし、高齢化に伴う熟練技術者の不足が懸念さ
れており、そのためには、ナレッジマネジメントの導
入が考えられ、熟練技術者の暗黙知を形式知化に変換
し、組織知としてマニュアル化を進めていくことが求
められる。
　更に以下の対応が考えられる。
・省人化・省力化を可能とする設備を更新するために、
対応できる人的資源体制を整えておく。
・最新技術情報を構築するために対応できる情報管理
体制を整えておく。
・技術を向上する中でこれまでの作業員の働き方の変
化（メンタル・ヘルス）を留意しておく必要がある。

●裏面は使用しないで下さい。　　●裏面に記載された解答は無効とします。　　24字×25行

上述の課題とのつながりがわかりにくいです。

講評
　問われていることに端的に答えられておらず、抽象的な表記が多い印象
です。組立ては概ね良いと思いますので、問いにシンプルに答えることと、
具体的に書く（例示する）ことを意識して加筆修正すると、A判定が近づ
いてくると思います。

■令和元年度（2019年度）
　　論文事例４（上下水道―下水道）　　　　　　　（問題は143ページ）
・添削後（1枚目／5枚目）

平成元年度　技術士第二次試験答案用紙

受験番号	○○○○○○○○○○○○	技術部門	総合技術監理	部門
問題番号		選択科目	上下水道－下水道	
答案使用枚数	1 枚目　5 枚中	専門とする事項		

○受験番号、問題番号、答案使用枚数、技術部門、選択科目及び専門とする事項の欄は必ず記入すること。
○解答欄の記入は、1マスにつき1文字とすること。（英数字及び図表を除く。）

　(1) プロジェクト内容
①プロジェクト名称と概要
　　私が取り上げるプロジェクトは下水道管渠施設改築
業務で、老朽化した下水道管渠の調査、診断、改築業
務である。この業務を遂行する体制としては、照査、
管理、主担当技術者各1名、調査作業員3名の計6名
となる。
　　標準耐用年数が超過した下水道管渠施設が急増し、
劣化対策や耐震性能確保を目的とした改築業務が増加
したことから、本来主担当技術者となる熟練技術者が
不足する状況となった。そのため、習熟度の低い不慣
れな技術者を主担当技術者とする必要が生じた。
②プロジェクトの目的
　　目的としては、以下の内容が挙げられる。
・都市の浸水防除、公衆衛生向上、水質保全への貢献
・安全・安心な暮らしの確保
・下水道の効率的な事業運営
③プロジェクトが創出した成果物
　　本業務の対象延長はL＝800mで、対象断面は1300mm
〜2400mmの形状から選定した8断面を対象とする馬蹄
渠となる。この既存馬蹄渠の調査結果を基に構造解析
を行い、構造評価の結果から常時・地震時に対し、耐
荷力を備えた最適な改築工法による整備手法の提案を
行うものである。
④ヒューマンエラーの事例

●裏面は使用しないで下さい。　●裏面に記載された解答は無効とします。　　　24字×25行

令和元年度記述式解答例　上下水道―下水道

・添削後（2枚目／5枚目）

平成元年度　技術士第二次試験答案用紙

受験番号	○○○○○○○○○○○	技術部門	総合技術監理	部門
問題番号		選択科目	上下水道－下水道	
答案使用枚数	2枚目　5枚中	専門とする事項		

○受験番号、問題番号、答案使用枚数、技術部門、選択科目及び専門とする事項の欄は必ず記入すること。
○解答欄の記入は、1マスにつき1文字とすること。（英数字及び図表を除く。）

1．計画段階について（管路内調査）
a．ヒューマンエラーの内容とその影響
　管路内調査では、内空断面測定のために管路内測量作業を実施する上で、1mの誤差が生じてしまった。当初管底部の堆積物という憶測で作業を進めたが、通常では考えられない堆積高さから再調査が必要となり、これを追加することで作業工程に遅れが生じた。
b．発生した原因
　調査は、閉鎖的な空間の中で視界も乏しく、酸欠や有毒ガス発生など危険性を秘め、下水流下状態での劣悪な作業環境であった。そのため、数多く制約条件の元での調査を実施する必要があり、技術者の負担増、モチベーション低下、不注意等により測量誤差が発生した。これに対し、技術者の負担軽減のために、制約条件を省略すると、安全確保が不十分となり、人の能力発揮と安全確保のトレードオフが生じてしまう。
c．そのときに取られた対応
　作業工程遅延は、他業務の担当技術者に応援を頼み、調査工程は最小限の遅れに留めることができた。
d．その後の再発防止対策
　改築業務が増加していく中で、管路内調査経験を積んだ外注会社が増え、作業ミス記録の蓄積も進んできた。その後の安全対策は調査の外注化、作業ミスの解消にはチェックリストが採用された。これにより、作業工程の遵守が図られた。

●裏面は使用しないで下さい。　●裏面に記載された解答は無効とします。　24字×25行

令和元年度記述式解答例　上下水道―下水道

・添削後（3枚目／5枚目）

平成元年度　技術士第二次試験答案用紙

受験番号	○○○○○○○○○○○○	技術部門	総合技術監理 部門
問題番号		選択科目	上下水道－下水道
答案使用枚数	3 枚目　5 枚中	専門とする事項	

○受験番号、問題番号、答案使用枚数、技術部門、選択科目及び専門とする事項の欄は必ず記入すること。
○解答欄の記入は、1マスにつき1文字とすること。（英数字及び図表を除く。）

2．実施設計について（構造解析）
a．ヒューマンエラーの内容とその影響
　解析作業は、断面形状や埋設深度の組合せによる入力となる。習熟度の低い技術者は、この組合せの理解不足から入力ミスを引き起こした。これは改築構造評価の過誤に繋がり、改築材料の数量変更が発生した。
b．発生した要因
　タイトな工程を遵守した構造解析は、迅速な情報共有が必要であるが、情報共有のシステムを確立するためには作業工程に遅れが生じてしまう。経済性管理（工程管理）と情報管理のトレードオフの関係となってくる。
c．そのときに取られた対応
　応急処置の対応は、継続雇用の高年齢技術者を指導役として配置し、担当者への構造解析に対する端的な教育指導や適切な資料提供による情報共有を図った。更に指導役には、入力値のチェックや構造計算結果の照査を実施させたことで、正確な構造評価に繋がった。
d．その後の再発防止対策
　品質面の確保については、対象技術者への構造計算に対する社内勉強会やOFF－JTへの積極的な参加を促し、教育訓練を図った。参考資料や過去の成果物情報については、社内LANの活用やデータベースの共有化を基に、より早く正確な情報提供ができるようシステムを整備した。

●裏面は使用しないで下さい。　●裏面に記載された解答は無効とします。　24字×25行

令和元年度記述式解答例　上下水道―下水道

・添削後（4枚目／5枚目）

平成元年度　技術士第二次試験答案用紙

受験番号	○○○○○○○○○○○○	技術部門	総合技術監理	部門
問題番号		選択科目	上下水道－下水道	
答案使用枚数	4 枚目　5 枚中	専門とする事項		

○受験番号、問題番号、答案使用枚数、技術部門、選択科目及び専門とする事項の欄は必ず記入すること。
○解答欄の記入は、1マスにつき1文字とすること。（英数字及び図表を除く。）

　（2）今後発生するヒューマンエラーについて
　（a）今後発生する可能性があるヒューマンエラー
①ヒューマンエラーの概略とプロジェクトの影響
　　今後下水道事業を継続していく上では、技術者の減
少、維持管理業務の増加により、業務工程に追われて
のチェック漏れ・照査不足が発生しやすい。更に担当
技術者の習熟度不足や作業チーム間や社内外の情報共
有不足により、設計ミスを誘発する。設計ミスについ
ては、設計期間中であれば修正することは可能である
が、施工後に設計ミスが発覚した場合には、瑕疵責任
による損害賠償へと発展する恐れがある。
②ヒューマンエラーの発生する原因
　　発生の要因は以下の状況が挙げられる。
・経年劣化に伴う管路内調査作業環境の危険性増大
・安全管理を徹底した場合の担当技術者の作業負担
・品質確保、コスト縮減、工期短縮の厳しい作業工程
・工程遵守のための技術者育成時間の縮減
　　上記の要因により、安全管理と人的資源管理や経済
性管理と人的資源管理間のトレードオフが発生する。
　（b）今後新たな技術や方策の導入
①影響を軽減できる技術や方策
・ICT調査による省人化・省力化
　　ドローンによる管路内調査やICタグマンホール調
査を実施することで、省人化・省力化を図る。これに
より、管路内の安全管理には人数や時間をかける必要

●裏面は使用しないで下さい。　●裏面に記載された解答は無効とします。　　24字×25行

令和元年度記述式解答例　上下水道―下水道

・添削後（5枚目／5枚目）

平成元年度　技術士第二次試験答案用紙

受験番号	０:０:０:０:０:０:０:０:０:０:０:０	技術部門	総合技術監理	部門
問題番号		選択科目	上下水道－下水道	
答案使用枚数	5 枚目　　5 枚中	専門とする事項		

○受験番号、問題番号、答案使用枚数、技術部門、選択科目及び専門とする事項の欄は必ず記入すること。
○解答欄の記入は、1マスにつき1文字とすること。（英数字及び図表を除く。）

がなく、更に調査結果等は、データ移行による処理となるため、記載ミスの防止にも繋がる。よって、ICT調査はQCD確保、重大事故の抑制に貢献できる。
・高齢者や女性の有効活用
　ICT技術は労働負荷の低減となり、これまで不可能だった高齢者や女性の労働力を生かせることが可能となる。そこで、作業の一部を任せることで、技術者には余裕時間が生まれ、教育時間に割り当てることで、習熟度不足を解消させ、ヒューマンエラーの軽減に繋げることが可能となる。
②技術の方策による乗り越えなければならない課題
　技術の方策は、ICT技術だけでは乗り越えられない経験的な要素がある。この部分は、熟練技術者からの技術継承が必要となってくるが、高齢化により熟練技術者が不足していく状況である。そのため、早急なナレッジマネジメントの導入が必要とされ、導入にあたっては、熟練技術者の暗黙知を形式知化に変換し、組織知としてマニュアル化を進めていくことが求められる。
　更に以下の対応が考えられる。
・最新技術情報を構築するために対応できる情報管理体制を整えておく。
・技術の向上は、これまでの働き方に変化を生じさせてしまう。これに対応できない技術者には、メンタル・ヘルスの実施など留意しておく必要がある。以上

●裏面は使用しないで下さい。　●裏面に記載された解答は無効とします。　　　24字×25行

■平成30年度（2018年度）

論文事例1（建設―鉄道）　　　　　　　　（問題は115ページ）

・添削前（1枚目／5枚目）

（1）①事業・プロジェクト等の名称及び概要：私が取り上げる事業は、〇〇駅改良工事である。この事業は、周辺の事業者および自治体と一体的に行う〇〇駅周辺エリアの再開発の一環として、老朽化が進む駅構造物を抜本的に再編・再構築し、駅本屋およびコンコースの改良・増築するとともに商業施設を構築する。

②事業・プロジェクト等の目的：〇〇駅は、大正時代につくられた駅舎を増改築して使用してきたため、設備の老朽化や、容量不足による朝夕ラッシュ時間帯のホーム上、コンコースの混雑、バリアフリー設備の未整備といった課題がある。再開発と併せ駅改良を行うことで、課題の解消を図るとともに、駅スペースの構築・再編により商業サービスを展開し鉄道利用者、地元住民、来街者にとって使用しやすく便利な駅を構築する。

③事業・プロジェクト等が創出している成果物：本事業により、駅設備の更新、スペース拡充による鉄道による移動サービスを創出するとともに、駅構内店舗等の増築により物販その他の商業サービスを創出する。さらに、構造物の取替・更新・補強により耐震性能、バリアフリー水準を満たした構造物を創出する。

④働き方が変化した事例：労働基準法の改正により労働者の残業時間の上限が設定された。これまで、鉄道建設プロジェクトにおいては、現地の施工、品質トラブル等への対応は、納期順守のため、長時間労働によ

●裏面は使用しないで下さい。　　　●裏面に記載された解答は無効とします。　　　24字×25行

平成 30 年度記述式解答例　建設—鉄道

・添削前（2 枚目／ 5 枚目）

りカバーされてきたが、上記により、上限を超えた労働は行えなくなった。結果、発注者および元請業者を中心に、長時間残業の解消、代休確保が徹底され、極端な長時間労働はなくなりつつあると言える。
（2）① 働き方改革の観点からの現在の課題
課題 1 ・建設業界における長時間労働：建設プロジェクトの納期設定は、他業種で一般的な 4 週 8 休ではなく建設業界の慣例である週 1 日休工・週 6 日勤務を前提に設定される。そのうえで、プロジェクト途中で発生した天候不順やトラブル対応のため休工なしで対応を行うことも多く、慢性的に長時間労働を行う環境悪化が発生している。具体的な影響として、健康への悪影響、若年入職者の減少・担い手不足といった、経済性管理と人的資源管理のトレードオフが発生している。
課題 2 ・鉄道建設現場における危険な作業：鉄道建設プロジェクトの工事は、列車が運行していない時間帯を中心に、線路近傍や線路内において作業を行うという危険な作業環境に置かれている。空間的、時間的制約が大きい中で作業を行うことから、触車・感電・落下といった事故、事象が発生しやすい。事故や事象が発生するリスクは、安全管理の観点において、労働者にとって安全な働き方に関する課題がある。
② 課題それぞれに対する社会的、組織的、技術的背景
②－ 1　建設業界における長時間労働の背景：社会的背景として、経済性管理の観点から、建設業界・業種

●裏面は使用しないで下さい。　　●裏面に記載された解答は無効とします。　　24 字 ×25 行

事故などの発生件数は多いのでしょうか？　事故に遭ったり、体調を崩したりして長期休業を余儀なくされるケースもあるのであれば、このことに触れても良いと思います。

平成30年度記述式解答例　建設─鉄道

・添削前（3枚目／5枚目）

の慣例として経済性管理の観点から、建設業界・業種の慣例として労働力の多くを日雇いの非正規雇用に依存している、という点が挙げられる。下請会社や現場労働者の多くは賃金・報酬を月払いや出来形払いではなく日払いで契約しており、低賃金が労働時間の長時間化につながっている。元請・発注者としても短い納期でプロジェクトが完了した方が望ましい状況があるため改善に至っていない。労働生産性の向上のためには、人的資源管理の視点から、教育訓練の実施や知識の共有化により組織知を向上させる取り組みが必要であるが、長時間労働による労働環境の悪化は、優秀な人材や経験を積んだ人材の流出を招く。

②－2　鉄道建設現場における危険な作業の背景：技術的背景として、経済性管理の観点から、線路近傍や軌道内での作業がいまだに人力を中心として行う作業が多いことが挙げられる。「時間帯を区分し作業を実施する」手法を採用しているため、狭いスペースや限られた時間での作業において、建設工事の機械化、自動化が十分に実現されていない。そのため、危険な場所に作業員を配置して作業を行わざるを得ず、経済性管理と安全管理のトレードオフが発生している。

●裏面は使用しないで下さい。　　●裏面に記載された解答は無効とします。　　24字×25行

トレードオフが生じる背景をわかりやすく示しましょう。

平成30年度記述式解答例　建設─鉄道

・添削前（4枚目／5枚目）

（3）①課題を解決するための技術や方策
①－1　建設業界における長時間労働に対応する方策：安全管理の視点から、社会的に、長時間労働を是としない枠組みの構築が有効である。具体的な方策としては、国の取り組みとして、社会保険や労働環境悪化に対するペナルティや、民間事業者に対する週休2日工事のインセンティブ付与等に関する法整備を行う。
①－2　線路近傍での危険な作業に対する方策：ICTや新技術の活用、導入による技術的な解決を図ることが有効である。近年、建設工事においては作業の機械化が進められている。鉄道建設工事についても、これらの技術を応用し、狭い現場内や限られた時間内でも自動で工事を行えるオートメーション化を推進する。
②－1「建設業界における長時間労働改善」の方策実現に向けた障害：社会的障害として、経済性管理の観点から、現在の建設プロジェクトが現場作業員の長時間・多日数労働を前提とした納期設定となっている、という経済的枠組みが挙げられる。組織的障害としては、特に、鉄道工事は短時間の作業が多く、工事進捗に併せてその日ごとに作業する内容も変更が多い。下請け業者の大半は、少人数で経営する中小企業が多く、社内で作業シフトを組み、分担することが困難である。
②－2「線路近傍での危険な作業改善」の方策実現に向けた障害：技術的障害として狭い場所でも安全に使用できるような機器の技術開発が必要である。センサ

●裏面は使用しないで下さい。　　●裏面に記載された解答は無効とします。　　24字×25行

平成30年度記述式解答例　建設─鉄道

・添削前（5枚目／5枚目）

一の精度、操作性の向上が障害となっている。社会的障害として、システムの信頼性の担保が挙げられる。技術開発ののち、安全性検証の手続きや、適用を可能とするルール改正が必要である。

（4）③－1「建設業界における長時間労働の解消」における働き方への効果、留意すべき影響：効果としては、人的資源管理の観点から、長時間労働がなくなり労働者の労働環境が改善する。労働者が多様な働き方を選択できるようになることで、労働者の増加につながるという効果が期待できる。一方で、留意すべき影響として、経済性管理の観点から、単一プロジェクトでの期間増・コスト増が懸念される。単一のプロジェクトの視点ではなく、建設プロジェクト全体の中長期的な生産性向上を目指すことが必要である。

③－2「新技術の導入による危険な作業の低減」における働き方への効果、留意すべき影響：効果としては、安全管理の観点から、新技術の導入で危険な作業が軽減し、事故や事象、労働災害のリスク低下が期待できる。人的資源管理の観点から、作業従事者の安全性や健康状態の向上により労働環境が改善され、人材の確保や労働者のモチベーションの向上につなげることができる。留意すべき影響としては、経済性管理の観点から、新技術導入のためのコストが必要であることが挙げられる。また、安全管理の観点から、想定外の事象や誤作動が発生するリスクを考慮する必要がある。

●裏面は使用しないで下さい。　　●裏面に記載された解答は無効とします。　　24字×25行

講評

　　全体的に各管理の視点を明確にして、きちんと働き方の変化等に落とし込んで良く書けていると思います。細かいところですが、各段落が長いので、5～6行単位で改行すると読みやすくなり、試験官の好印象につながると思います。

　　新技術・方策を導入することの留意点（一例）は、

・コストがかかる（経済性管理）

・教育が必要（人的資源管理）

・新技術・方策を組み込んだ、新たな業務手順書・マニュアル、ガイドライン等の整備が必要（情報管理）

といったものがあり、これらは（論文作成の上で）汎用性があります。

■平成30年度（2018年度）

論文事例1（建設―鉄道）　　　　　　　　　　（問題は115ページ）

・添削後（1枚目／5枚目）

平成30年度　技術士第二次試験答案用紙

受験番号	○○○○○○○○○○○	技術部門	総合技術監理　　部門
問題番号		選択科目	建設ー鉄道
答案使用枚数	1枚目　5枚中	専門とする事項	

○受験番号、問題番号、答案使用枚数、技術部門、選択科目及び専門とする事項の欄は必ず記入すること。
○解答欄の記入は、1マスにつき1文字とすること。（英数字及び図表を除く。）

（1）①事業・プロジェクト等の名称及び概要：私が取り上げる事業は、○○駅改良工事である。この事業は、周辺の事業者および自治体と一体的に行う○○駅周辺エリアの再開発の一環として、老朽化が進む駅構造物を抜本的に再編・再構築し、駅本屋およびコンコースの改良・増築するとともに商業施設を構築する。
②事業・プロジェクト等の目的：○○駅は、大正時代につくられた駅舎を増改築して使用してきたため、設備の老朽化や、容量不足による朝夕ラッシュ時間帯のホーム上、コンコースの混雑、バリアフリー設備の未整備といった課題がある。再開発と併せ駅改良を行うことで、課題の解消を図るとともに、駅スペースの構築・再編により商業サービスを展開し鉄道利用者、地元住民、来街者にとって使用しやすく便利な駅を構築する。
③事業・プロジェクト等が創出している成果物：本事業により、駅設備の更新、スペース拡充による鉄道による移動サービスを創出するとともに、駅構内店舗等の増築により物販その他の商業サービスを創出する。さらに、構造物の取替・更新・補強により耐震性能、バリアフリー水準を満たした構造物を創出する。
④働き方が変化した事例：労働基準法の改正により労働者の残業時間の上限が設定された。これまで、鉄道建設プロジェクトにおいては、現地の施工、品質トラブル等への対応は、納期順守のため、長時間労働によ

●裏面は使用しないで下さい。　●裏面に記載された解答は無効とします。　24字×25行

平成30年度記述式解答例　建設─鉄道

・添削後（2枚目／5枚目）

平成30年度　技術士第二次試験答案用紙

受験番号	○○○○○○○○○○○○	技術部門	総合技術監理　　　　部門
問題番号		選択科目	建設─鉄道
答案使用枚数	2枚目　5枚中	専門とする事項	

○受験番号、問題番号、答案使用枚数、技術部門、選択科目及び専門とする事項の欄は必ず記入すること。
○解答欄の記入は、1マスにつき1文字とすること。（英数字及び図表を除く。）

りカバーされてきたが、上記により、上限を超えた労

りカバーされてきたが、上記により、上限を超えた労
働は行えなくなった。結果、発注者および元請業者を
中心に、長時間残業の解消、代休確保が徹底され、極
端な長時間労働はなくなりつつあると言える。
（2）①働き方改革の観点からの現在の課題
課題1・建設業界における長時間労働：建設プロジェ
クトの納期設定は、他業種で一般的な4週8休ではな
く建設業界の慣例である週1日休工・週6日勤務を前
提に設定される。そのうえで、プロジェクト途中で発
生した天候不順やトラブル対応のため休工なしで対応
を行うことも多く、慢性的に長時間労働を行う環境悪
化が発生している。具体的な影響として、健康への悪
影響、若年入職者の減少・担い手不足といった、経済
性管理と人的資源管理のトレードオフが発生している。
課題2・鉄道建設現場における危険な作業：鉄道建設
プロジェクトの工事は、列車が運行していない時間帯
を中心に、線路近傍や線路内において作業を行うとい
う危険な作業環境に置かれている。空間的、時間的制
約が大きい中で作業を行うことから、触車・感電・落
下といった事故、事象が発生しやすい。事故・事象に
よる労働災害の発生は、労働者の健康被害を引き起こ
すばかりでなく、休業等により労働者、プロジェクト
の双方に損失を生じさせる。以上より、安全管理の観
点から、課題がある。
②課題それぞれに対する社会的、組織的、技術的背景

●裏面は使用しないで下さい。　　●裏面に記載された解答は無効とします。　　24字×25行

平成30年度記述式解答例　建設―鉄道

・添削後（3枚目／5枚目）

平成30年度　技術士第二次試験答案用紙

受験番号	○○○○○○○○○○○	技術部門	総合技術監理　　　　部門
問題番号		選択科目	建設－鉄道
答案使用枚数	3枚目　5枚中	専門とする事項	

○受験番号、問題番号、答案使用枚数、技術部門、選択科目及び専門とする事項の欄は必ず記入すること。
○解答欄の記入は、1マスにつき1文字とすること。（英数字及び図表を除く。）

②－1　建設業界における長時間労働の背景：社会的背景として、経済性管理の観点から、建設業界・業種の慣例として労働力の多くを日雇いの非正規雇用に依存している、という点が挙げられる。下請会社や現場労働者の多くは賃金・報酬を月払いや出来形払いではなく日払いで契約しており、低賃金が労働時間の長時間化につながっている。元請・発注者としても短い納期でプロジェクトが完了した方が望ましい状況があるため改善に至っていない。労働生産性の向上のためには、人的資源管理の視点から、教育訓練の実施や知識の共有化により組織知を向上させる取り組みが必要であるが、長時間労働による労働環境の悪化は、優秀な人材や経験を積んだ人材の流出を招く。

②－2　鉄道建設現場における危険な作業の背景：技術的背景として、経済性管理の観点から、線路近傍や軌道内での作業がいまだに人力を中心として行う作業が多いことが挙げられる。「時間帯を区分し作業を実施する」手法を採用しているため、狭いスペースや限られた時間での作業において、建設工事の機械化、自動化が十分に実現されていない。そのため、危険な場所に作業員を配置して作業を行わざるを得ず、安全確保の観点から課題がある。現行の技術及び体制のもとでは、安全を優先すると、経済性が落ちるという、経済性管理と安全管理のトレードオフが発生している。

●裏面は使用しないで下さい。　●裏面に記載された解答は無効とします。　　　24字×25行

平成30年度記述式解答例　建設―鉄道

・添削後（4枚目／5枚目）

平成30年度　技術士第二次試験答案用紙

受験番号	○○○○○○○○○○○○	技術部門	総合技術監理	部門
問題番号		選択科目	建設－鉄道	
答案使用枚数	4 枚目　5 枚中	専門とする事項		

○受験番号、問題番号、答案使用枚数、技術部門、選択科目及び専門とする事項の欄は必ず記入すること。
○解答欄の記入は、1マスにつき1文字とすること。(英数字及び図表を除く。)

　(3)　①課題を解決するための技術や方策
①－1　建設業界における長時間労働に対応する方策：安全管理の視点から、社会的に、長時間労働を是としない枠組みの構築が有効である。具体的な方策としては、国の取り組みとして、社会保険や労働環境悪化に対するペナルティや、民間事業者に対する週休2日工事のインセンティブ付与等に関する法整備を行う。
①－2　線路近傍での危険な作業に対する方策：ICTや新技術の活用、導入による技術的な解決を図ることが有効である。近年、建設工事において、作業の機械化が進められている。鉄道建設工事についても、これらの技術を応用し、狭い現場内や限られた時間内でも自動で工事を行えるオートメーション化を推進する。
②－1　「建設業界における長時間労働改善」の方策実現に向けた障害：社会的障害として、経済性管理の観点から、現在の建設プロジェクトが現場作業員の長時間・多日数労働を前提とした納期設定となっている、という経済的枠組みが挙げられる。組織的障害としては、特に、鉄道工事は短時間の作業が多く、工事進捗に併せてその日ごとに作業する内容も変更が多い。下請け業者の大半は、少人数で経営する中小企業が多く、社内で作業シフトを組み、分担することが困難である。
②－2　「線路近傍での危険な作業改善」の方策実現に向けた障害：技術的障害として狭い場所でも安全に使用できるような機器の技術開発が必要である。センサ

●裏面は使用しないで下さい。　　●裏面に記載された解答は無効とします。　　　24字×25行

平成30年度記述式解答例　建設─鉄道

・添削後（5枚目／5枚目）

平成30年度　技術士第二次試験答案用紙

受験番号	０　０　０　０　０　０　０　０　０　０		技術部門	総合技術監理	部門
問題番号			選択科目	建設─鉄道	
答案使用枚数	5 枚目　　5 枚中		専門とする事項		

○受験番号、問題番号、答案使用枚数、技術部門、選択科目及び専門とする事項の欄は必ず記入すること。
○解答欄の記入は、1マスにつき1文字とすること。（英数字及び図表を除く。）

一の精度、操作性の向上が障害となっている。社会的障害として、システムの信頼性の担保が挙げられる。技術開発ののち、安全性検証の手続きや、適用を可能とするルール改正が必要である。

③－1「建設業界における長時間労働の解消」における働き方への効果、留意すべき影響：効果としては、人的資源管理の観点から、長時間労働がなくなり労働者の労働環境が改善する。労働者が多様な働き方を選択できるようになることで、労働者の増加につながるという効果が期待できる。一方で、留意すべき影響として、経済性管理の観点から、単一プロジェクトでの期間増・コスト増が懸念される。単一のプロジェクトの視点ではなく、建設プロジェクト全体の中長期的な生産性向上を目指すことが必要である。

③－2「新技術の導入による危険な作業の低減」における働き方への効果、留意すべき影響：効果としては、安全管理の観点から、新技術の導入で危険な作業が軽減し、事故や事象、労働災害のリスク低下が期待できる。人的資源管理の観点から、作業従事者の安全性や健康状態の向上により労働環境が改善され、人材の確保や労働者のモチベーションの向上につなげることができる。留意すべき影響としては、経済性管理の観点から、新技術導入のためのコストが必要であることが挙げられる。また、安全管理の観点から、想定外の事象や誤作動が発生するリスクを考慮する必要がある。

●裏面は使用しないで下さい。　　●裏面に記載された解答は無効とします。　　24字×25行

■平成30年度（2018年度）
論文事例2（上下水道―下水道）　　　　　　（問題は115ページ）
・添削前（1枚目／5枚目）

細かいところですが、800 m、300 mm、2400 mm と、2桁以上の数字は半角
（※m の場合は全角）とすると良いです。技術士会で指定されている訳では
ありませんが、一般的な論文作法となります。

（1）プロジェクト内容
①プロジェクト名称と概要
　私が取り上げるプロジェクトは下水道管渠施設改築
業務で、老朽化した下水道管渠の調査、診断、改築業
務である。この業務を遂行する体制としては、照査、
管理、主担当技術者各1名、調査作業員3名の計6名
となる。
②プロジェクトの目的
　目的としては、以下の内容が挙げられる。
・都市の浸水防除、公衆衛生向上、水質保全への貢献
・安全・安心な暮らしの確保
・下水道の効率的な事業運営
③プロジェクトが創出した成果物
　本業務の対象延長はL＝800mで、対象断面は1
300mm～2400mmの形状から選定した8断面
を対象とする馬蹄渠となる。この既存馬蹄渠の調査結
果を基に構造解析を行い、構造評価の結果から常時・
地震時に対し、耐荷力を備えた最適な改築工法による
整備手法の提案を行うものである。
④変化を及ぼした事象と働き方の変化
　標準耐用年数が超過した下水道管渠施設が急増し、
劣化対策や耐震性能確保を目的とした改築業務が増加
したことから、本来主担当技術者となる熟練技術者が
不足する状況となった。そのため、習熟度の低い不慣
れな技術者を主担当技術者とする必要が生じた。

●裏面は使用しないで下さい。　　●裏面に記載された解答は無効とします。　　24字×25行

問われている働き方の変化（長時間労働や、働き手が少ないこと、正規社員と
非正規社員の格差、過労等によるメンタルヘルス）について（人的資源管理の
視点を中心に）触れてください。

平成30年度記述式解答例　上下水道―下水道

・添削前（2枚目／5枚目）

　　更に今後は、日本人の総人口は約8千万人まで減少することが予測され、人口構造に変化が生じ、少子高齢化が加速することで、高齢者人口の増加や、生産年齢人口が減少していくこととなる。これにより、下水道事業を含めた建設業界は、3K（きつい・汚い・危険）の印象も強く、下水道事業の担い手が不足する背景となってくる。

(2)事業の抱える働き方改革の観点からの課題
①現在の課題の概略と働き方への具体的影響
a．管路内調査について
　　調査は、閉鎖的な空間の中で視界も乏しく、酸欠や有毒ガス発生など危険性を秘め、下水流下状態での劣悪な作業環境であった。そのため、複数制約条件の元での調査を実施する必要があり、技術者の負担増、モチベーション低下、不注意により測量誤差等のミスが発生した。このため、再調査が必要となり、これを追加することで作業工程に遅れが生じた。これに対し、技術者の負担軽減のために、調査のための制約条件を省略すると、安全確保が不十分となり、人の能力発揮と安全確保のトレードオフが生じてしまう。
b．構造解析について
　　解析作業は、断面形状や埋設深度の組合せによる入力となる。習熟度の低い技術者は、この組合せの理解不足から入力ミスを引き起こした。これは改築構造評価の過誤に繋がり、改築材料の数量変更が発生した。

●裏面は使用しないで下さい。　　　●裏面に記載された解答は無効とします。　　　24字×25行

働き方への具体的影響が書かれていません。
具体的影響が書きやすいように論文構成しましょう。

322

平成30年度記述式解答例　上下水道—下水道

・添削前（3枚目／5枚目）

タイトな工程を遵守した構造解析は、解析条件等の情報共有が必要であるが、情報共有のシステムを確立するためには作業工程に遅れが生じてしまう。経済性管理（工程管理）と情報管理のトレードオフの関係となってくる。

②①で取り上げた2つの課題の背景

a．管路内調査について

　下水道改築事業の増加に伴い、管路内作業においては、事故の発生も年々増加している。その都度、管路内作業における安全対策は、新たな項目も追加され、対策の徹底が要求される。よって、調査を実施する上では、利害関係者への説明責任が厳しく問われており、これにより、資料作成や調査検討を実施する必要が生じ、担当技術者への負担が助長されることとなる。

b．構造解析について

　解析作業については、技術的背景が影響しており、本来熟練技術者が専門的知見によって実施してきた。その後、新たな担当技術者が解析するにあたり、ベテランから若手への技術継承が形に表れてこない。理由としては、熟練技術者の暗黙知が形式知として機能していないことが挙げられ、この状況では、ベテランと若手双方に負荷がかかってしまう。更に団塊世代の技術者の大量離職が今後も見込まれることから、習熟度の低い技術者に対しては、厳しい環境となることが考えられる。

●裏面は使用しないで下さい。　　●裏面に記載された解答は無効とします。　　24字×25行

平成30年度記述式解答例 上下水道─下水道

・添削前（4枚目／5枚目）

（3）課題を解決するための技術的方策
a．管路内調査について
①課題を解決するための技術的方策
　安全対策については、調査経験を積んだ外注先の採用、ミス防止については、作業ミスの蓄積を反映したチェックリストの利用が方策として挙げられる。更に、新技術の活用では、ドローンによる管路内調査やICタグマンホール調査があり、採用することで省人化・省力化による安全性の確保が図れるほか、調査結果は自動的にデータ処理されるため、記載ミスの防止に繋がる。
②乗り越えなければならない障害
　障害としては以下の内容が挙げられる。
・外注先選定時の品質確保と経済性のトレードオフ
・チェックリストに反映されていない新課題の対応
・新技術活用における導入及び維持管理コスト、操作方法の教育、データのブラックボックス化の課題
③働き方に及ぼす効果及び留意すべき影響
　管路内調査の安全性が確保されることで、下水道事業の担い手が不足解消の一助となる効果が得られる。ただし、今後も経年劣化が進んだ管路調査が増加していく中で、更なる危険性の増大が予想される。これらを解決するためには、安全管理などの教育訓練を充実させることや社員の定着率を上げるための環境整備を整えておく必要がある。

●裏面は使用しないで下さい。　　●裏面に記載された解答は無効とします。　　24字×25行

文構造がわかりにくいので確認・修正してみてください。
問われている、働き方に及ぼす効果が十分に書かれていません。

平成30年度記述式解答例　上下水道—下水道

・添削前（5枚目／5枚目）

a. に比べると働き方に及ぼす効果が書かれていますが、
もう少し肉付けして書けると良いです。

b．構造解析について
①課題を解決するための技術的方策
　教育訓練については、社内勉強会やOFF-JTへ
の積極的な参加や、社内LANの活用やデータベース
の共有化による情報提供システムの整備などの方策が
考えられる。更に熟練技術者の専門的知見を有効利用
するためには、暗黙知を形式知化に変換し、組織知と
してマニュアル化を進めていくナレッジマネジメント
が求められる。
②乗り越えなければならない障害
　障害としては以下の内容が挙げられる。
・工期短縮の厳しい作業工程の中での技術者教育時間
の確保（経済性と人的資源のトレードオフ）
・熟練技術者の再雇用制度における社内ルールの策定
と現役社員との軋轢
③働き方に及ぼす効果及び留意すべき影響
　新たな働き方としては、ICT技術を利用すること
で労働負荷の低減に繋がり、これまで不可能だった高
齢者や女性の労働力を生かし、作業の一部を任せるこ
とで、余裕時間が生まれる。ただし、ICT技術だけ
では乗り越えられない経験的な要素については、熟練
技術者からの技術継承が必要となってくる。また、働
き方に変化に対応できない技術者には、メンタル・ヘ
ルスの未然防止や早期発見、支援など留意しておく必
要がある。　　　　　　　　　　　　　　　　　以上

●裏面は使用しないで下さい。　　●裏面に記載された解答は無効とします。　　24字×25行

講評
5 管理の視点で全体的に良く書けていますが、今回の論文は働き方の変化に
及ぼす効果に触れる必要がありますので、設問（1）①に挙げられている、
「照査、管理、主担当技術者各1名、調査作業員3名の計6名」の働き方が
どう変化したのか等に触れると、A判定がより確実になってくると思います。

■平成30年度（2018年度）
　論文事例2（上下水道—下水道）　　　　　　（問題は115ページ）
・添削後（1枚目／5枚目）

平成30年度　技術士第二次試験答案用紙

受験番号	0 0 0 0 0 0 0 0 0 0 0 0	技術部門	総合技術監理	部門
問題番号		選択科目	上下水道－下水道	
答案使用枚数	1 枚目　5 枚中	専門とする事項		

○受験番号、問題番号、答案使用枚数、技術部門、選択科目及び専門とする事項の欄は必ず記入すること。
○解答欄の記入は、1マスにつき1文字とすること。（英数字及び図表を除く。）

　（1）プロジェクト内容
① プロジェクト名称と概要
　私が取り上げるプロジェクトは下水道管渠施設改築業務で、老朽化した下水道管渠の調査、診断、改築業務である。この業務を遂行する体制としては、照査、管理、主担当技術者各1名、調査作業員3名の計6名となる。
② プロジェクトの目的
　目的としては、以下の内容が挙げられる。
・都市の浸水防除、公衆衛生向上、水質保全への貢献
・安全・安心な暮らしの確保
・下水道の効率的な事業運営
③ プロジェクトが創出した成果物
　本業務の対象延長はL＝800mで、対象断面は1300mm～2400mmの形状から選定した8断面を対象とする馬蹄渠となる。この既存馬蹄渠の調査結果を基に構造解析を行い、構造評価の結果から常時・地震時に対し、耐荷力を備えた最適な改築工法による整備手法の提案を行うものである。
④ 変化を及ぼした事象と働き方の変化
　標準耐用年数が超過した下水道管渠施設が急増し、改築業務が増加したことから、本来主担当技術者となる熟練技術者が不足する状況となった。そのため、習熟度の低い不慣れな技術者を主担当技術者とする必要が生じた。これに伴い、習熟度の低さが技術者へのス

●裏面は使用しないで下さい。　●裏面に記載された解答は無効とします。　　　24字×25行

平成30年度記述式解答例　上下水道―下水道

・添削後（2枚目／5枚目）

平成 30 年度　技術士第二次試験答案用紙

受験番号	○○○○○○○○○○○○	技術部門	総合技術監理	部門
問題番号		選択科目	上下水道－下水道	
答案使用枚数	2 枚目　5 枚中	専門とする事項		

○受験番号、問題番号、答案使用枚数、技術部門、選択科目及び専門とする事項の欄は必ず記入すること。
○解答欄の記入は、1マスにつき1文字とすること。（英数字及び図表を除く。）

トレスとなり、過労等によるメンタルヘルス問題が浮
上してきた。更に今後は、人口構造に変化が生じ、少
子高齢化が加速することで、高齢者人口の増加や、生
産年齢人口が減少していくこととなる。下水道事業に
対しても担い手の不足が予想され、現状の主担当技術
者や調査作業員の減少に伴う、各作業員への負荷が増
大し、長時間労働などの課題が発生する。
（2）事業の抱える働き方改革の観点からの課題
① 現在の課題の概略と働き方への具体的影響
ａ．管路内調査について
　　調査は、閉鎖的な空間の中で視界も乏しく、酸欠や
有毒ガス発生など危険性を秘め、劣悪な作業環境であ
った。そのため、複数の制約条件下の元での調査を実
施する必要があり、技術者の負担増、モチベーション
低下に繋がり、過労等によるメンタルヘルス問題が浮
上してきた。これに対し、技術者の負担軽減のために、
調査のための制約条件を緩和すると、安全確保が不十
分となり、人の能力発揮と安全確保のトレードオフが
生じてしまう。
ｂ．構造解析について
　　解析作業は、断面形状や埋設深度の組合せによる入
力となる。習熟度の低い技術者は、この組合せの理解
不足から入力ミスを引き起こした。これは改築構造評
価の過誤に繋がり、改築材料の数量変更が発生、この
修正作業を実施する上で、長時間労働をやらざるを得

●裏面は使用しないで下さい。　●裏面に記載された解答は無効とします。　　　24 字 ×25 行

平成30年度記述式解答例　上下水道—下水道

・添削後（3枚目／5枚目）

平成30年度　技術士第二次試験答案用紙

受験番号	○○○○○○○○○○○○	技術部門	総合技術監理	部門
問題番号		選択科目	上下水道－下水道	
答案使用枚数	3枚目　5枚中	専門とする事項		

○受験番号、問題番号、答案使用枚数、技術部門、選択科目及び専門とする事項の欄は必ず記入すること。
○解答欄の記入は、1マスにつき1文字とすること。（英数字及び図表を除く。）

ない状況が生まれた。タイトな工程を遵守した構造解析は、解析条件等の情報共有が必要であるが、情報共有のシステムを確立するためには作業工程に遅れが生じてしまう。経済性管理（工程管理）と情報管理のトレードオフの関係となってくる。
②①で取り上げた2つの課題の背景
a.管路内調査について
　下水道改築事業の増加に伴い、管路内作業においては、事故の発生も年々増加している。更に近年の気候変動等による降雨状況の激化により、大量の雨水が管路内へ急激に流入することで危険性が高まり、調査を実施する上で制約条件が強化されている。よって、下水道管理者への説明責任が厳しく問われており、これに対処するための資料作成や調査検討項目が増加し、担当技術者への負担が助長されている。
b.構造解析について
　解析作業は、調査から得られた構造寸法や強度特性等に基づき、既設管の保有耐力並びに改築手法の補強効果に対して評価し、更に地震時における耐震性能を評価する。このような技術的背景が影響しており、従来熟練技術者が専門的知見の蓄積によって実施されてきた。これに対し、新たな担当技術者が解析するには、熟練技術者と同等の情報収集及び解析能力を取得する必要がある。ただし、早急な情報収集や短時間の教育訓練では、十分な理解を得ることが困難となる。

●裏面は使用しないで下さい。　●裏面に記載された解答は無効とします。　24字×25行

平成30年度記述式解答例　上下水道―下水道

・添削後（4枚目／5枚目）

平成30年度　技術士第二次試験答案用紙

受験番号	0000000000000	技術部門	総合技術監理	部門
問題番号		選択科目	上下水道－下水道	
答案使用枚数	4枚目　5枚中	専門とする事項		

○受験番号、問題番号、答案使用枚数、技術部門、選択科目及び専門とする事項の欄は必ず記入すること。
○解答欄の記入は、1マスにつき1文字とすること。（英数字及び図表を除く。）

（3）課題を解決するための技術的方策
a．管路内調査について
①課題を解決するための技術的方策
　安全対策については、調査経験を積んだ外注先の採用、ミス防止については、作業ミスの蓄積を反映したチェックリストの利用が方策として挙げられる。更に、新技術の活用では、ドローンによる管路内調査やICタグマンホール調査があり、採用することで省人化・省力化による安全性の確保が図れるほか、調査結果は自動的にデータ処理されるため、記載ミスの防止に繋がる。
②乗り越えなければならない障害
　障害としては以下の内容が挙げられる。
・外注先選定時の品質確保とコストのトレードオフ
・対象構造の情報不足や未経験環境での安全管理対策
・新技術活用における導入及び維持管理コスト、操作方法の教育、データのブラックボックス化の課題
③働き方に及ぼす効果及び留意すべき影響
　管路内調査の安全性が確保されることで、主担当技術者や調査作業員の負担が軽減されるほか、作業員の人数削減にも期待される。ただし、今後も経年劣化が進んだ管路調査が増加していく中で、更なる危険性の増大が予想される。これらを解決するためには、安全管理などの教育訓練を充実させることや社員の定着率を上げるための環境整備を整えておく必要がある。

●裏面は使用しないで下さい。　　●裏面に記載された解答は無効とします。　　24字×25行

平成30年度記述式解答例　上下水道―下水道

・添削後（5枚目／5枚目）

平成30年度　技術士第二次試験答案用紙

受験番号	０:０:０:０:０:０:０:０:０:０:０:０	技術部門	総合技術監理	部門
問題番号		選択科目	上下水道－下水道	
答案使用枚数	5枚目　5枚中	専門とする事項		

○受験番号、問題番号、答案使用枚数、技術部門、選択科目及び専門とする事項の欄は必ず記入すること。
○解答欄の記入は、1マスにつき1文字とすること。（英数字及び図表を除く。）

b．構造解析について
①課題を解決するための技術的方策
　教育訓練については、社内勉強会やOFF－JTへの積極的な参加や、社内LANの活用やデータベースの共有化による情報提供システムの整備などの方策が考えられる。更に熟練技術者の専門的知見を有効利用するためには、暗黙知を形式知化に変換し、組織知としてマニュアル化を進めていくナレッジマネジメントが求められる。
②乗り越えなければならない障害
　障害としては以下の内容が挙げられる。
・工期短縮の厳しい作業工程の中での人材育成時間の確保（経済性と人的資源のトレードオフ）
・熟練技術者の再雇用制度における社内ルールの策定と現役社員との軋轢
①働き方に及ぼす効果及び留意すべき影響
　新たな働き方としては、ICT技術を利用することで労働負荷の低減に繋がり、これまで不可能だった高齢者や女性からの労働力が得られる。これにより、正社員に対する長時間労働の是正や人材育成時間の確保が可能となる。ただし、ICT技術だけでは乗り越えられない経験的な要素については、熟練技術者からの技術継承が必要となってくる。また、働き方に変化に対応できない技術者には、メンタル・ヘルスの未然防止や早期発見、支援など留意しておく必要がある。

●裏面は使用しないで下さい。　●裏面に記載された解答は無効とします。　　24字×25行

第**6**章

口 頭 試 験 対 策

― さまざまな方法で総監リテラシーを
確認される最終関門 ―

6.1 口頭試験の傾向と対策

6.1.1 試問事項と切り口

口頭試験は、技術士としての適格性を判定することに主眼をおき、筆記試験における記述式問題及び実務経験証明書の業務経歴を踏まえて実施されます。

「総監の口頭試験では、どんな試問がされるのか？ それに対してどう答えるのが良いのか見当が付かない。」という受験生の不安の声をよく耳にします。

試問事項については、図表6.1のとおり示されていて、総監技術士に相応しい経歴及び応用能力、体系的専門知識が備わっているかが問われます。

図表6.1 口頭試験の試問事項と試問時間

試問事項 ［配点］	試問時間
I （必須科目に対応） 　1　「総合技術監理部門」の必須科目に関する技術士として必要な 　　専門知識及び応用能力 　　① 経歴及び応用能力　［60 点］ 　　② 体系的専門知識　　［40 点］	20 分 （10 分程度 延長の場合 もあり）

出典：令和4年度　技術士第二次試験受験申込み案内
（日本技術士会技術士試験センター）

これらを少し嚙み砕くと、

- ✓　経歴　　　　　　→　総監の視点を持った業務の経験があるか？
- ✓　応用能力　　　　→　総監を使いこなすことができるか？
- ✓　体系的専門知識　→　総監を理解し、5つの管理の管理技術を体系的に
　　　　　　　　　　　　理解しているか？

が問われているといえます。

また、総監の口頭試験の主な試問事項としては、

- ✓ 業務経歴のプレゼン及び関連質疑（業務実施体制、果たした役割、業務における失敗例・成功例、苦労・工夫したこと、管理技術に係る理解度確認等）
- ✓ 業務内容の詳細のプレゼン及び関連質疑（管理間のトレードオフ、管理技術に係る理解度確認等）
- ✓ 筆記試験に関する質疑
- ✓ 受験動機
- ✓ 総監理解度確認（総監が必要な背景、管理間のトレードオフ抽出・改善）
- ✓ 科学技術トピックス
- ✓ 仮想事例（トレードオフの事例等）

があります。

　試問の対象範囲と視点をまとめると、**図表6.2**となります。試問が同表のA-1〜A-4、B-1〜B-4のうち、どれに当てはまるかを意識して回答することで、的を射た回答となり、試験官の評価が得られやすくなるでしょう。

図表6.2　口頭試験の対象範囲と視点・理解度

対象範囲	視点・理解度	総監の視点（総合的かつ俯瞰的な視点、管理間のトレードオフ含む）	各管理の管理技術・キーワード
出願	業務経歴	A-1	B-1
	業務内容の詳細	A-2	B-2
筆記試験		A-3	B-3
その他（受験動機、科学技術トピックス、仮想事例等）		A-4	B-4

6.1.2　口頭試験の試問例

以下に口頭試験の試問例（令和元年度～令和3年度）を5つ紹介します。口頭試験の実際の雰囲気を大まかに感じ取ってください。受験生の立場と試験官の立場の両方で読んでみてください。

令和3年度口頭試験（受験生の部門：建設―道路）

 Qa……試験官aの発言　　　 Qb……試験官bの発言

 Qc……試験官cの発言　　　 A……受験生の発言

Qa　限られた時間の中、理解するためできる限り質問をしたいので、説明は手短・具体的にしていただきます。
　経歴書に○○国（東南アジア新興国）での技術移転の業務を示されています。このプロジェクトでのあなたの立場と、プロジェクトの概要を説明してください。（A－1）

A　○○国では道路も橋梁もほぼ自国で整備できるが、舗装が持続しないとか吊橋が整備20年で落橋する等、品質に課題があります。また、施工の安全にも問題があります。これは、設計から施工に至るまでのマニュアルや業務手順に不備があるからです。このことから、施工のマニュアルの整備を支援し、合わせて発注技術者である○○省職員の人材育成を図ることがプロジェクトの構成でした。
　私は、現地に2年半常駐し、プロジェクト全体の事業管理、課題や進捗に関する○○省との調整（副大臣以下との協議）、日本のプロジェクトメンバーと○○省の間の調整を担当しました。

Qa　道路・橋梁に係る現地の課題はどのように入ってくるのです
か？（A-1）

A　現地の現場の課題はプロジェクトの初期段階で日本サイドに
共有されており、これに応じてプロジェクトのメニューが決まり
ました。それとは別に、道路・橋梁の大きな損傷といった課題は
随時相談が入り、対策の提案等を行いました。

Qa　吊橋落橋の話があったが、これに対してあなたはどのような
対応をしたのですか？（A-1）

A　河川にかかる吊橋であり、落橋で第三者が死亡し、渡河機能
の麻痺が発生しました。事故発生直後に○○省から要請があり、
直後に現地に入って落橋原因の推定、撤去計画の立案、住民説明
対応等で助言を行いました。

Qb　マニュアル整備という点では、道路橋示方書等日本の基準類
を○○国に移転することがメインだと思うが、工夫したことは何
ですか？（A-2）

A　マニュアルは○○省職員と日本のメンバーが連携して整備し
ました。技術移転対象となる職員約30人を選び、この者に対し
て技術移転を行い、この者が省内で周りの技術者に展開する形を
採りました。プロジェクトの時間や日本のメンバーの多くが出張
ベースになるという制約のため、このような方法を採りました。
　○○人の気質として、自ら得た知識を外に出したがらない点が
あります。「自分が努力をして得たものは、自分のもの」という

気質。職員宛に移転した技術が形式知化・組織知化しないおそれがありました。このための工夫として、このプロジェクトに参画した○○省職員に日本サイドから認定書を発行し、合わせて、○○省内で活用・重用するよう配慮してもらうようにしました。これが、参画者のインセンティブの一つになりました。

Qb　落橋事故対応等はマニュアル整備等の外の業務のように見えますが。（A−1）

A　常駐するスタッフには「政策支援」も業務として定められていました。○○省は施工部隊・機材を内部化しているが、これを外部化し、○○省の機能を発注・監督機能に特化させるような組織見直し（国内の建設産業育成を意図）や、国内の施工業者の業績評価の提案等も行いました。

Qb　○○国における○○省施工と民間施工に比率はどれほどですか？（A−1）

A　割合は失念しましたが、複雑・大規模な工事（河川を渡る数百メートル規模の橋梁の施工・架設等）は○○省が独占的に行っています。軍事政権時代が長かったことから、安全保障の観点から技術を民間に出したがらないことが背景事情にあったと思われます。

Qc　今の部下は何人ですか？

A　2人です。

Qc これまでの業務において部下を育てる点で留意していることは何ですか？（B-1）

A 入社間もない者がいなかったことから、どの部下もある程度の業務経験を有していました。よって、「自分がどうしたいのか？」という点を常に意識させてきました。上司（私）がトップダウンで業務を進めることはできるが、それでは部下が考えず成長しにくいと思います。よって、考えさせるようにしています。

また、極力複数の部下に業務を分散させるようにしています。できる者に業務を集中させることもできますが、業務分担の偏りや成長の抑制になりかねない。

Qc 部下が業務で失敗した場合にどのようにしていますか？（B-1）

A 責任は上司である自分が負うべきであり、それができる業務配分を考えています。

失敗に伴いやり直しが必要となるが、そこは部下当人に再度対応させながら、上司（私）が一緒に失敗を振り返りながら次善のためのフォローを行っています。

以上

令和3年度口頭試験（受験生の部門：建設―建設環境）

 Qa……試験官aの発言　　 Qb……試験官bの発言

 Qc……試験官cの発言　　 A……受験生の発言

Qa　まず、経歴を簡単に説明してください。（A−1）

A　最初は環境アセスの経済性管理から始めました。加えてISO 9000取得プロジェクトでPDCAサイクルに取り組みました。

　次に課長になり、意思決定に必要な情報を情報管理の視点で収集し、人的資源管理の観点から課内の教育訓練、事業所内の安全管理、化学物質に係る社会環境管理に取り組みました。

　その後、ゼネコンに転職しました、○○原発の除染工事の放射線管理者になりました。

　ここでは工期厳守が施主より強く求められていたため、最重要管理項目は工期管理でした。ところが工程を進めようとするほど、作業員の被ばくが増えてしまう、安全管理とのトレードオフになりました。その調整のため、情報管理の視点で「作業員別線量リスト」と「現地線量マップ」を収集整理し、負荷計画と手順計画を工事主任に提案しました。それでも被ばく量が増えてしまうので、下請け会社の職長のみ放射線防護して、そうでない方は構内基準を超えた時点で退場することを容認しました。

　今は組織の中長期的な生産性向上を目指し、情報管理のナレッジマネジメントを入れて、ノウハウの伝承教育に取り組んでいます。

以上です。

Qa 今回の受験動機は何ですか？（A-4）

A 業務内容の詳細がきっかけです。

　最初は経済性管理が中心でしたが、この業務において、社会環境管理は通常の管理としましたが、他の4管理はこの業務に特化した管理でないと業務を遂行できませんでした。

　その後も5管理が必要な業務が多く、資格を得て、依頼者に総合マネジメントができる人間だと安心して任せてもらいたいと思い、今回受験を決意しました。

Qa 確かにいろんな業務を経験していますね。

A はい。○○原発はまさに巨大化、総合化、複雑化の最たるもので、世間的な注目も高く、管理上の失敗は許されない状況でした。

Qa 総監の受験勉強はどのようにしましたか？（A-4）

A まず、経歴の棚卸をしました。次に総監テキストと経歴を照合しました。

Qa テキストは青本ですか？

A はい。加えてキーワード集2021です。

Qa 勉強を通じて、何か気づきはありましたか？（A-4）

A 自分が取り組んだ暗黙知の管理が形式知になった気づきがありました。

Qa 今は出向中ですか？

A はい。財団法人に出向中です。

Qa 建設発生土のトレーサビリティシステムとはどんなものですか？（B-1）

A 筆記試験の論文に書いたものですが、スマートフォンとICカードをタッチすることで、ダンプの発着を記録するシステムです。

Qa あなたの立場は？

A システム提供側の主担当です。

Qa ああ、提供側ですか？

A はい。ユーザーにとっては社会環境管理になりますが、提供側にとっては経済性管理の品質管理になります。

Qa　今は出向中で部下はいないでしょうが、これまでの経歴で教育をどのように取り組んでこられましたか？（B-1）

A　転職前後で考え方を変えています。

　アセス会社の時は多くの種類の業務があり、業務内容の詳細に書いたように負荷計画に苦しみましたので、ジョブローテーションによる多能工化に取り組みました。次に同じ業務が来ても、前回のように苦しまないようにと考えました。

　一方、ゼネコンは退職前のベテランと30代以下の年齢構成です。ノウハウが失われると、品質瑕疵、労災、環境事故に繋がります。そこで、ノウハウを次世代に引き継ぐ伝承教育を重点に取り組んでいます。

Qa　ナレッジマネジメントはどの会社も取り組んでいますが、皆さん苦労しています。どんな工夫をしていますか？（B-4）

A　経歴4行目のインタビューから始めています。

　対象者は概してしゃべるのが好きで、書くのが苦手です。そこでインタビュー形式にして、大いに暗黙知を語ってもらい、そのエッセンスを纏めて社内報にしました。

Qa　そこからどう展開するのですか？（B-4）

A　社内報をテキストにして、まさに今伝承教育を実施中です。

Qa　今後の予定は？

A　まだPDCAサイクルの1周目です。計画では受講後にアンケートを一次評価者に提出してもらい、人事目標設定に反映させてOJTに繋げていきます。その結果を見て2周目の修正をします。受講生がOJTで得た暗黙知はまた形式知化して、スパイラルアップする計画です。

Qa　私からは以上です

　　　（ここで試験官Qbに交代）

Qb　ご経歴の中で失敗例を挙げてください（A-1）

A　業務内容の詳細の後にジョブローテーションに取り組んだのですが、異動後にある社員が化学物質のアレルギーを発症してしまいました。情報管理の観点で、異動前面談したのですが、その時は本人も気づいていませんでした。結果として、安全管理上の問題が発生してしまいました。

　以降、事前面談に加え、1週間後に異常が無いか、化学物質を扱う業務については確認するルールにしました。

Qb　○○原発の業務ではどんな点に留意しましたか？（A-1）

A　一言で放射線管理といっても色んな側面があります。もちろん被ばく管理は安全管理ですが、除染基準では品質管理、掘削した土壌は社会環境管理になります。それらのトレードオフを調整することに留意をしました。

Qb 被ばく抑制の内容を具体的に教えてください。(B-1)

A 掘削した土壌をトンパックに詰めるのですが、これを作業エリアの近くに置くとそこから被ばくしてしまいます。そこで高線量のトンパックは遠くに置き、低線量のトンパックは手前において、遮蔽する手順計画としました。

また高線量の土壌の場合は赤字で数字を記入し、作業員が近寄らないよう、情報管理の視点で注意喚起しました。

Qb それはあなたの考えですか?

A はい。私は途中で現場に入りましたが、それ以前は比較的低線量のエリアでした。私が入場して以降、高線量エリアに入り、各種提案しました。ただ、この提案は工事主任に対して提案していて、作業所のルールに反映してもらいました。

Qb 私からは以上です。
　(Qcを見て) ご質問ありますか?
　(ここで試験官Qcに交代)

Qc これだけの経歴があって、なぜ2行目を業務内容の詳細に選んだのですか? (A-2)

A この業務が総監を目指すきっかけになった業務だからです。

Qc　総監技術士になったらどんなことに取り組みたいですか？
（A-4）

A　繰り返しになりますが、組織の中長期的な生産性向上を目指して、ナレッジマネジメントと伝承教育を組み合わせて実行したいです。

Qc　私からは以上です
　　それでは少し早いですが、口頭試験を終了します。お疲れ様でした。

A　ありがとうございました。

（試験時間17分）

〈感　想〉
　　ほぼ経歴の質問でした。業務内容の詳細は中長期のPDCAサイクルのネタ、筆記試験論文もトレーサビリティシステムの説明とナレッジマネジメントの説明に利用しただけ、トピックや仮想事例はゼロでした。
　　最初の質問が経歴プレゼンで、総監リテラシーをすべて示せたので、後が楽だった。トピックなどに質問が拡散しなかったのはこれが大きかったためだろう。
　　口頭試験を通じて、自分の暗黙知が形式知化できました。

令和2年度口頭試験（受験生の部門：建設—鉄道）

 Q……試験官の発言　　　 A……受験生の発言

■業務経歴について

> Q　簡単に、これまでのご経歴の確認も含めて、ご本人の口から、これまでどういう業務をされてきたのか、業務経歴の詳細に記載された内容については多めに話していただいて構いませんので、数分間でご説明ください。（A-2）

A　（たぶん4～5分しゃべったと思います。）

・私はこれまで一貫して、鉄道会社の技術者の立場で、新線の構築や駅改良プロジェクトに携わってきました。

・その中で、総合技術監理の視点を3段階で身につけてきました。

・まず、第1段階は個別の管理技術の習得です。○○新幹線の延伸開業プロジェクトという、全体工期が決まっている中で、コストをおさえ、品質を保つという経済性管理の管理技術、また、現場監理でのKY活動を通じ、安全管理の管理技術を習得しました。

・続いて第2段階は、経済性管理と情報管理のトレードオフの改善を図りました。

　　○○駅○○線延伸交差プロジェクトにおいて、事業主体の自治体は早期に安く開業させることを求めていた一方で、交通事業者や地権者は、駅周辺の整備を求めており、検討項目など情報が多く、意思決定方式も課題でトレードオフが発生していました。

　　私は、情報管理の観点から、他の改良工事や周辺再開発の事

例を収集し情報整理を行うとともに、事業性判断に向けて関係
者が共通認識を持てるようナレッジシェアの仕組づくりに取り
組みました。

・そして第3段階では、〇〇駅改良プロジェクトの中において、
総合監理技術の5つの管理の視点から、トレードオフの改善と
業務全体の俯瞰的管理を行いました。

まず、当該プロジェクトについてですが、〇〇駅改良プロ
ジェクトは、約15年かけて大規模な再開発事業を行うプロジェ
クトで、鉄道事業者としてはその中で乗換利便性向上を目的と
して〇〇線のホームを〇〇線ホームの脇に移設するホーム改良
プロジェクトが重要な要素の一つとなっていました。

・私は、〇〇年当時、現場の担当責任者という立場で、ホーム改
良へのステップとなる「〇〇駅線路切換プロジェクト」につい
て業務全体の俯瞰的管理を行いました。

具体的には、切換当日の計画について、長時間の列車運休が
必要でしたが、経済性管理の観点から、収益確保のために運休
時間をなるべく短くすることが求められていた一方、安全管理
の観点から、事故や事象発生リスクを低減することが求められ、
経済性管理と安全管理のトレードオフが発生していました。

私は、トレードオフ改善のため情報管理の観点から、リスク
の低減を図るための情報収集、情報の共有化に取り組みました。
過去の切換工事や事故の事例をもとに、必要なリスク時間を盛
り込んだ当該現場の作業時間を算出し、最適な運休時間を設定
しました。また、人的資源管理の観点からプロジェクトチーム
の約50名の従事員に対してOJT、OFF-JTの手法を組み合わ
せて教育を行い、レベルアップを図りました。

・現在担当している〇〇駅・〇〇駅改良プロジェクトでも、引き
続き5つの視点から全体管理とトレードオフの改善を図ってい
ます。

・〇〇駅、〇〇駅は近年の開発による利用者の増加で混雑してお

り、今後予定されている再開発でさらに利用者が増加すること
が見込まれている状況です。一方で、ホームドアなどの安全整
備が未整備です。再開発により利用者が見込まれる中で、再開
発に伴う自由通路構築などの公共貢献施策（経済施策）と、
ホームドアやコンコース拡幅などの混雑緩和のための安全施策
が同時に計画されており、施策間で競合状況が発生し、経済性
管理と安全管理のトレードオフになっています。

　情報管理の観点から、各施策の実施時期や制約条件を見える
化し、きちんと優先順位を考慮したうえで整備計画やオペレー
ション計画を立てることで、最適化を図っています。

・以上がこれまでの業務の経歴です。業務経験を通じて、3段階
で総合技術監理の視点を身につけ磨いてきました。

■業務内容の詳細について

Q　かなり複雑なプロジェクトだと思いますが、関係者との調整
項目としてどのようなものがありましたか？（A-2）

A　道路の通行止めを伴う計画であったため、道路管理者に対し
ては、通行止め時間の設定や道路占用手続き、実施及び異常時の
関係者への周知方法、安全確保の対策に関して協議調整しました。

　駅や運転関係については、情報管理の観点から時間設定やお客
さま案内周知を整理し、安全管理の観点からは異常発生時や遅延
時の連絡体制、対応策を事前に設定しました。

Q　どのような組織体制で仕事をしているのですか？　あなた自身はどのような役割でしたか？（A-2）

A　工事に従事する約50名の土木・建築・軌道の専門の技術者からなる専門のプロジェクトチームを策定して、仕事にあたっています。

　その中で、私はそれぞれの技術分野・工区での詳細な工程安全検討の業務全体といった俯瞰的管理を担っていました。

Q　経済性管理［工程管理］：他工事事例調査や経験者ヒアリング等の実施を通じて施工時間を割り出したとのことですが、当該の現場に置き換える際にどのような取り組みを行いましたか？（B-2）

A　クリティカルパスとなる工種については、現地での施工環境に近い場所で事前にリハーサルを行い、施工手順や施工時間を検証しました。

Q　リハーサルの結果、変更となったり見直したりした項目はありましたか？（B-2）

A　はい。実際の作業時間については大きな乖離がありませんでしたが、各ステップが完了したことの確認や連絡体制に関してうまくいかず、予定よりも全体の所要時間が長くなりました。

　そのため、本番に向けて確認項目や判断できる数値について再整理を行うことで遅延リスクを低減させました。

Q　切換当日の作業について、他の路線の安全確保対策はどのように行いましたか？（B-2）

A　隣接する○○線は通常運行だったため、防護網などの設置により物理的に境界明示を行うとともに、作業が近接する一部区間は徐行を手配し、危険を感じたらすぐに停止できるようにしました。

Q　切換当日作業のリスク対策は具体的にどのように行っていましたか？（A-2、B-2）

A　安全管理の観点から、想定されるリスクと対策を一覧表に取りまとめ、事前に可能な対策と発生後に行う対処について対策本部内で共有しました。

項目は、大小さまざまで、例えば「機材が故障した」といったものもあれば、「大規模地震が発生する」といったものもあります。

Q　切換工事実施中に、他の路線を巻き込むような大きな事故が発生した際、どのような対策をとりますか？　また、事故が起きた場合はどのように対策を判断しますか？（A-2）

A　まず現場で即座に列車停止・防護措置を行います。

その後、運転を再開できるかどうかは、事故の度合いや復旧状況に関する情報を現地、運行、総合対策本部長間で共有し本部長判断となります。

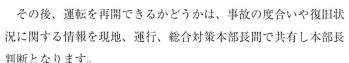

Q　業務の中で苦労した点は？（A-2）

A　鉄道建設プロジェクトは、携わる関係者が多岐にわたることや、長期的なプロジェクトであることから、さまざまなレベルでの意思決定が課題となります。特に、ステークホルダー間の利害が対立する場合の決定や、関係者への説明・説得に時間を要することが多いです。

　情報管理の観点から、経営判断や状況判断に係る情報を正確に整理して判断すること、及び判断内容について関係者の理解を得て進めることを常に意識しています。

Q　地方、首都圏両方のプロジェクトを担当する中でどのような点が違うと感じるか？（A-2）

A　工事の規模というよりは、プロジェクトの性質が異なると感じます。担当したプロジェクトがたまたまそういった性質だったかもしれないが、地方のプロジェクトは機能目標が明確で、個々がそれぞれの分野を進めていくプロジェクトである一方、首都圏では、まちづくり施策との融合が進んでいることもあり、開発事業者を含めさまざまな関係者や利害関係のもとでプロジェクトをまとめ上げていくという点が異なります。

　特に首都圏での複雑化するプロジェクトへ対応するため、業務全体の俯瞰的管理の必要性を感じています。

■受験動機など

Q　あなたはいつ、技術部門の技術士に合格したのですか？（A-4）

A　平成○年度に建設部門　鉄道　に合格しました。

Q　今回総合監理部門の受験は初めてですか？（A-4）

A　はい、今回初めて受験しました。

Q　あなたは既に技術士ですが、なぜ総監を受験されたのですか？（A-4）

A　入社以来、一貫して鉄道建設のプロジェクトに携わってきました。

　総合技術監理部門の受験と継続的な研鑽を通じて、今後、一層、複雑化していく鉄道建設プロジェクトに関するマネジメント能力を磨いていくとともに、（総合技術監理部門の）取得を通じて、プロジェクトに携わるさまざまな立場のステークホルダーから信頼を得られますし、自分自身もより一層リーダーシップを発揮して中心となって指導や推進を図っていけると思い、受験しました。

Q　総監技術士の資格にチャレンジするにあたり、どういった発見がありましたか？（A-4）

A　5つの視点のうち、経済性管理は業務においても意識して業務にあたる部分が大きかったですが、それ以外の4つの視点を体系

的に習得することができたことで視野が広がったと感じています。

　これまでは、どちらかというと鉄道単体でのプロジェクトが多く、主に経済性管理の観点からメリット・デメリット・投資効果の判断を行うという側面が強かったですが、近年は、周辺再開発との連携や住民を巻き込んだ駅づくり・まちづくりの視点など、5つの管理の視点からさまざまな要素を考慮する必要があるプロジェクトが多いと感じています。

　今回、特に、人的資源管理や情報管理の視点については、技術を活用する手法として、今後より一層複雑化するプロジェクトへの対応策として有効であると考えます。

　Q　現在、部下は何人いますか？

　A　直接管理・指導している部下はいませんが、担当プロジェクトを最前線で担当している地方機関の担当チームを指導しています。

　Q　どのように部下のモチベーションを上げていますか？（B-1）

　A　情報管理の観点から、ナレッジシェアを重要視しています。

　情報の共有化によって、個人の能力向上とチームの生産性向上を図っています。

　大きなプロジェクトでは、関係者同士の連携がカギですが、ミッションを共有できていないとうまくチームが回ってきませんし、モチベーションが上がらないとよいアイデアが出てきません。

　なぜこの業務を行うか、今回の判断がどういった経営判断のチェンジにつながるかといった役割や業務とのつながりを意識して指導育成しています。

Q　今後身につけていきたい管理技術は何ですか？（B-4）

A　人的資源管理の観点から、労務管理や組織のモチベーションについての技術を身につけたいです。まだ管理職を経験したことがないため、職場やプロジェクトチームの能力開発活用のための技術を身につけていきたいです。

Q　今後どういった技術者になっていきたいですか？（A-4）

A　資格受験にあたって体系的に体得した総合技術監理の観点を業務に活かし、トレードオフの把握や改善の提案につなげていきます。

　また、対外的に、トレードオフの調整ができる能力、総監技術力を持っていることを証明することで、今後さらに責任ある立場でプロジェクトに関わってくためのステップとします。

■社会的なトピックス

Q　今回のダイヤ改正において、終電時間の繰り上げが話題になっており、鉄道事業者の発表だと働き方改革の一環とのことである。近年こういった動きが加速しているように思うが、総合技術監理部門の観点からどう考えるか。（A-4）

A　大規模な自然災害の発生が予測される際、計画的に列車を運休させる措置については数年前から社会的な理解が進んでいて、鉄道事業者としては実施しないことの安全リスクが大きくなっていると感じています。

　今回の終電繰り上げについては、働き方改革の観点でも有効ですが、プロジェクトを早期に実施するという観点で有効です。安全管理の観点から、長期的に考えると1日あたり施工量が向上することで全体工期が短くなれば、ホーム上の仮囲いや仮覆工などの不安全な状況を早く解消できるというメリットがあるし、バリアフリー設備の導入や老朽取替といった効果も早期に発現できます。

〈まとめ・感想〉

　　・待合室はかなり広く、到着した場面では5人くらい待っていました。

　　・質問は事前に考えてきたものを順番に尋ねている感じでした。

令和元年度口頭試験（受験生の部門：上下水道—下水道）

 Qa……試験官aの発言　　　 Qb……試験官bの発言

 A……受験生の発言

 1Qa　業務内容の詳細について、総監の5つの管理の視点で説明してください。（A−2）

A　（5つの管理すべてを答えた。ちょっと時間が掛かったと思う。）

2Qb　業務が中断するようなことはどのくらいの頻度で起きていますか？（A-2）

A　1年に1回起きるか起きないかぐらいです。

3Qb　その中でいちばん大きな中断するリスクは何ですか？（A-2）

A　経済性管理の設計ミスによる中断です。設計ミスが起きてしまうと、工事そのものが実施できなくなってしまうためです。

4Qb　その次に大きなリスクは何ですか？（A-2）

A　安全管理の点で、地元業者の安全に対する認識が甘く、工事の事故が発生してしまうことです。

5Qb　それは工事中に重機がぶつかるみたいなことですか？（A-2）

A　そうです。

6Qb　この業務ではどのようなトレードオフがありましたか？（A-2）

A　経済性管理と人的資源管理のトレードオフです。担当技術者

の能力が低いため、設計ミスが生じてしまうことです。

　（管理間のトレードオフの説明ではなく、管理間の因果関係の説明となりました。）

7Qb　その他にトレードオフはありましたか？（A-2）

A　人的資源管理と安全管理です。担当技術者の能力が低いため、工事事故が発生する可能性があります。

　（管理間のトレードオフの説明ではなく、管理間の因果関係の説明となりました。）

8Qa　経歴の中で何か失敗事例は何かありますか？　また、それをどのように解決しましたか？（A-1）

A　ベテラン職員が担当していた簡易な設計について、ベテランバイアスが働き、設計ミスが生じてしまいました。解決策としまして、設計照査の多重化を図り、設計マニュアルを作成し、ミス防止を図りました。

9Qa　今もそれを実施していますか？（A-1）

A　はい。そうです。

10Qb　受験動機は何ですか？（A-4）

A　業務を管理できることを市民に対して証明することができ、

それによって市民から信頼を得られると考え受験しました。

11Qa　私は●●町出身なので●●市をよく知っていますが、総監の技術士は周りにいますか？

A　いません。

12Qa　技術士はいますか？

A　1人います。

13Qa　経歴の中で●●●に1年間出向していますが、どのようなことが役に立ちましたか？（A–1）

A　情報管理の点で、国や県や他市町の動向について、情報を収集し、他市町と情報を交換したり、情報を共有したりすることが役にたちました。
　現在でもそのときの人的ネットワークを活用して、情報を得られることです。

14Qb　いまでもそのときのつながりはありますか？

A　あります。

15Qa　現在、●●部●●課の●●係の係長で、部下は何人いますか？

A　3人です。

16Qa　どのように（部下を）教育していますか？（A-4）

A　中堅職員と若手職員と一度退職した職員がいます。
　職員の習熟度に合わせて教育を行っています。若手職員には具体的に指導をし、中堅職員にはある程度仕事を任せて教育を行っています。

17Qa　どのように部下のモチベーションを上げていますか？
　（A-4）

A　できる範囲で仕事を任せて、自分のできる部分を増やして、モチベーションを上げるようにしています。（想定外の質問で少し自信のない答えになりました。）

18Qb　専門外のことでお聞きしますが、IoTについて知っていることがあれば教えてください。（B-4）

A　下水道の話になりますが、（専門外と言ったのに下水道の話だったので、試験官が笑う）マンホールに水量計測機器を付けて、現場に行かなくても水量がわかるようにすることで、人を介さずにやりとりができ、生産性の向上を図ることができるものです。

（この質問の意図は筆記試験に IoT のことを書いたため、本当に
理解しているか総監知識を確認したかったのだと思われます。）

19Qb　ちょっと違う視点で質問します。最近データ改ざんの事件
が起きていますが、あなたがその会社のトップだったらどうしま
すか？（A-4）

A　人的資源管理の点で、データ改ざんを行わないように職員の
教育を行います。まずは、教育計画を作成し、それに基づいて
どこまでできているか確認します。また、人の教育になりますの
で、PDCA サイクルを回して計画し実施しチェックし改善し、教
育を行います。
　（予想外の質問だったが、意外と自信をもって答えられました。
新聞記事の読み込みで鍛えた効果だと思います。）

20Qb　事件発生後は情報管理の視点で、どのように対応します
か？（B-4）

A　情報管理の視点で、まずは事故が起きたことを情報公開しま
す。その後は原因を分析し、対応策を社会に向けて公開します。

〈まとめ〉
　質問事項は大きく分けると、(1) 業務詳細、(2) 経歴（●●●出向のと
き）、(3) 受験動機、(4) 部下の教育、(5) 総監知識（筆記試験で書いた
内容に絡めた知識）、(6) 仮想事例（最近のトピックスに絡めた仮想事例）
でした。

〈感　想〉

　全体的には答えられない質問はありませんでした。すべての質問に対して間を空けることなく、総監の視点で回答できました。

　業務内容の詳細に対する質問はうまく答えられたか心配ですが、試験官からのアシストもあり、何とかなったように思います。全体的に1つ1つの答えが長くなってしまいました。

　想定していた問題がいくつか出たので、想定問答集を作成することは有効だったと思います。質問も「●●管理の視点で答えてください」など具体的に聞いてきたため、わかりやすい質問でした。

　試験官は事前に質問を用意していたと思われます。試験官はときどき時計を見ながら、時間を気にしていました。予想外の仮想事例の問題が出ましたが、新聞記事の読み込みで総監の視点で鍛えていたため、慌てず答えることができました。

令和元年度口頭試験（受験生の部門：機械―情報・精密機器）

 Q……試験官の発言　　　　 A……受験生の発言

 　Q　簡単にどういう業務をされたのか説明してください。（A–1）

A　入社以来センサの開発をずっとやってきました。最初の○○
センサは業務が忙しくなり、工期管理と人的資源管理のトレード
オフを調整しました。ルーチン業務は外注に出し、コア技術は社
内でやりOJTしながら知の蓄積をしました。△△センサは先行開
発でニーズを捕まえシーズを開発しなければいけない。情報管理
の視点で社内イントラに技術対応表を載せることで社内からニー

ズを吸い出し、続いてマーケティング手法を使って開発するニー
ズ技術を決めました。■■センサは後発で客先が切替の工数が出
せないとのこと。私は技術の特徴をレクチャーし情報管理の視点
から伝えることをし、社会環境管理の視点で燃費が良くなるので
すから、切り替えるべきだろうと説き、客先の態度を変えさせま
した。◆◆◆センサでは先端技術のセンサ、各専門技術者を集め
たが各技術がとがっているため、相互の理解ができず設計全体の
最適化ができませんでした。そこで人的資源管理と情報管理の視
点で、各人に固有の技術内容と取り組みをプレゼンしてもらうこ
とで、お互い理解できるようになり、設計の最適化ができるよう
になりました。最後◎◎◎センサはクルマの衝突防止のため周囲
を見るものですが、後発であることでコストがネックでした。な
ので中国メーカーと共同開発を進めました。しかし経済性管理間
のトレードオフがあり、安いが品質が良くない。品質を上げるた
め活動をしましたが、トップのインセンティブを与えることが重
要と考えました。品質を上げることに関しては経済性管理間での
トレードオフ、教育するとか、管理を変えるとかお金がかかる。
私は彼らの負担を減らすようステップバイステップで進めること
としました。やり方がわからないところは、私どもは品質が得意
なので、教えながらとしています。現在も進めています。

Q　○○センサの昔と今で求められるものはどう変わってきた
か？（B-1）

A　昔はメカのセンサで単純でした。最近は複雑化し内部がIC化
されてきており中にロジックが入っています。これを把握しない
とブラックボックス化し安全管理の面で問題が出てくる。FMEA
などで把握することが求められてきます。

Q　部品単位でFMEAが必要なのですか？（B-1）

A　そうです。センサ自体が複雑なシステムになっていますので、大きな漏れがないようにする必要がある。100％はできてないかもしれませんが。

Q　自動運転など進んできていますが。（B-1）

A　そうですね。自動運転では外界の情報を集めるさまざまなセンサを使いますが、データ容量も大きくなるので、そういった面で制御が難しくなる。安全管理の面ではヒューマンエラーを抑えてくるのはいいのですが、品質管理の面できちんと検証ができるかということが課題になってくる。

Q　開発のメンバーは何人くらいでやっていますか？

A　○○○センサのメンバーは9名です。

Q　9名をたばねているのですか？

A　そうです。

Q それと中国のメンバーも？

A そうですね、今はEMSのような感じですけど元々は共同開発で始めました。

Q 海外とも内製もやりながらやるといろいろご苦労があると思うが、何があるか？（A-1）

A いろいろあります、一番は品質に対する考え方。きちんと定義をして言わないとやらない。日本は勝手に想像してやってしまう。これもよくないのですが、定義しないものは品質ではなくコスト低減に振ってくる。いまどういう状況になっているかチェックすることが、情報管理の視点では必要です。

Q 国内の部下を管理するうえで昔と変わっていると思いますが。（A-1）

A センサがわりと単純だったので、先輩が部下を教えることができていました。徒弟制度のように先輩のいうことを聞いてみんなが責任もってやっていました。最近は専門が難しくなってきて各分野を上司が全部指導できるかというとなかなかそうはいきません。7割8割大まかにとらえて指導することが必要になってきます。徒弟制度とは異なり人的資源管理の面で、働き方改革でもあり、無理なことは言えなくなってきている。健康に影響ない程度に緩やかに指導することが求められています。

Q　周りに技術士とか総監技術士はいますか？

A　私のチームにはいませんが、同じ部署に電気系の技術士が1人います。社内全体では技術士が30人ほどいますが、総監は2人で違う部署になります。

Q　以前の技術士はいつとりましたか？

A　機械分野で確か7年ほど前にとりました

Q　今回の総合技術監理を受けようと思ったのは？（A-4）

A　動機ですか。今もプロジェクトマネジメントをやっているし、そこをさらに勉強したいというのもありますが、専門技術だけだと複雑化する専門技術を扱う中でいろんな管理技術を使わないとうまく最適化できません。経済性管理と人的資源管理のバランスをとることが必要と身に染みています。総合技術監理の資格をいただければ、社内だけでなく社外のメーカーさんにも指導することができ、工業界の発展にも貢献できるのではないかと考えております。

Q　かなりのベテラン（58歳）になると思いますが、会社ではどのような処遇となりますか？

A　60歳で定年になりその後5年間の再雇用があります。

Q　自分の後継者をどのように育てますか？（A-4）

A　私はずっとチームリーダーをやっていましたが、昨年、係長をチームリーダーにしまして、私が影のチームリーダーとしてプロジェクトマネジメントの仕方を教えています。

Q　▽▽▽▽に●●さんが入社したときから会社の雰囲気が変わってきているともいますが、社風というかそういうものまで変わりつつある状況ですか？（A-4）

A　我々が入社後10年〜15年で就職氷河期があり、年齢層が二分化されている。我々の世代は徒弟制度で無理してでも仕事をやるという気概がありますが、最近の者は精神的な病気になる人がいたり、いい言葉ではワークライフバランス、私生活を大事にしながら会社生活を送る。それを私たちは理解しなければいけない。昔は野武士と言われましたが、最近は聞かれないです。（笑）

Q　特許もかなり取られていますか？（B-1）

A　今年はいろいろあって出していませんが、毎年1〜2件は出しています。磁気センサや◆◆センサなどですが磁気センサが専門でしたので、◎◎◎や★★★★など十数件出しています。

Q　特許を出す人を大切にしなきゃいけないですね。（B-1）

A　はい、自分の技術の区切りのためにも出すようにしたいです。

Q　センサがだんだん高度化してきて、システムが複雑になればなるほど万が一故障したときに大変なことになるんじゃないか。そういくことに対し対応策とか、一緒に考えるのですか？
（A−1）

A　センサ単独では防げないことがあり、2重系にするとかスペースもコストもできないので、センサから出る信号がどうなるかFMEAを行ってシステムに伝えます。システム屋がそれを受けてうまくフェイルセーフを考える。密にやっています。

Q　別の部署があるのですか？

A　社内でシステム部署があります。社内であったり自動車メーカーであったりすることもあります。

Q　そこでソフトウェアをやっているのですか？

A　そうです。

Q　これまでの中で、反省や失敗はないですか？（A−1）

A　人的資源管理の面でサブリーダーに部下を任せました。サブリーダーから「部下は言った仕事ができない」とか「与えた仕事をこなせてない」といった相談を受け、仕事の管理をしたり、計画を立てさせたりしてみたがついてこられませんでした。後で

わかったことですが、サブリーダーがドクター出身で専門要求が
高すぎ、理解できなかった模様。末端の部下の様子や情報をよく
吸い上げて、レベルにあった指導をすること、80％から120％の
間で適正なレベルで与えないと、最終的にはモチベーションを
失って仕事ができなくなってしまいます。スキルに合ったタスク
を与えることが必要と考えました。

Q　最近は部下の話を聞かなきゃいけない。そこは努力されてい
ますか？（A-4）

A　週1ミーティングで進捗管理はするのですが、そこで見えない
場合は個別に声をかけて「○○の件はどうなっている？」、「何か
困っていないか？」とか聞いています。

Q　オフィスの感じはだだっ広いのか、セクションごとの仕切り
があるのですか？（A-4）

A　われわれはただ広い部屋に机を並べているだけです

Q　じゃあみんなよく見えますね。

A　昔は言えばできると思っていたが、それは周りの部下に恵ま
れていたということなんですね。最近はでこぼこありますので、
自分の言ったことができるとは限らない。そのあたりレベル感を
捕まえないといけないと考えています。

Q　人の移動、ある程度メドがたったら戻るのかだいたい2年したら戻るとか？（A-4）

A　これは会社の課題になっています。開発部隊のものが量産部隊に技術を移せばいいんですが、なかなかうまくいきません。今やっているのは開発部隊がそのまま量産をやって、うまくいけば何年か後に数人開発に戻れますが、人のローテーションが回らず、新しいものが開発できなくなっています。次世代の開発がうまくできなくなっています。

Q　人の配置、手当はできていますか？（A-4）

A　できています。でも余裕はないです。

Q　センサ部隊の人たちは直接自動車メーカーとやり取りすることもありますか？（A-4）

A　結構あります、センサはセンサでシステム部署を通じてだけじゃなく、直接FMEAで協議したり、搭載場所をCADでやり取りしたりします。共同で水をかける試験なんかもやります。●●ですので。

Q　へぇー、耐水性の試験なんかもやるのですか？（B-1）

A　そうですね。水をかけると水の影響で特性が変わったりしますので。

Q ふうーん、雨なんかの影響もありますか？ （B-1）

A そうですね。専門の話ばっかりしまして。

Q いや全然いいです。ではこれで口頭試験を終わります。

A ありがとうございました。

6.2　筆記試験終了後のTo Do List

6.2.1　筆記試験の論文再現・フィードバック

　口頭試験において、筆記試験に係る試問があることから、筆記試験の論文再現を行う必要があります。筆記試験において、持ち帰り可能な問題用紙の余白に論文骨子をしっかり記載していれば、論文再現は容易です。一言一句を正確に再現する必要はありません。筆記試験直後に大まかな論文構成を再現したうえで、自身でのフィードバックをしてみましょう。その後、周囲の総監技術士や（講座を受講している人は）講師にコメントをもらうと良いです。

　上述のことを筆記試験の後の半月以内に一とおり終わらせましょう。時間が経過すると記憶が薄まり、再現に時間と労力を要します。

　フィードバックやコメントを踏まえ、自身の総監理解度をチェックしましょう。筆記試験合格発表までしばらく日がありますので、筆記試験再現論文の改良案を作って、身のまわりの出来事を総監の視点で分析してみましょう。

　口頭試験で、筆記試験に関する試問を受ける場合がありますので、備えておきましょう。

6.2.2 受験申込書のおさらい

筆記試験を終えて、受験申込書を読み直してみると、さまざまな気づきがあるはずです。改善点が見つかる場合もあるでしょう。

5つの業務経歴及び業務内容の詳細について、総監の視点、5つの管理やトレードオフの視点、総監技術士としての自身の成長プロセス等をおさらいしてみましょう。

・これまでの業務経歴を通して、どのように成長してきたのか？

・各業務の概要（業務の範囲、期間、社会的意義（目的）、あなたの立場・役割）

・各業務経歴において、各管理の視点でどのように考え、どのように行動したのか？

・各業務経歴における課題は何だったのか？

・各課題をどのように解決・調整したのか？　どのような管理技術を活用したのか？

6.2.3 業務経歴と業務内容の詳細のプレゼン準備

口頭試験の冒頭に、業務経歴や業務内容の詳細について、数分間のプレゼンテーションを求められることが多いので、あらかじめ準備をしておきましょう。

あなたが総監技術士に相応しいことを試験官に認めてもらう試験です。業務が主役ではなく、あなたが主役です。業務自体の説明にならないよう気をつけましょう。

・5つの管理の視点及び管理技術をどのようにして身につけてきたか

・総監の視点で業務を行った実績があること

を試験官に端的に伝えられるようにしましょう。

6.2.4　想定問答集の作成

　業務経歴と業務内容の詳細をベースに、想定問答を作ってみましょう。これを行うことであなたの総監理解度を多面的にチェックすることができます。

　図表6.3に口頭試験の視点と試問例を挙げます。これを参考にあなたのオリジナル想定質問集を作成し、それに対する回答をつくりましょう。このプロセスを通して、あなたの総監理解度をさらに高めることができます。

　口頭模擬試験での試問やフィードバックをこの想定問答集に反映させていきましょう。

図表6.3　口頭試験の視点と試問例

視点		試問例
総合技術監理（全体的、体系的、俯瞰的視点）	概要	総監はなぜ必要ですか？ あなたの業務に総監は必要なのですか？ 総合技術監理部門が制定された背景は何ですか？ 5つの業務内容において、最初に総監技術を意識した業務はどれですか？　それは具体的にはどのようなものでしたか？ 5つの管理の概要をそれぞれ一言で説明してください。 時事／技術テーマ（筆記試験のテーマ等）について、あなたは総監技術士としてどう考えますか？ 総監技術士と一般部門技術士の違いは何ですか？
	技術者倫理	（キーワード集において）総監技術士は一般部門技術士よりも高い倫理観が求められていますが、なぜでしょうか？
	経歴	業務経歴において、5管理の視点や各管理技術をどのように身につけてきましたか？ 業務上の失敗例・成功例を挙げてください。
	業務内容の詳細	この業務が総監技術士に相応しいといえる理由を挙げてください。
	動機等	あなたは既に技術士ですが、なぜ総監を受験されたのですか？ 総監技術士の資格をどのように活用していきますか？

図表6.3　口頭試験の視点と試問例（つづき）

視点		試問例
総合技術監理（全体的、体系的、俯瞰的視点）	事例	総監の視点での課題等 ・新型コロナ対策（社会経済活動とのトレードオフ） ・防災・減災対策 ・リニアモーターカー開通時期の遅延 ・人口減少、少子高齢化の進展 ・地球環境問題 ・今後のエネルギー政策 ・国際紛争・安全保障問題 ・新技術等（自動運転、AI、ICT、スマートシティ） ・技術者倫理事例
	仮想事例	・あなたが●●の立場だったら？ 　（例：コロナ禍での飲食店経営者・ライブハウス経営者、技術士第二次試験口頭試験の試験官）
管理間のトレードオフ	業務経歴・業務内容の詳細	業務における課題は何でしたか？ 課題をどのようにして抽出しましたか？ どのようなトレードオフが発生しましたか？　どのように対処しましたか？ 「今ならこうしたい」といった改善点はありますか？
	事例	トレードオフ事例を一つ挙げてください。 ・人的資源管理と社会環境管理 ・安全管理と社会環境管理 ・任意の2つ、3つの管理 トレードオフが発生した場合、どのように対処していますか？
管理技術	業務内容の詳細	業務内容の詳細に挙げられている管理技術の概要、特徴、メリット・デメリット、留意点等を述べてください。
	継続研鑽	今後身につけていきたい管理技術は何ですか？

373

6.3　口頭試験本番に向けて

6.3.1　口頭試験シミュレーション

口頭試験本番に向けて、5つの管理の視点からシミュレーションをしてみましょう（**図表6.4**）。これにより、当日に向けて万全な準備ができますし、5つの管理の視点で思考する良い機会にもなります。

ちなみに、口頭試験本番において、

・口頭試験に向けて総監の視点でどう取り組んだか？

・自宅から口頭試験会場までの移動において総監の視点で説明してください。

といった試問を受けたケースも時折あるようです。

図表6.4　5つの管理の視点からの口頭試験本番に向けてのシミュレーション（一例）

	口頭試験前日まで	口頭試験当日
経済性管理	（品質）総監理解度の向上 （コスト）講座受講費用、会場への交通費、前泊費の確保 （工期）学習スケジュール策定・執行管理	
人的資源管理	アウトプット機会（口頭模試等）の確保による能力向上 モチベーションの持続 良好な学習環境の確保	
情報管理	情報収集・意思決定 想定問答集作成 複数の講師からの指導（セカンドオピニオン） 試験会場の交通手段確認・下見	試験会場へのアクセス確認 代替経路の確保 直前確認リストの作成 試験直後の口頭試験再現メモ作成
安全管理	体調管理	マスク着用、手指消毒、乾燥防止、水分補給
社会環境管理		

6.3.2 口頭模擬試験の活用

口頭試験本番前に、複数回の口頭模擬試験を受けることをお勧めします。独学で行う人もいらっしゃいますが、自分の癖や弱点に気づくことは難しく、または気づくのに時間を要し、本番に間に合わないおそれもあります。第三者から客観的に見てもらうことで、最短距離で準備を進めることができます。

職場の総監技術士や友人・知人の総監技術士に口頭模擬試験をお願いすると良いでしょう。あるいは、口頭模擬試験講座も活用すると良いです。オンライン会議システムを使うと効率的です。総監技術士からコメント、アドバイスをもらい、レベルアップを図りましょう。口頭模擬試験を踏まえて、想定問答集の推敲を重ねましょう。

図表6.5に口頭模擬試験の活用イメージを示します。口頭模擬試験を受けて、そのフィードバックを行うことを複数回繰り返すことで、口頭試験本番に向けて万全の態勢で臨めるでしょう。

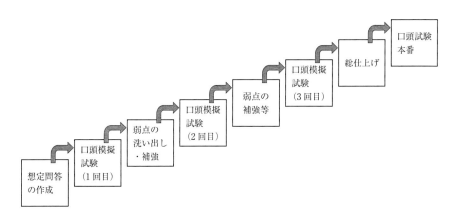

図表6.5　口頭模試の活用イメージ（一例）

6.4 口頭試験終了後

　口頭試験の出来映えにかかわらず、再現メモ（試験官からの試問とあなたの応答の記録）を作成しましょう。口頭試験直後に行うと記憶が鮮明なので、より短時間でより正確なものができます。

　不合格になってしまった場合、口頭試験の再現メモを踏まえ、不合格の原因を分析し、次年度の受験に活かしていきましょう。

　再現メモを作成したら、試験官との応答を全体的に俯瞰的に見ることで、あなたの業務経歴・業務内容の詳細に対する試験官の評価等を再確認できるでしょう。また、周囲の総監技術士に再現メモを見てもらい、意見等をもらうと良いです。

お わ り に

　本書をご購入いただき、ありがとうございます。本書が、皆さんの総監合格の大きな原動力になることを祈っております。総監合格を勝ち取った暁には、総監技術士として登録を行い、可能な限り名刺等で総監技術士を名乗ってください。一般部門でも技術士に求められる資質能力（コンピテンシー）のひとつとしてマネジメント能力が求められるようになりました。さらにその上をいく能力を身に付けた証として、「技術士（総合技術監理部門）」であることをアピールしてください。そしてますます巨大化と総合化、複雑化が進む科学技術の現場において、指導力やマネジメント力を大いに発揮されることを祈念しております。

　本書の出版にあたり、日刊工業新聞社出版局の鈴木徹氏には多大なご助言を賜りました。また、著者の講座受講生有志より記述式問題の論文（第5章）を提供していただきました。深く感謝申し上げます。

　皆様の学習をサポートするサイトを用意しました。お役に立つ情報（付録キーワード解説）等を提供していきますので、ぜひご覧ください。

サポートページ（URL）のご案内
　https://coolangeng.com/soukan2-booksupport

著者紹介──

森　浩光（もり　ひろみつ）

1、2、3、5、6章執筆

1972年長崎県長崎市生まれ。技術士（建設、総合技術監理部門）。独立行政法人にて主に都市計画事業（土地区画整理事業）に従事。2012年より技術士試験受験指導に従事。Webサイト、YouTubeチャンネル「技術士ライトハウス」を運営。

　著書：『技術士第二次試験「建設部門」難関突破のための受験万全対策』（日刊工業新聞社）

土屋　和（つちや　かずお）

1、4章執筆

1959年宮城県仙台市生まれ。技術士（農業、経営工学、総合技術監理部門）。APECエンジニア（Environmental）。農業資材メーカーにて植物栽培装置の技術開発、公益法人にて大規模施設園芸・植物工場分野の調査業務に従事し、2019年に土屋農業技術士事務所を設立。Webサイト「技術士総監受験合格メソッド」を運営。技術士Lock-On：二次試験対策講座、スタディング技術士講座、SAT㈱技術士試験対策講座の講師を歴任。

　著書：『図解＆事例　スマート農業が拓く次世代の施設園芸』（日刊工業新聞社）他

技術士第二次試験「総合技術監理部門」
難関突破のための受験万全対策　第2版　　　　NDC 507.3

2021 年　2 月 19 日	初版 1 刷発行
2022 年　4 月 22 日	初版 6 刷発行
2023 年　3 月 10 日	第 2 版 1 刷発行
2024 年　5 月 10 日	第 2 版 2 刷発行

（定価は、カバーに
表示してあります）

　　　　　　　　　Ⓒ 著　者　　森　　　　浩　　光
　　　　　　　　　　　　　　　　土　　屋　　　　和
　　　　　　　　　発 行 者　　井　水　治　博
　　　　　　　　　発 行 所　　日 刊 工 業 新 聞 社
　　　　　　　　　　　　　　　東京都中央区日本橋小網町 14-1
　　　　　　　　　　　　　　　（郵便番号 103-8548）
　　　　　　　　　電話　書籍編集部　03-5644-7490
　　　　　　　　　　　　販売・管理部　03-5644-7403
　　　　　　　　　　　　　　FAX　03-5644-7400
　　　　　　　　　　　振替口座　00190-2-186076
　　　　　　　　　URL　https://pub.nikkan.co.jp/
　　　　　　　　　e-mail　info_shuppan@nikkan.tech

　　　　　　　　　印刷・製本　新日本印刷（POD1）
　　　　　　　　　組　　版　メディアクロス
　　　　　　　　　本文イラスト　加 賀 谷 真 菜